# PyTorch 图神经网络

[美] 马克西姆·拉伯恩  著

唐 盛 译

清华大学出版社

北京

# 内 容 简 介

本书详细阐述了与图神经网络相关的基本解决方案，主要包括图学习入门、图神经网络的图论、使用DeepWalk 创建节点表示、在 Node2Vec 中使用有偏随机游走改进嵌入、使用普通神经网络包含节点特征、图卷积网络、图注意力网络、使用 GraphSAGE 扩展图神经网络、定义图分类的表达能力、使用图神经网络预测链接、使用图神经网络生成图、从异构图学习、时序图神经网络、解释图神经网络、使用 A3T-GCN预测交通、使用异构图神经网络检测异常、使用 LightGCN 构建推荐系统、释放图神经网络在实际应用中的潜力等内容。此外，本书还提供了相应的示例、代码，以帮助读者进一步理解相关方案的实现过程。

本书适合作为高等院校计算机及相关专业的教材和教学参考书，也可作为相关开发人员的自学用书和参考手册。

北京市版权局著作权合同登记号 图字：01-2023-4304

图书在版编目（CIP）数据

PyTorch 图神经网络 ／ （美）马克西姆·拉伯恩著 ；唐盛译.
北京 ：清华大学出版社，2025. 1. -- ISBN 978-7-302-67722-2
Ⅰ．TP183
中国国家版本馆 CIP 数据核字第 2024FF5444 号

责任编辑：贾小红
封面设计：刘 超
版式设计：文森时代
责任校对：范文芳
责任印制：刘 菲

出版发行：清华大学出版社
　　　　网　　　址：https://www.tup.com.cn，https://www.wqxuetang.com
　　　　地　　　址：北京清华大学学研大厦 A 座　　　　邮　　编：100084
　　　　社 总 机：010-83470000　　　　　　　　　　邮　　购：010-62786544
　　　　投稿与读者服务：010-62776969，c-service@tup.tsinghua.edu.cn
　　　　质量反馈：010-62772015，zhiliang@tup.tsinghua.edu.cn
印 装 者：小森印刷霸州有限公司
经　　销：全国新华书店
开　　本：185mm×230mm　　印　　张：20.25　　字　　数：416 千字
版　　次：2025 年 1 月第 1 版　　　　　　　　印　　次：2025 年 1 月第 1 次印刷
定　　价：109.00 元

产品编号：103261-01

# 译 者 序

在现代社会，有很多事物天然地表现出图的特性，例如交通路网、社交网络和分子结构等，而这些也正是图神经网络研究和应用发展最为迅速的领域。图神经网络甚至由此被很多人视为人工智能的下一个爆发点，虽然也有大量不同的声音，但是图神经网络的研究成为一个热门是不争的事实。

本书详细介绍了图神经网络领域研究目前已经取得的成果，并且提供了相关的实际操作示例，以帮助读者更好地理解图神经网络，了解其当前发展和未来趋势。首先，本书阐释了图神经网络兴起的缘由（图是理解复杂系统和关系的基本工具），图应用的领域（计算机科学、物理学、生物学、电子商务、金融和工程等诸多领域），图学习的任务（节点分类、链接预测、图分类和图生成等）以及图学习技术系列（图信号处理、矩阵分解、随机游走和深度学习）等。其次，本书详细介绍了图的属性（有向图、加权图、连通图），图的度量，邻接矩阵表示和图算法等。以此为基础，本书探索了如何将传统无监督学习技术应用于图，这产生了以 DeepWalk 算法实现的图神经网络。为了提高嵌入的质量和找到给定图的最佳参数，人们又提出了 Node2Vec 架构。

卷积网络因取得了巨大成功而毫不例外地被应用于图，并由此产生了颇受欢迎的图卷积网络，它是处理图数据时创建可靠基线的首选架构。与图卷积网络地位相当的是自注意力网络，它所产生的图注意力网络是对图卷积网络的理论上的改进。本书详细阐释了这两种网络的工作原理，并演示了其实现步骤。

图神经网络处理所需计算资源往往因为图的增大而急剧增加，为了解决这一难题，人们开发出 GraphSAGE 架构，它增加了邻居采样和聚合过程，使我们能够创建小批量数据并使用图形处理器（GPU）加速大多数图神经网络架构的训练。本书详细介绍了这一架构并演示了通过它进行归纳学习的能力。

本书讨论了图分类的表达能力，通过介绍 Weisfeiler-Leman（WL）测试引入了表达能力和图同构网络（GIN）的概念，并且通过图分类任务比较了图卷积网络、图注意力网络和 GraphSAGE 层的表达能力。

此外，本书还通过实例演示了预测链接、生成图、从异构图学习、预测交通、检测异常访问和构建图书推荐系统等任务，通过这些任务将不同的图神经网络解决方案串联在一起，为解决现实问题提供了更多思路。

在翻译本书的过程中，为了更好地帮助读者理解和学习，对大量的术语以中英文对照的形式给出，这样的安排不但方便读者理解书中的代码，而且有助于读者通过网络查找和利用相关资源。

本书由唐盛翻译，黄进青也参与了本书部分内容的翻译工作。由于译者水平有限，译文欠妥之处在所难免，在此诚挚欢迎读者提出任何意见和建议。

译　者

# 前　言

在短短十年内，图神经网络（graph neural network，GNN）已成为一种重要且流行的深度学习架构。GNN 对各个行业产生了重大影响，例如在药物发现领域，GNN 预测了一种名为 halicin 的新抗生素；GNN 改进了 Google 地图上的预计到达时间计算。许多科技公司和大学都在探索 GNN 在各种应用中的潜力，包括推荐系统、假新闻检测和芯片设计等。GNN 具有巨大的潜力和许多尚未发现的应用领域，已成为解决全球问题的关键工具。

本书的目标是提供图神经网络在世界范围的全面且实用的概述。我们将从探索图论和图学习的基本概念开始，然后深入研究使用最广泛和最成熟的图神经网络架构。随着探索内容的不断展开，我们还将介绍图神经网络的最新进展，并阐释一些旨在解决特定任务（如图生成、链接预测等）的专用架构。

除了以上内容，本书还将通过 3 个实际项目为读者提供实践经验。这些项目涵盖 GNN 的关键现实应用，包括流量预测、异常检测和推荐系统。通过这些项目，读者将更深入地了解 GNN 的工作原理，并培养在实际场景中实现它们的技能。

本书为每一章的技术和相关应用提供了简洁可读的代码，使读者有动手实践的机会，读者可以在 GitHub 和 Google Colab 上轻松访问这些内容。

读完本书后，读者将对图学习和 GNN 领域有一个全面的了解，并将有能力为更广泛的应用设计和实现这些模型。

## 本书读者

本书面向有兴趣了解图神经网络以及如何将其应用于解决各种现实世界问题的个人。本书非常适合想要获得设计和实现图神经网络实践经验的数据科学家、机器学习工程师和人工智能（AI）专业人士。

本书是为具有深度学习和机器学习基础知识的个人编写的。当然，它也为该领域的新手提供了图论和图学习的基本概念的全面介绍。

对于想要在这个快速发展的研究领域扩展知识的计算机科学、数学和工程领域的研究人员和学生来说，本书也非常有用。

# 内容介绍

本书共分 4 篇 18 章，具体内容如下。

❑ 第 1 篇：图学习简介，包括第 1 章和第 2 章。

➢ 第 1 章"图学习入门"，从多个方面介绍了图神经网络，包括图神经网络对现代数据分析和机器学习的重要性。本章首先探讨了图作为数据表示的相关性及其在各个领域的广泛使用情况，然后深入阐释了图学习的重要性，包括不同的应用和技术。最后，本章还重点介绍了一些图神经网络架构，并强调其与其他方法相比的独特功能和性能。

➢ 第 2 章"图神经网络的图论"，涵盖了图论的基础知识，并介绍了各种类型的图，包括它们的属性和应用。本章还探讨了基本的图概念，例如邻接矩阵表示、图的度量（如中心性度量）以及图算法等，主要介绍了广度优先搜索（BFS）和深度优先搜索（DFS）算法。

❑ 第 2 篇：基础知识，包括第 3～7 章。

➢ 第 3 章"使用 DeepWalk 创建节点表示"，重点介绍了 DeepWalk，它是将机器学习应用于图数据的先驱。DeepWalk 架构的主要目标是生成节点表示，然后其他模型可以将获得的节点表示用于节点分类等下游任务。本章深入探讨了 DeepWalk 的两个关键组成部分——Word2Vec 和随机游走，并且特别介绍了 Word2Vec skip-gram 模型。

➢ 第 4 章"在 Node2Vec 中使用有偏随机游走改进嵌入"，重点介绍了 Node2Vec 架构，该架构实际上基于上一章介绍的 DeepWalk 架构。本章探讨了对 Node2Vec 中随机游走生成所做的修改以及如何为特定图选择最佳参数。在 Zachary's Karate Club 数据集上对 Node2Vec 与 DeepWalk 实现进行了比较，以突出这两种架构之间的差异。最后还介绍了 Node2Vec 的实际应用，即构建一个电影推荐系统。

➢ 第 5 章"使用普通神经网络包含节点特征"，探讨了如何将节点和边的特征等附加信息集成到图嵌入中以产生更准确的结果。本章首先比较了普通神经网络仅在节点特征（被视为表格数据集）上的性能，然后尝试向神经网络添加拓扑信息，从而创建了一个简单的普通图神经网络架构。

➢ 第6章"图卷积网络"，重点介绍了图卷积网络（graph convolutional network，GCN）架构及其作为图神经网络蓝图的重要性。本章讨论了普通图神经网络层的局限性，并解释了图卷积网络背后的动机，详细介绍了图卷积网络层的工作原理、其相对于普通图神经网络层的性能改进，以及使用 PyTorch Geometric 在 Cora 和 Facebook Page-Page 数据集上的实现。本章还探讨了节点回归的任务以及将表格数据转换为图的好处。

➢ 第7章"图注意力网络"，重点介绍了图注意力网络（graph attention network，GAT），它是对图卷积网络的改进。本章通过使用自注意力的概念解释了图注意力网络的工作原理，并提供了对图注意力层的逐步理解。本章还使用 NumPy 从头开始实现了图注意力层。本章最后还演示了图注意力网络在两个数据集（Cora 和 CiteSeer）上的使用，目标是进行节点分类，并将其分类准确率与图卷积网络进行了比较。

❑ 第3篇：高级技术，包括第8～14章。

➢ 第8章"使用 GraphSAGE 扩展图神经网络"，重点介绍 GraphSAGE 架构及其有效处理大型图的能力。本章阐释了 GraphSAGE 背后的两个主要思想，包括其邻居采样技术和聚合算子，介绍了 Uber Eats 和 Pinterest 等科技公司提出的图神经网络的变体，以及 GraphSAGE 在归纳学习方面的优势。本章最后还演示了如何实现 GraphSAGE 执行节点分类和多标签分类任务。

➢ 第9章"定义图分类的表达能力"，探讨了图神经网络中表达能力的概念以及如何使用它来设计更好的模型。本章介绍 Weisfeiler-Leman（WL）测试，该测试提供了理解图神经网络表达能力的框架。本章使用 WL 测试来比较不同的图神经网络层并确定最具表现力的层。基于这一结果，使用 PyTorch Geometric 设计并实现了更强大的图神经网络。本章最后还比较了蛋白质数据集上不同的图形分类方法。

➢ 第10章"使用图神经网络预测链接"，重点介绍图的链接预测任务。本章探讨了传统技术（例如启发式技巧和矩阵分解），也介绍了基于图神经网络的方法。本章解释了链接预测的概念及其对社交网络和推荐系统的重要性，介绍了传统技术的局限性以及使用基于图神经网络的方法的好处。本章探索了来自两个不同系列的3种基于图神经网络的技术，第一个系列基于节点嵌入并执行基于图神经网络的矩阵分解，第二个系列侧重于子图的表示。最后，本章还在 PyTorch Geometric 中实现各种链接预测技术，并为解决给定问题选择最佳方法。

➢ 第 11 章"使用图神经网络生成图",探讨了图生成领域的技术,其中涉及寻找创建新图的方法。本章首先介绍了传统技术,例如 Erdős–Rényi 模型和小世界模型。然后,重点关注了基于图神经网络的图生成的 3 个解决方案系列:基于图变分自动编码器(graph variational autoencoder,GVAE)、自回归和基于生成对抗网络(generative adversarial network,GAN)的模型。最后,介绍了基于 GAN 的框架与强化学习(reinforcement learning,RL)的实现,并使用 DeepChem 库和 TensorFlow 生成了新的化合物。

➢ 第 12 章"从异构图学习",重点介绍了异构 GNN。异构图包含不同类型的节点和边,这与仅涉及一种类型的节点和一种类型的边的同构图相反。本章首先回顾了同构图神经网络的消息传递神经网络(message passing neural network,MPNN)框架,然后将该框架扩展到异构网络。最后,本章还介绍了一种创建异构数据集的技术,将同构架构转换为异构架构,并讨论了专门为处理异构网络而设计的架构。

➢ 第 13 章"时序图神经网络",重点介绍了时序图神经网络,也称为时空图神经网络(spatio-temporal GNN),这是一种可以处理边和特征随时间变化的图的图神经网络。本章首先阐释了动态图的概念和时间图神经网络的应用(主要是时间序列预测),然后讨论了时序图神经网络在网络流量预测中的应用,以及如何利用时序信息改进结果,最后描述了另一种专为动态图设计的时序图神经网络架构,并将其应用于流行病预测任务。

➢ 第 14 章"解释图神经网络",探讨了更好地理解图神经网络模型的预测和行为的各种技术。本章重点介绍了两种流行的解释方法:GNNExplainer 和积分梯度,并介绍了这些方法在使用 MUTAG 数据集的图形分类任务和使用 Twitch 社交网络的节点分类任务中的应用。

❑ 第 4 篇:应用,包括第 15~18 章。

➢ 第 15 章"使用 A3T-GCN 预测交通",重点介绍时序图神经网络在交通预测领域的应用,强调了智慧城市中准确的交通预测的重要性以及复杂的空间和时间依赖性所导致的交通预测的挑战。本章介绍了处理新数据集以创建时间图的步骤,以及实现新型时序图神经网络以预测未来交通速度的步骤。最后,本章还将时序图神经网络的预测结果与基线解决方案进行了比较,以验证架构的相关性。

➢ 第 16 章"使用异构图神经网络检测异常",主要演示了图神经网络在异常检测领域中的应用。图神经网络具有捕获复杂关系的能力,非常适合检测异常，并且可以有效地处理大量数据。本章介绍了如何使用 CIDDS-001 数据集实现图神经网络以在计算机网络中进行入侵检测，演示了如何处理数据集、构建相关特征、实现异构图神经网络以及评估结果以确定其检测网络流量异常的有效性等操作。

➢ 第 17 章"使用 LightGCN 构建推荐系统"，重点介绍图神经网络在推荐系统中的应用。推荐系统的目标是根据用户的兴趣和过去的交互向用户提供个性化推荐。图神经网络非常适合这项任务，因为它可以有效地整合用户和项目之间的复杂关系。本章详细介绍了 LightGCN 架构，它是专门为推荐系统设计的图神经网络。本章使用 Book-Crossing 数据集演示了如何使用 LightGCN 架构构建具有协同过滤功能的图书推荐系统。

➢ 第 18 章"释放图神经网络在实际应用中的潜力"，总结了本书内容，并展望了图神经网络的未来。

# 充分利用本书

读者应该对图论和机器学习概念（例如监督学习和无监督学习、训练和模型评估等）有基本的了解，以最大限度地增强学习体验。熟悉 PyTorch 等深度学习框架也很有用，但并不是必需的，因为本书将全面介绍数学概念及其实现。

本书涉及的软件和操作系统需求如表 P.1 所示。

表 P.1　本书涉及的软件和操作系统需求

| 本书需要使用的软件 | 操作系统需求 |
| --- | --- |
| Python 3.8.15 | Windows、macOS 或 Linux |
| PyTorch 1.13.1 | Windows、macOS 或 Linux |
| PyTorch Geometric 2.2.0 | Windows、macOS 或 Linux |

要安装 Python 3.8.15，可以从 Python 官方网站下载最新版本，其网址如下：

https://www.python.org/downloads/

强烈建议使用虚拟环境，例如 venv 或 conda。

如果想使用 NVIDIA 的图形处理单元（graphics processing unit，GPU）来加速训练和推理，则需要安装 CUDA 和 cuDNN。

CUDA 是 NVIDIA 公司为 GPU 上的通用计算而开发的并行计算平台和 API。要安装 CUDA，可以按照 NVIDIA 网站上的说明进行操作，其网址如下：

https://developer.nvidia.com/cuda-downloads

cuDNN 是 NVIDIA 公司开发的库，可以为深度学习算法提供高度优化的基元 GPU 实现。要安装 cuDNN，需要在 NVIDIA 网站上创建一个账户，然后从 cuDNN 下载页面下载该库，其网址如下：

https://developer.nvidia.com/cudnn

可以在 NVIDIA 公司网站上查看支持 CUDA 的 GPU 产品列表，其网址如下：

https://developer.nvidia.com/cuda-gpus

要安装 PyTorch 1.13.1，可以按照 PyTorch 官方网站上的说明进行操作，其网址如下：

https://pytorch.org/

可以选择最适合自己的系统（包括 CUDA 和 cuDNN）的安装方法。

要安装 PyTorch Geometric 2.2.0，可以按照其官方 GitHub 存储库中的说明进行操作，其网址如下：

https://pytorch-geometric.readthedocs.io/en/2.2.0/notes/installation.html

注意，需要首先在系统上安装 PyTorch。

第 11 章"使用图神经网络生成图"需要使用 TensorFlow 2.4。要安装它，可以按照 TensorFlow 官方网站上的说明进行操作，其网址如下：

https://www.tensorflow.org/install

可以选择最适合自己的系统和要使用的 TensorFlow 版本的安装方法。

第 14 章"解释图神经网络"需要使用旧版本的 PyTorch Geometric（2.0.4 版）。建议为本章创建一个特定的虚拟环境。

第 15 章"使用 A3T-GCN 预测交通"、第 16 章"使用异构图神经网络检测异常"和第 17 章"使用 LightGCN 构建推荐系统"需要占用较多的 GPU 内存，可以通过减小代码中训练集来降低它。

大多数章节需要使用其他 Python 库，可以使用 pip install <name==version> 命令安装它们，或根据自己的配置使用其他安装程序（如 conda）。以下是所需软件包及其相应版本的完整列表：

- ❑　pandas==1.5.2
- ❑　gensim==4.3.0
- ❑　networkx==2.8.8
- ❑　matplotlib==3.6.3
- ❑　node2vec==0.4.6
- ❑　seaborn==0.12.2
- ❑　scikit-learn==1.2.0
- ❑　deepchem==2.7.1
- ❑　torch-geometric-temporal==0.54.0
- ❑　captum==0.6.0

完整的要求列表可在本书配套 GitHub 存储库中找到，其网址如下：

https://github.com/PacktPublishing/Hands-On-Graph-Neural-Networks-Using-Python

或者，也可以直接在 Google Colab 中导入笔记本计算机，其网址如下：

https://colab.research.google.com

# 下载示例代码文件

本书的代码包已经在 GitHub 上托管，网址如下，欢迎访问：

https://github.com/PacktPublishing/Hands-On-Graph-Neural-Networks-Using-Python

如果代码有更新，也会在现有 GitHub 存储库上更新。

# 下载彩色图像

我们提供了一个 PDF 文件，其中包含本书中使用的屏幕截图/图表的彩色图像。可以通过以下地址下载：

https://packt.link/JnpTe

# 本书约定

本书中使用了许多文本约定。

（1）代码格式文本：表示文本中的代码字、数据库表名、文件夹名、文件名、文件扩展名、路径名、虚拟 URL、用户输入和 Twitter 句柄等。以下段落就是一个示例。

BookCrossing 社区网址如下：

https://www.bookcrossing.com/

（2）有关代码块的设置如下所示：

```
DG = nx.DiGraph()

DG.add_edges_from([('A', 'B'), ('A', 'C'), ('B', 'D'), ('B',
'E'), ('C', 'F'), ('C', 'G')])
```

（3）输出结果采用加粗形式显示：

```
list(books.columns)

['ISBN', 'Book-Title', 'Book-Author', 'Year-Of-Publication',
'Publisher', 'Image-URL-S', 'Image-URL-M', 'Image-URL-L']
```

（4）术语或重要单词在括号内保留其英文原文，方便读者对照查看。示例如下：

协同过滤（collaborative filtering）是一种用于向用户提供个性化推荐的技术。它基于这样的思想：具有相似偏好或行为的用户更有可能拥有相似的兴趣。协同过滤算法使用此信息来识别模式并根据相似用户的偏好向用户提出建议。

（5）本书使用了以下两个图标。

📝 表示警告或重要的注意事项。

💡 表示提示或小技巧。

# 关 于 作 者

　　Maxime Labonne 是摩根大通（J.P. Morgan）的高级应用研究员，拥有巴黎理工学院（Polytechnic Institute of Paris）机器学习和网络安全专业博士学位。在攻读博士学位期间，Maxime 致力于开发用于计算机网络异常检测的机器学习算法。随后，他加入了空中客车公司的人工智能连接实验室（AI Connectivity Lab），运用自己在机器学习方面的专业知识来提高计算机网络的安全性和性能。后来他加入了摩根大通，目前在该公司开发解决金融和其他领域各种挑战性问题的技术。

　　除了研究工作，Maxime 还热衷于通过 Twitter（@maximelabonne）和个人博客与他人分享知识和经验。

# 关于审稿人

Mürsel Taşgın 博士是一位计算机科学家，2002 年毕业于土耳其中东技术大学（Middle East Technical University）计算机工程系，并在伊斯坦布尔海峡大学（Bogazici University）计算机工程系获得理学硕士和博士学位。在攻读博士学位期间，他研究了复杂系统、图和机器学习领域。他还在工业界（Mostly.AI、KKB、Turkcell 和 Akbank）担任过技术、研究和管理职务。

Mürsel Taşgın 博士目前主要关注生成式人工智能、图机器学习和机器学习的金融应用。他还在大学教授人工智能/机器学习课程。

"衷心感谢我亲爱的妻子 Zehra 和宝贝儿子 Kerem 在我漫长的工作时间内给予我的支持和理解。"

Amir Shirian 是诺基亚公司的数据科学家，负责运用多模态信号处理和机器学习方面的专业知识来解决复杂问题。他在伊朗德黑兰大学（University of Tehran）获得电气工程理学学士和硕士学位后，又获得英国华威大学（University of Warwick）计算机科学博士学位。

Amir 的研究重点是开发情感和行为理解的算法和模型，他对使用图神经网络分析和解释来自多个来源的数据非常感兴趣。他的研究成果已发表在多种知名学术期刊上，并在国际会议上展现。

Amir 在空闲时间喜欢徒步旅行、玩 3tar 以及探索新技术。

Lorenzo Giusti 是罗马大学（Sapienza University of Rome）数据科学专业的博士，专注于通过拓扑深度学习扩展图神经网络。作为剑桥大学的访问博士，他拥有丰富的研究经验。此外，他还是美国国家航空航天局的实习科学家，在那里他组织了一个团队并领导了一个使用航天器摄像机图像合成火星环境的项目；他也是欧洲核子研究中心的实习科学家，致力于粒子物理加速器的异常检测。

Lorenzo 还拥有罗马大学数据科学硕士学位和罗马第三大学（Roma Tre University）计算机工程学士学位，他在罗马第三大学专注于量子技术的研究。

# 目　录

## 第 1 篇　图学习简介

# 第 2 篇　基 础 知 识

# 第3篇 高级技术

# 第 4 篇　应　　用

# 第 1 篇

# 图学习简介

近年来，数据的图形表示在从社交网络到分子生物学的各个领域中越来越普遍。图神经网络（graph neural network，GNN）是专门为处理图结构数据（graph-structured data）而设计的，以充分释放这种表示的全部潜力。深入理解图神经网络至关重要。

本书第 1 篇由两个章节组成，旨在为其余部分的学习打下坚实的基础。本篇将介绍图学习（graph learning）和 GNN 的概念以及它们在众多任务和行业中的相关性，阐释图论（graph theory）的基本概念及其在图学习中的应用，例如图中心性度量（graph centrality measure）。本篇还将突出介绍 GNN 架构与其他方法相比的独特功能和性能。

在阅读完本篇之后，你将对 GNN 在解决许多现实问题中的重要性有深入的了解，掌握图学习的基础知识并了解如何在各个领域中使用。此外，你还将全面熟悉我们将在后面的章节中使用的图论的主要概念。有了这些坚实的基础，你将有能力在本书的余下章节中继续学习图学习和 GNN 所涵盖的更高级的概念。

本篇包括以下章节：

❑ 第 1 章，图学习入门
❑ 第 2 章，图神经网络的图论

# 第 1 章　图学习入门

欢迎来到我们开启图神经网络（graph neural network，GNN）之旅的第 1 章。本章将深入研究 GNN 的基础，并了解为什么它们是现代数据分析和机器学习的重要工具。为此，我们将回答 3 个基本问题，以帮助你全面了解 GNN。

首先，我们将探讨图作为数据表示的重要性，以及为什么它们广泛应用于计算机科学、生物学和金融等各个领域。

接下来，我们将深入探讨图学习的重要性，了解图学习的不同应用以及图学习技术的不同系列。

最后，我们将关注 GNN 系列，重点介绍其独特的功能、性能以及与其他方法相比的优异之处。

在阅读完本章之后，你将清楚地了解 GNN 的重要性以及如何使用它们来解决现实世界中的问题。你还将具备深入研究更高级主题所需的知识和技能。

让我们开始吧！

本章包含以下主题：

❑　使用图的原因

❑　进行图学习的原因

❑　构建图神经网络的原因

## 1.1　使用图的原因

我们要回答的第一个问题是：为什么要使用图？

图论（graph theory），即图的数学研究，已经成为理解复杂系统和关系的基本工具。图是节点（node）——也称为顶点（vertice）——和连接这些节点的边（edge）的集合的可视化表示，提供了表示实体（entity）及其关系（relationship）的结构（见图 1.1）。

在这里，节点对应实体，边对应关系。通过将复杂系统表示为具有交互的实体网络，我们可以分析它们的关系，从而更深入地了解它们的底层结构和模式。

图的多功能性使其成为各个领域的流行选择，例如：

❑　计算机科学领域。在该领域中，图可用于对计算机程序的结构进行建模，从而让人更容易理解系统的不同组件如何相互作用。

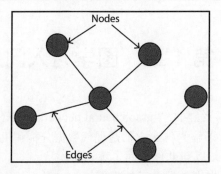

图 1.1　具有 6 个节点和 5 条边的图的示例

| 原　文 | 译　文 | 原　文 | 译　文 |
|---|---|---|---|
| Nodes | 节点 | Edges | 边 |

❏　物理学领域。图可用于模拟物理系统及其相互作用，例如粒子及其属性之间的关系。

❏　生物学领域。图可用于将生物系统（例如代谢途径）建模为互连实体的网络。

❏　社会科学领域。图可用于研究和理解复杂的社交网络，包括社区中个体之间的关系。

❏　金融领域。图可用于分析股票市场趋势以及不同金融工具之间的关系。

❏　工程领域。图可用于建模和分析复杂系统，例如交通网络和电网。

这些领域天然地表现出关系结构。例如，图是社交网络的自然表示：节点是用户，边代表他们之间的好友关系。

实际上，图的用途非常广泛，它们也可以应用于那些并非天然地表现出关系结构的领域，从而帮助分析人员获得新的见解和理解。例如，图像也可以表示为图，如图 1.2 所示。其中每个像素都是一个节点，边代表相邻像素之间的关系。这允许将基于图的算法应用于图像处理和计算机视觉（computer vision，CV）任务。

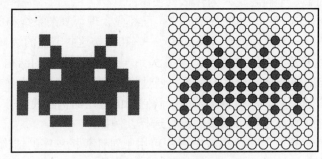

图 1.2　原始图像（左）和该图像的图表示（右）

类似地，句子也可以转换为图，其中节点是单词，边则表示相邻单词之间的关系。这种方法在自然语言处理（natural language processing，NLP）和信息检索任务中非常有用，在这些任务中，单词的上下文和含义是关键因素。

与图像和文本不同，图没有固定的结构。当然，这种灵活性也使得图处理起来更具挑战性。缺乏固定结构意味着它们可以具有任意数量的节点和边，没有特定的顺序。

此外，图也可以表示动态数据，其中实体之间的连接可以随时间变化。例如，用户和产品之间的关系可能会随着彼此交互而发生变化。在这种情况下，节点和边会更新以反映现实世界的变化，例如新用户、新产品和新关系。

在下一节中，我们将更深入地探讨如何使用图和机器学习来创建有价值的应用程序。

## 1.2　进行图学习的原因

图学习是机器学习技术在图数据上的应用。该研究领域涵盖一系列旨在理解和操作图结构数据的任务。图学习任务有很多，具体包括：

❏ 节点分类（node classification）。这是一项涉及预测图中节点的类别（分类）的任务。例如，根据在线用户或商品的特征对它们进行分类。在此任务中，图神经网络模型将在一组已标记节点及其属性上进行训练，并使用此信息来预测未标记节点的类别。

❏ 链接预测（link prediction）。这是一项涉及预测图中节点对之间缺失链接的任务。这在知识图补全（knowledge graph completion）中非常有用，其目标是完成实体及其关系的图。例如，它可以用于根据社交网络连接（好友推荐）来预测人与人之间的关系。

❏ 图分类（graph classification）。这是一项涉及将不同图分类为预定义类别的任务。例如，在分子生物学中，分子结构可以用图形表示，目标是预测它们的药物设计特性。在此任务中，图神经网络模型将根据一组已标记图及其属性进行训练，并使用此信息对未见过的图进行分类。

❏ 图生成（graph generation）。这是一项涉及根据一组所需属性生成新图的任务，主要应用之一是生成用于药物发现的新颖分子结构。其具体实现方法是，在一组现有分子结构上训练图神经网络模型，然后使用它来生成新的未见结构。已生成的结构可以评估其作为候选药物的潜力并进行进一步研究。

图学习还有许多其他可以产生重大影响的实际应用。著名的应用之一是推荐系统（recommender system），在该系统中，图学习算法可以根据用户之前的交互以及与其他商品的关系向用户推荐相关商品。

另一个重要的应用是交通预测（traffic forecasting），在该应用中，图学习算法可以通过考虑不同路线和交通方式之间的复杂关系来改进旅行时间预测。

图学习的多功能性和潜力使其成为一个令人兴奋的研究和开发领域。近年来，在大型数据集、强大计算资源以及机器学习和人工智能进步的推动下，图研究取得了迅速发展。因此，我们可以列出以下 4 个著名的图学习技术系列（参见 1.5 节"延伸阅读"[1]）。

❑ 图信号处理（graph signal processing）：将传统的信号处理方法应用于图，如图傅立叶变换（graph Fourier transform）和谱分析（spectral analysis）等。这些技术可以揭示图的内在属性，例如其连通性和结构。

❑ 矩阵分解（matrix factorization）：旨在找到大型矩阵的低维表示。矩阵分解的目标是识别解释原始矩阵中观察到的关系的潜在因素或模式。这种方法可以提供精简且可解释的数据表示。

❑ 随机游走（random walk）：这是用于对图中实体的运动进行建模的数学概念。通过模拟图上的随机游走，可以收集有关节点之间关系的信息。这就是它们经常被用来生成机器学习模型的训练数据的原因。

❑ 深度学习（deep learning）：这是机器学习的一个子领域，专注于多层神经网络。深度学习方法可以有效地将图数据编码和表示为向量。这些向量可以用于各种任务，并具有出色的性能。

值得注意的是，这些技术并不相互排斥，而且在应用中经常重叠。在实践中，它们通常被组合起来形成混合模型，充分利用各自的优势。例如，矩阵分解和深度学习技术可以结合使用来学习图结构数据的低维表示。

当我们深入研究图学习时，了解任何机器学习技术的基本构建块至关重要，其中基本构建块指的就是数据集。传统的表格数据集（例如电子表格）将数据表示为行和列，每行代表一个数据点。但是，在许多现实场景中，数据点之间的关系与数据点本身一样有意义，这就是图数据集发挥其作用的地方。图数据集可以将数据点表示为图中的节点，并将这些数据点之间的关系表示为边。

让我们以如图 1.3 所示的表格数据集（左）为例，看看其相应的图数据集的表示（右）。

该数据集表示了一个家庭的 5 个成员的信息。每个成员都有 3 个特征（或属性）：Name（姓名）、Age（年龄）和 Gender（性别）。但是，该数据集的表格版本并未显示出这些人之间的联系。相反，该数据集的图版本则用边表示了他们之间的关系，这使我们能够清晰地看到这些家庭成员之间的关系。在许多情况下，节点之间的连接对于理解数据至关重要，这就是为什么以图的形式表示数据越来越流行。

| Tabular dataset | | | |
|---|---|---|---|
| ID | Name | Age | Gender |
| 1 | Mary | 76 | Female |
| 2 | John | 75 | Male |
| 3 | Kate | 46 | Female |
| 4 | Robert | 47 | Male |
| 5 | Loise | 18 | Female |

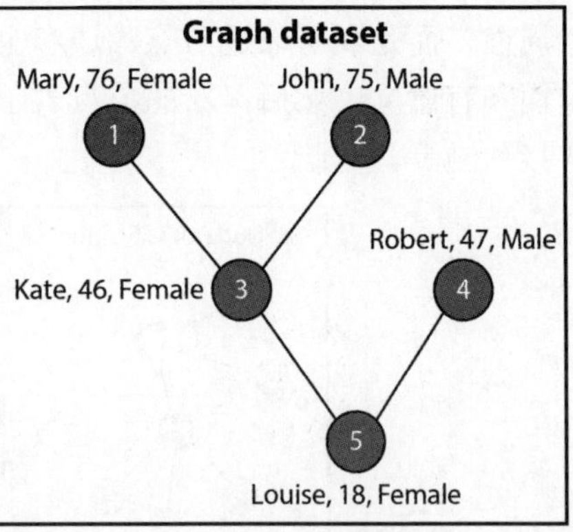

图 1.3　表格数据集显示的家庭数据（左）与图数据集显示的家庭关系（右）

现在我们对图机器学习及其涉及的不同类型的任务有了基本的了解，接下来可以继续探索完成这些任务的重要方法之一：图神经网络。

## 1.3　构建图神经网络的原因

本书将重点关注图学习技术的深度学习系列，也就是上一节列出的 4 个著名的图学习技术系列中的最后一项，通常称为图神经网络。图神经网络是一种新的深度学习架构，专为图结构数据而设计。与主要针对文本和图像开发的传统深度学习算法不同，图神经网络明确用于处理和分析图数据集（见图 1.4）。

图神经网络已成为图学习的强大工具，并在各种任务和行业中给出了出色的结果。最引人注目的例子之一是麻省理工学院研究人员使用图神经网络模型识别出了一种新抗生素（参见 1.5 节"延伸阅读"[2]）。该模型在 2500 个分子上进行了训练，并在包含 6000 种化合物的库上进行了测试。它预测一种名为 halicin 的分子应该能够杀死许多抗生素耐药细菌，同时对人体细胞的毒性较低。根据这一预测，研究人员使用 halicin 来治疗感染抗生素耐药细菌的小鼠。他们证明了其有效性，并相信该模型可以用于设计新药。

图神经网络是如何工作的？

让我们以社交网络中的节点分类任务为例来看看，就像之前的家庭成员关系图一样（见图 1.3）。在节点分类任务中，图神经网络将利用不同来源的信息创建图中每个节点的向量表示。这种表示不仅包含原始节点特征（例如姓名、年龄和性别等），还包含来自边的特征（例如节点之间关系的强度）和全局特征（例如全网络统计数据）的信息。

这就是图神经网络比传统的图机器学习技术更有效的原因。图神经网络不再局限于原始属性，而是利用邻近节点、边和全局特征的属性来丰富原始节点特征，使其表示更加全面和有意义。然后，新的节点表示还可以用于执行特定任务，例如节点分类、回归或链接预测等。

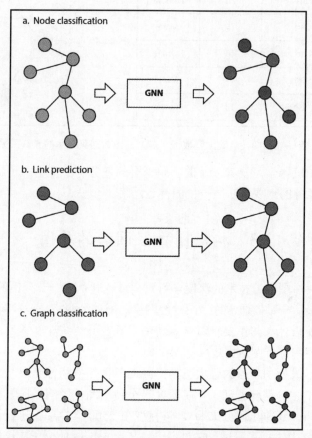

图 1.4    图神经网络管道的高级架构，以图作为输入，其输出对应于给定任务

| 原　　　文 | 译　　　文 | 原　　　文 | 译　　　文 |
|---|---|---|---|
| Node classification | 节点分类 | Graph classification | 图分类 |
| Link prediction | 链接预测 | | |

具体来说，图神经网络定义了一种图卷积运算，该运算将聚合来自相邻节点和边的信息以更新节点表示。该操作是迭代执行的，随着迭代次数的增加，模型可以学习节点之间更复杂的关系。例如，图 1.5 显示了图神经网络如何使用相邻节点计算节点 5 的表示。

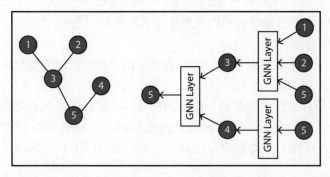

图 1.5　输入图（左）和图神经网络根据其邻居计算节点 5 的表示的计算图（右）

值得注意的是，图 1.5 提供了计算图的简化说明。实际上，存在各种类型的图神经网络和图神经网络层，每个图神经网络和图神经网络层都有独特的结构和聚合相邻节点信息的方式。这些不同的图神经网络变体也有各自的优点和局限性，非常适合特定类型的图数据和任务。因此，在为特定问题或任务选择合适的图神经网络架构时，了解图数据的特征和期望的结果至关重要。

更一般地说，图神经网络与其他深度学习技术一样，在应用于特定问题时最为有效。这些问题的特点是高度复杂，这意味着学习良好的表示对于完成手头的任务至关重要。例如，一项高度复杂的任务可能是向数百万客户推荐数十亿个选项中的正确产品。而一些较为简单的问题，例如寻找家庭中最年轻的成员，则不需要任何机器学习技术就可以解决。

此外，图神经网络需要大量数据才能有效执行。传统的机器学习技术可能更适合数据集较小的情况，因为它们不太依赖大量数据。但是，这些技术的扩展性不如图神经网络。由于并行和分布式训练，图神经网络可以处理更大的数据集，还可以更有效地利用附加信息，从而产生更好的结果。

# 1.4　小　　　结

本章回答了 3 个主要问题：为什么要使用图、为什么要进行图学习以及为什么要构建图神经网络。

首先，我们阐释了图在表示各种数据类型方面的多功能性，例如社交网络和交通网络，以及文本和图像。

其次，我们介绍了图学习的不同应用，包括节点分类和图分类，并重点介绍了图学习技术的 4 个主要系列。

最后，我们强调了图神经网络的重要性及其相对于其他技术的优越性，特别是在大型、复杂的数据集方面。

通过回答这 3 个主要问题，我们全面阐述了图神经网络的重要性以及它们为何成为机器学习的重要工具。

在第 2 章"图神经网络的图论"中，我们将深入探讨图论的基础知识，这为理解图神经网络提供了基础。我们还将阐释图论的基本概念，包括邻接矩阵和度等概念。此外，我们还将深入研究不同类型的图及其应用，例如有向图和无向图，以及加权图和无权图等。

# 1.5　延伸阅读

[1] F. Xia et al., Graph Learning: A Survey, IEEE Transactions on Artificial Intelligence, vol. 2, no. 2, pp. 109-127, Apr. 2021, DOI: 10.1109/tai.2021.3076021.

https://arxiv.org/abs/2105.00696

[2] A. Trafton, Artificial intelligence yields new antibiotic, MIT News, 20-Feb-2020.

https://news.mit.edu/2020/artificial-intelligence-identifies-new-antibiotic-0220

# 第 2 章  图神经网络的图论

图论（graph theory）是数学的一个基本分支，涉及图和网络的研究。图是复杂数据结构的可视化表示，可以帮助我们理解不同实体之间的关系。图论为我们提供了建模和分析大量现实世界问题（例如交通系统、社交网络和互联网连接）的工具。

本章将深入研究图论的基础知识，探讨 3 个重点主题：图属性、图概念和图算法。我们将从定义图及其组件开始，然后介绍不同类型的图并解释它们的属性和应用。接下来，我们将介绍基本的图概念、对象和度量，包括邻接矩阵。最后，我们将深入研究图算法，重点关注两种基本算法：广度优先搜索（breadth-first search，BFS）和深度优先搜索（depth-first search，DFS）。

到本章结束时，你将在图论方面打下坚实的基础，为深入学习更高级的主题并设计图神经网络做准备。

本章包括以下主题：
- ❑ 介绍图属性
- ❑ 发现图概念
- ❑ 探索图算法

## 2.1  技术要求

本章所有代码示例都可以在本书配套 GitHub 存储库中找到，其网址如下：

https://github.com/PacktPublishing/Hands-On-Graph-Neural-Networks-Using-Python/tree/main/Chapter02

在本地计算机上运行代码所需的安装步骤可以在本书的前言中找到。

## 2.2  介绍图属性

在图论中，图是由一组称为顶点（vertice）或节点（node）的对象以及一组称为边（edge）的连接组成的数学结构。边连接成对的顶点。图的表示方式是：

$$G = (V, E)$$

其中，$G$ 表示图，$V$ 是顶点的集合，$E$ 则是边的集合。

图的节点可以表示任何对象，例如城市、人员、网页或分子等，边表示它们之间的关系或联系，例如物理道路、社会关系、超链接或化学键等。

本节将简要介绍图的基本属性，这些属性将在后面的章节中广泛使用。

## 2.2.1　有向图

图的一个基本属性是它是有向的还是无向的。在有向图（directed graph，digraph）中，每条边都有一个方向。这意味着边将沿特定方向连接两个节点，其中一个节点是源，另一个是目的地。相反，无向图（undirected graph）则具有无向边，其中的边是没有方向的。这意味着两个顶点之间的边可以沿任一方向遍历，并且访问节点的顺序并不重要。

在 Python 中，可以使用 networkx 库通过 nx.Graph()定义无向图，如下所示：

```
import networkx as nx
G = nx.Graph()
G.add_edges_from([('A', 'B'), ('A', 'C'), ('B', 'D'),
('B', 'E'), ('C', 'F'), ('C', 'G')])
```

上述代码产生的 G 图如图 2.1 所示。

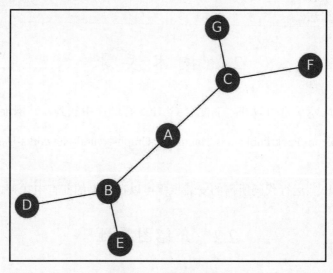

图 2.1　无向图示例

创建有向图的代码与此类似，只需将 nx.Graph()替换为 nx.DiGraph()即可：

```
DG = nx.DiGraph()
DG.add_edges_from([('A', 'B'), ('A', 'C'), ('B', 'D'),
('B', 'E'), ('C', 'F'), ('C', 'G')])
```

产生的 DG 图如图 2.2 所示。

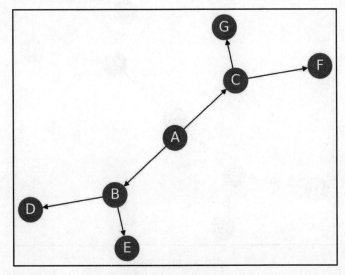

图 2.2 有向图示例

在有向图中，边通常使用箭头表示其方向，这在图 2.2 中可以清晰看到。

## 2.2.2 加权图

图的另一个重要属性是边是加权的还是未加权的。在加权图（weight graph）中，每条边都有与其关联的权重或成本。这些权重可以代表各种因素，例如距离、行程时间或成本等。举例来说，在交通网络中，边的权重可能代表不同城市之间的距离或在城市之间旅行所需的时间。相反，未加权图（unweighted graph）中的边没有与其相关的权重。这些类型的图通常用于节点之间是二元关系的情况，并且边仅指示它们之间存在或不存在连接。

我们可以修改之前的无向图来为边添加加权重。在 networkx 中，图的边是用包含起始节点和结束节点的元组以及指定边权重的字典来定义的：

```
WG = nx.Graph()
WG.add_edges_from([('A', 'B', {"weight": 10}), ('A', 'C',
{"weight": 20}), ('B', 'D', {"weight": 30}), ('B', 'E',
```

```
{"weight": 40}), ('C', 'F', {"weight": 50}), ('C', 'G',{"weight": 60})])
labels = nx.get_edge_attributes(WG, "weight")
```

WG 图如图 2.3 所示。

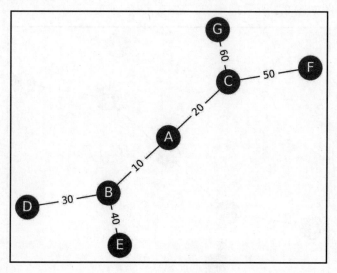

图 2.3　加权图示例

## 2.2.3　连通图

图的连通性是图论中的一个基本概念，与图的结构和功能密切相关。

在连通图（connected graph）中，任意两个顶点之间都存在路径。形式上，当且仅当对于 $G$ 中的每对 $u$ 和 $v$ 顶点，存在从 $u$ 到 $v$ 的路径时，$G$ 图是连通的。相反，如果图未连接，则该图是断开的，这意味着至少有两个顶点没有通过路径连接。

networkx 库提供了一个内置函数来验证图是否已连接。在以下示例中，第一个图 G1 包含孤立的节点（4 和 5），这和第二个图 G2 不一样。图 2.4 对此进行了可视化。

```
G1 = nx.Graph()
G1.add_edges_from([(1, 2), (2, 3), (3, 1), (4, 5)])
print(f"Is graph 1 connected? {nx.is_connected(G1)}")

G2 = nx.Graph()
G2.add_edges_from([(1, 2), (2, 3), (3, 1), (1, 4)])
print(f"Is graph 2 connected? {nx.is_connected(G2)}")
```

上述代码将打印以下输出：

```
Is graph 1 connected? False
Is graph 2 connected? True
```

第一个图由于节点 4 和 5 而断开，而第二个图则是连接的。这个属性很容易用小图来可视化，如图 2.4 所示。

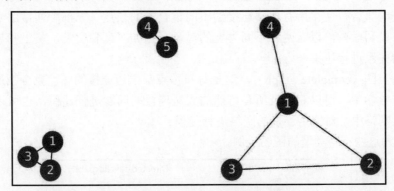

图 2.4  左：带有孤立节点的 G1（断开连接的图）；
右：G2 中的每个节点至少连接到另一个节点（连通图）

连通图有几个有趣的属性和应用。例如，在通信网络中，连通图将确保任意两个节点可以通过路径相互通信。相反，断开连接的图则可能具有无法与网络中其他节点通信的孤立节点，这使得设计高效的路由算法具有挑战性。

有多种方法可以测量图的连通性。最常见的度量之一是断开图所需移除的边的最小数量，这称为图的最小割（minimum cut）。最小割在网络流优化、聚类和社区检测中都有多种应用。

## 2.2.4  图的类型

除了常见类型的图，还有一些具有独特属性和特征的特殊类型的图。例如：

❑ 树（tree）。树是一个连通的无向图，没有环（类似图 2.1 中的图）。由于树中任意两个节点之间只有一条路径，因此树是图的一种特殊情况。树通常用于对层次结构进行建模，例如家谱、组织结构或分类树。

❑ 有根树（rooted tree）。有根树也是一种树，只不过其中有一个节点被指定为根，所有其他顶点通过唯一路径连接到根。有根树经常在计算机科学中用于表示分层数据结构，例如文件系统或 XML 文档的结构。

❑ 有向无环图（directed acyclic graph，DAG）。顾名思义，有向无环图是没有环的有向图（类似图 2.2 中的图）。这意味着只能沿特定方向遍历边，并且不存在循环或环路。DAG 通常用于对任务或事件之间的依赖关系进行建模。例如，在项目管理或计算作业的关键路径中，都可以使用有向无环图。

❑ 二部图（bipartite graph，也称为二分图）。二部图中的顶点可以分为两个不相交的集合，使得所有边都连接到不同集合中的顶点。二部图通常用于数学和计算机科学中，以对两种不同类型的对象（例如买家和卖家，员工和项目）之间的关系进行建模。

❑ 完全图（complete graph）。这是每对顶点都由边连接的图。完全图通常用在组合数学中，可以对涉及所有可能的成对连接的问题进行建模，也可以用于计算机网络中，对完全连接的网络进行建模。

图 2.5 为这些不同类型的图的示例。

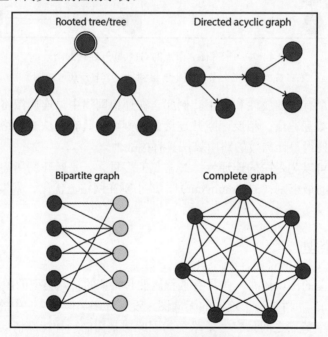

图 2.5　特殊类型的图示例

| 原　　文 | 译　　文 | 原　　文 | 译　　文 |
| --- | --- | --- | --- |
| Rooted tree/tree | 有根树/树 | Bipartite graph | 二部图 |
| Directed acyclic graph | 有向无环图 | Complete graph | 完全图 |

现在我们已经了解了图的基本类型，接下来可以继续探索一些重要的图对象。理解

这些概念将有助于我们有效地分析和操作图。

# 2.3　发现图概念

本节将探讨图论中的一些基本概念，包括图对象（例如度和邻居）、图度量（例如中心度和密度）以及邻接矩阵表示。

## 2.3.1　基础对象

图论中的关键概念之一是节点的度（degree），即和该节点相关联（incident）的边的数量。如果该节点是边的端点之一，则称该边与该节点相关联。因此，节点度也称为关联度。节点 $v$ 的度通常用 $\deg(v)$ 表示。无向图和有向图都可以定义度。

- 在无向图中，顶点的度数是与其连接的边的数量。请注意，如果节点与其自身相连——这称为循环（loop）或自循环（self-loop），则会在度数上加 2。
- 在有向图中，度分为两种类型：入度（indegree）和出度（outdegree）。节点的入度用 $\deg^-(v)$ 表示，是指向该节点的边的数量，而出度则用 $\deg^+(v)$ 表示，是指从该节点开始的边的数量。在有向图中，自循环会将入度和出度加 1。

入度和出度对于分析和理解有向图至关重要，因为它们提供了可以帮助你深入了解信息或资源在图中的分布方式的见解。例如，入度高的节点很可能是重要的信息或资源来源。相反，具有高出度的节点可能是信息或资源的重要目的地或消费者。

在 networkx 中，可以使用内置方法简单地计算节点度、入度或出度。

现在让我们对图 2.1 中的无向图和图 2.2 中的有向图执行此操作：

```
G = nx.Graph()
G.add_edges_from([('A', 'B'), ('A', 'C'), ('B', 'D'), ('B','E'),
('C', 'F'), ('C', 'G')])
print(f"deg(A) = {G.degree['A']}")

DG = nx.DiGraph()
DG.add_edges_from([('A', 'B'), ('A', 'C'), ('B', 'D'), ('B','E'),
('C', 'F'), ('C', 'G')])
print(f"deg^-(A) = {DG.in_degree['A']}")
print(f"deg^+(A) = {DG.out_degree['A']}")
```

上述代码将打印以下输出：

```
deg(A) = 2
deg^-(A) = 0
deg^+(A) = 2
```

可以将上述结果与图 2.1 和图 2.2 中的图对照一下，你会发现结果丝毫不差：

❑ 图 G 中的节点 A 连接到两条边，表示为 deg(A) = 2。

❑ 图 DG 中的节点 A 同样连接到两条边，但它表示为 deg^+(A) = 2，这是它的出度。

❑ deg^-(A) = 0，表示节点 A 不是图 DG 中任何一个节点的目的地。

节点度的概念与邻居（neighbor）的概念有关。邻居指的是直接通过边连接到特定节点的节点。此外，如果两个节点共享至少一个公共邻居，则称它们是相邻（adjacent）的。邻居和邻接（adjacency）的概念是许多图算法和应用程序的基础，例如搜索两个节点之间的路径（path）或识别网络中的聚类（cluster）。

在图论中，路径是连接图中两个（或更多）节点的边的序列。路径的长度是沿该路径经过的边的数量。路径有不同类型，但其中两种特别重要：

❑ 简单路径（simple path）是指除了起始顶点和结束顶点外不会多次访问任何节点的路径。

❑ 循环（cycle）是指第一个顶点和最后一个顶点相同的路径。如果图不包含环（例如树和 DAG），则称该图是无环图。

度和路径可用于确定网络中节点的重要性。这种度量标准被称为中心性（centrality）。

## 2.3.2　图的度量

中心性可用于量化网络中顶点或节点的重要性。它可以帮助我们根据节点的连通性以及对网络内信息流或交互的影响来识别图中的关键节点。中心性有多种度量标准，每种度量标准都提供了衡量节点重要性的不同视角。

❑ 度中心性（degree centrality）是最简单且最常用的中心性度量指标。它简单地定义为节点的度。很高的度中心性表明一个顶点与图中的其他顶点高度连接，从而显著影响网络。

❑ 接近中心性（closeness centrality）衡量的是一个节点与图中所有其他节点的接近程度。它对应于图中目标节点和所有其他节点之间的最短路径的平均长度。具有很高的接近中心性的节点可以快速到达网络中的所有其他顶点。

❑ 中介中心性（betweenness centrality）衡量的是一个节点位于图中其他节点对之间的最短路径上的次数。具有很高的中介中心性的节点可以是图中不同部分之间的瓶颈或桥梁。

让我们使用 networkx 的内置函数在之前的图上计算这些度量指标并分析结果：

```
print(f"Degree centrality     = {nx.degree_centrality(G)}")
print(f"Closeness centrality  = {nx.closeness_centrality(G)}")
print(f"Betweenness centrality = {nx.betweenness_centrality(G)}")
```

上述代码将打印 3 个字典，其中包含每个节点的分数：

```
Degree centrality     = {'A': 0.333, 'B': 0.5, 'C': 0.5, 'D':
0.167, 'E': 0.167, 'F': 0.167, 'G': 0.167}
Closeness centrality  = {'A': 0.6, 'B': 0.545, 'C': 0.545,
'D': 0.375, 'E': 0.375, 'F': 0.375, 'G': 0.375}
Betweenness centrality = {'A': 0.6, 'B': 0.6, 'C': 0.6, 'D':
0.0, 'E': 0.0, 'F': 0.0, 'G': 0.0}
```

图中节点 A、B 和 C 的重要性取决于所使用的中心性类型：

❑　度中心性指标认为节点 B 和 C 更重要，因为它们比节点 A 拥有更多的邻居。

❑　在接近中心性指标中，节点 A 被认为是最重要的，因为它可以通过最短可能路径到达图中的任何其他节点。

❑　对于中介中心性指标来说，节点 A、B 和 C 具有相等的中介中心性，因为它们位于其他节点之间的最短路径上的次数是一样的。

除了这些度量指标，在接下来的章节中，我们还将了解如何使用机器学习技术来计算节点的重要性。当然，这并不是我们要讨论的唯一指标。

事实上，密度（density）是另一个重要的衡量标准，它表明图的连接程度。密度是图中实际边数与最大可能边数的比率。与低密度图相比，高密度图被认为更具连通性并且具有更多信息流。

计算密度的公式取决于图是有向图还是无向图。

❑　对于有 $n$ 个节点的无向图来说，最大可能的边数为 $\dfrac{n(n-1)}{2}$。

❑　对于有 $n$ 个节点的有向图来说，边的最大数量为 $n(n-1)$。

图的密度计算方法为边数除以最大可能边数。例如，图 2.1 中的图有 6 条边，最大可能边数 $\dfrac{7(7-1)}{2}=21$。因此，它的密度为 $6/21 \approx 0.2857$。

稠密图的密度接近 1，而稀疏图的密度则接近 0。

对于稠密图和稀疏图的划分并没有严格限定的规则，一般来说，如果图的密度大于 0.5，则认为该图是稠密图；如果图的密度小于 0.1，则认为该图是稀疏图。该度量与图的一个基本问题直接相关，即如何表示邻接矩阵。

### 2.3.3　邻接矩阵表示

邻接矩阵（adjacency matrix）是表示图中边的矩阵，矩阵中的每个单元指示两个节点之间是否有一条边。该矩阵是一个大小为 $n×n$ 的方阵，其中 $n$ 是图中的节点数。单元 $(i, j)$ 中的值为 1 表示在节点 $i$ 与节点 $j$ 之间有一条边，而值为 0 则表示没有边。

对于无向图，该矩阵是对称的，而对于有向图，该矩阵不一定是对称的。

图 2.6 显示了与图关联的邻接矩阵。

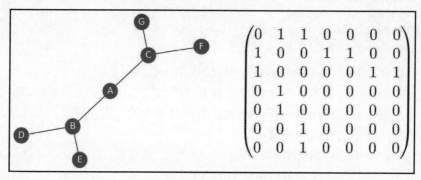

图 2.6　邻接矩阵示例

在 Python 中，它可以实现为列表的列表，示例如下：

```
adj = [ [0,1,1,0,0,0,0],
        [1,0,0,1,1,0,0],
        [1,0,0,0,0,1,1],
        [0,1,0,0,0,0,0],
        [0,1,0,0,0,0,0],
        [0,0,1,0,0,0,0],
        [0,0,1,0,0,0,0]]
```

邻接矩阵是一种简单的表示形式，可以轻松地将其可视化为二维数组。

使用邻接矩阵的主要优点之一是，检查两个节点是否连接变成了一个恒定时间操作。这使得它成为测试图中是否存在边的有效方法。此外，它也可以用于执行矩阵运算，这对于某些图算法非常有用，例如计算两个节点之间的最短路径。

当然，添加或删除节点的成本可能很高，因为需要调整矩阵大小或移动矩阵。使用邻接矩阵的主要缺点之一是其空间复杂性：随着图中节点数量的增加，存储邻接矩阵所需的空间呈指数级增长。其正式表述为：邻接矩阵的空间复杂度为 $O(|V|^2)$，其中 $|V|$ 代表图中的节点数。

总的来说，虽然邻接矩阵是表示小图的有用数据结构，但由于其空间复杂性，对于较大的图可能并不实用。此外，添加或删除节点的开销可能会导致动态更改图的效率低下。

这就是为什么我们还需要使用其他表示方法。例如，另一种流行的存储图的方式是边列表（edge list）。

## 2.3.4　边列表

顾名思义，边列表是图中所有边的列表。每条边由一个元组或一对顶点表示。边列表还可以包括每条边的权重或成本。

以下是用来通过 networkx 创建图的数据结构：

```
edge_list = [(0, 1), (0, 2), (1, 3), (1, 4), (2, 5), (2, 6)]
```

当我们比较应用于图的两种数据结构时，很明显，边列表更简洁。出现这种情况是因为我们的图相当稀疏。如果我们的图是完全连接的，则将需要 21 个元组而不是 6 个。这是通过 $O(|E|)$ 的空间复杂度来解释的，其中$|E|$是边的数量。

边列表对于存储稀疏图更有效，因为在稀疏图中，边列表的数量远小于节点的数量。

但是，检查边列表中两个顶点是否相连需要迭代整个列表，这对于具有许多边的大型图来说可能非常耗时。因此，边列表更常用于需要考虑空间的应用中。

## 2.3.5　邻接列表

第三种流行的图表示方法是邻接列表（adjacency list）。它由一系列对（pair）组成，其中每对代表图中的一个节点及其相邻节点。这些对可以存储在链表、字典或其他数据结构中，具体取决于实现。例如，图的邻接列表可能如下所示：

```
adj_list = {
    0: [1, 2],
    1: [0, 3, 4],
    2: [0, 5, 6],
    3: [1],
    4: [1],
    5: [2],
    6: [2]
}
```

与邻接矩阵或边列表相比，邻接列表具有多个优点。

首先，其空间复杂度为 $O(|V| + |E|)$，其中，$|V|$是节点数，$|E|$是边数。这比稀疏图的邻

接矩阵的 $O(|V|^2)$ 空间复杂度更有效。

其次，它允许通过节点的相邻顶点进行有效迭代，这在许多图算法中很有用。

最后，添加节点或边可以在恒定时间内完成。

当然，邻接列表在检查两个顶点是否连接时可能比邻接矩阵慢。这是因为它需要迭代顶点之一的邻接列表，这对于大型图来说可能非常耗时。

由此可见，每种数据结构都有其自身的优点和缺点，具体取决于具体的应用和要求。在下一节中，我们将处理图并介绍两种最基本的图算法。

## 2.4　探索图算法

图算法对于解决与图相关的问题至关重要，例如寻找两个节点之间的最短路径或检测循环。本节将讨论两种图遍历算法：广度优先搜索和深度优先搜索。

### 2.4.1　广度优先搜索

广度优先搜索（breadth-first search，BFS）是一种图遍历算法，它从根节点开始，探索特定级别的所有相邻节点，然后移动到下一级节点。它的工作原理是维护一个要访问的节点的队列，并在将每个已访问的节点添加到队列时对其进行标记。然后，该算法让队列中的下一个节点出列，并探索其所有邻居，如果尚未访问过它们，则将它们添加到队列中。

BFS 的行为如图 2.7 所示。

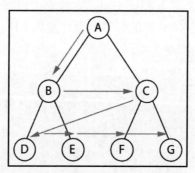

图 2.7　通过广度优先搜索进行图遍历的示例

现在让我们看看如何在 Python 中实现 BFS。

（1）创建一个空图并使用 add_edges_from() 方法添加边：

```
G = nx.Graph()
G.add_edges_from([('A', 'B'), ('A', 'C'), ('B', 'D'),
('B', 'E'), ('C', 'F'), ('C', 'G')])
```

（2）定义一个名为 bfs() 的函数，它将在图上实现 BFS 算法。该函数有两个参数：graph 对象和搜索的起始节点。

```
def bfs(graph, node):
```

（3）初始化两个列表（visited 和 queue）并添加起始节点。visited 列表跟踪搜索过程中已访问过的节点，而 queue 列表则存储需要访问的节点：

```
visited, queue = [node], [node]
```

（4）进入一个 while 循环，该循环一直持续到 queue 列表为空。在循环内，使用 pop(0) 方法删除 queue 列表中的第一个节点，并将结果存储在 node 变量中：

```
while queue:
    node = queue.pop(0)
```

（5）使用 for 循环遍历节点的邻居。对于每个尚未访问的邻居，使用 append() 方法将其添加到 visited 列表和 queue 列表的末尾。完成后，返回 visited 列表：

```
    for neighbor in graph[node]:
        if neighbor not in visited:
            visited.append(neighbor)
            queue.append(neighbor)
return visited
```

（6）使用 G 参数和 'A' 起始节点调用 bfs() 函数：

```
bfs(G, 'A')
```

（7）该函数将按访问顺序返回已访问节点的列表：

```
['A', 'B', 'C', 'D', 'E', 'F', 'G']
```

我们获得的顺序正是在图 2.7 中看到的顺序。

BFS 对于寻找未加权图中两个节点之间的最短路径特别有用。这是因为算法将按照距起始节点的距离远近的顺序访问节点，因此，第一次访问目标节点时，必须沿着距起始节点的最短路径。

除了查找最短路径，BFS 还可以用于检查图是否连通或查找图的所有连通组件，用于网络爬虫、社交网络分析和网络中最短路径路由等应用。

BFS 的时间复杂度为 $O(|V| + |E|)$，其中，$|V|$ 是图中的节点数，$|E|$ 是图中的边数。对

于具有高度连通性的图或对于稀疏的图，这会是一个很大的问题。为了缓解这个问题，目前已经开发出了 BFS 的若干种变体，例如双向 BFS（bidirectional BFS）和 A*搜索，后者可以使用启发式算法来减少需要探索的节点数量。

## 2.4.2　深度优先搜索

深度优先搜索（depth-first search，DFS）是一种递归算法，从根节点开始，在回溯之前沿着每个分支尽可能地探索。

它将选择一个节点并探索其所有未访问过的邻居，访问第一个尚未探索过的邻居，并仅在所有邻居都被访问过时才回溯。它会通过从起始节点开始尽可能深的路径来探索图，然后回溯探索其他分支。该过程一直持续到所有节点都被探索过为止。

DFS 的行为如图 2.8 所示。

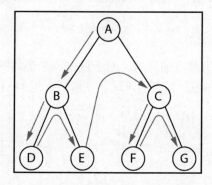

图 2.8　通过深度优先搜索进行图遍历的示例

现在让我们用 Python 实现 DFS。

（1）首先初始化一个名为 visited 的空列表：

```
visited = []
```

（2）定义一个名为 dfs()的函数，它将接收 visited、graph 和 node 作为参数：

```
def dfs(visited, graph, node):
```

（3）如果当前 node 不在 visited 列表中，则将其追加到列表中：

```
if node not in visited:
    visited.append(node)
```

（4）迭代当前 node 的每个邻居。对于每个邻居，都需要递归地调用 dfs()函数，传入 visited、graph 和邻居作为参数：

```
for neighbor in graph[node]:
    visited = dfs(visited, graph, neighbor)
```

（5）dfs()函数继续以深度优先方式探索图，访问每个节点的所有邻居，直到没有更多未访问的邻居，最后返回 visited 列表：

```
return visited
```

（6）调用 dfs()函数，将 visited 设置为一个空列表，G 作为图，'A'作为起始节点：

```
dfs(visited, G, 'A')
```

（7）该函数将按访问顺序返回已访问节点的列表：

```
['A', 'B', 'D', 'E', 'C', 'F', 'G']
```

同样，我们获得的顺序正是在图 2.8 中看到的顺序。

DFS 可用于解决各种问题，例如查找已连通组件、拓扑排序和解决迷宫问题等。它在查找图中的环时特别有用，因为它会以深度优先的顺序遍历图，当且仅当在遍历期间访问节点两次时才存在环。

与 BFS 一样，它的时间复杂度为 $O(|V|+|E|)$，其中，$|V|$ 是图中的节点数，$|E|$ 是图中的边数。DFS 需要较少的内存，但不能保证最浅的路径解。与 BFS 不同的是，使用 DFS 可能会陷入无限循环。

此外，图论中的许多其他算法都建立在 BFS 和 DFS 的基础上，例如 Dijkstra 的最短路径（shortest path）算法、Kruskal 的最小生成树（minimum spanning tree）算法和 Tarjan 的强连通组件（strongly connected components）算法。因此，对于任何想要使用图并开发更高级图算法的人来说，深入理解 BFS 和 DFS 至关重要。

## 2.5　小　　结

本章介绍了图论的基础知识。图论是研究图和网络的数学分支，我们首先定义了什么是图，并解释了不同类型的图，例如有向图、加权图和连通图。然后，我们介绍了基本的图对象（包括邻居）和度量（例如中心性和密度），它们可用于理解和分析图结构。

此外，本章还讨论了邻接矩阵及其不同的表示形式。

最后，我们探索并演示了两种基本的图算法：BFS 和 DFS，它们构成了开发更复杂的图算法的基础。

在第 3 章"使用 DeepWalk 创建节点表示"中，我们将探讨 DeepWalk 架构及其两个组件：Word2Vec 和随机游走。我们将从了解 Word2Vec 架构开始，然后使用专门的库来实现它。我们还将深入研究 DeepWalk 算法并在图上实现随机游走。

# 第 2 篇

# 基 础 知 识

本篇将深入研究使用图学习构建节点表示的过程。我们将从探索传统的图学习技术开始，借鉴自然语言处理方面取得的进步。我们的目标是了解如何将这些技术应用于图以及如何使用它们来构建节点表示。

然后，我们将详细介绍如何将节点特征合并到模型中，并探索如何使用它们来构建更准确的表示。

最后，我们将介绍两种最基本的图神经网络架构：图卷积网络（graph convolutional network，GCN）和图注意力网络（graph attention network，GAT）。这两种架构是许多先进的图学习方法的构建块，掌握这两种架构将为下一部分的学习打下坚实的基础。

到本篇结束时，你将更深入地了解如何使用传统的图学习技术（例如随机游走）来创建节点表示和开发图应用程序。此外，你还将学习如何使用图神经网络构建更强大的表示。你将了解两种关键的图神经网络架构，并了解如何使用它们来处理各种基于图的任务。

本篇包括以下章节：
- ❏ 第 3 章，使用 DeepWalk 创建节点表示
- ❏ 第 4 章，在 Node2Vec 中使用有偏随机游走改进嵌入
- ❏ 第 5 章，使用普通神经网络包含节点特征
- ❏ 第 6 章，图卷积网络
- ❏ 第 7 章，图注意力网络

# 第 3 章　使用 DeepWalk 创建节点表示

DeepWalk 是机器学习（machine learning，ML）技术在图数据方面最早的主要成功应用之一。它引入了一些重要的概念，例如作为图神经网络核心的嵌入（embedding）。与传统的神经网络不同，该架构的目标是生成表示（representation），然后将其馈送到其他模型，再由这些模型执行下游任务（例如节点分类）。

本章将阐释 DeepWalk 架构及其两个主要组件：Word2Vec 和随机游走（random walks）。我们将解释 Word2Vec 架构的工作原理，重点讨论 skip-gram 模型。我们将在自然语言处理（natural language processing，NLP）示例上使用流行的 gensim 库来实现该模型，以了解它应该如何使用。

然后，我们将重点介绍 DeepWalk 算法，看看如何使用分层 Softmax（hierarchical softmax，H-Softmax）来提高性能。这种对 softmax 函数的强大优化可以在许多领域中找到：当分类任务中有很多可能的类时，它非常有用。

我们还将在图上实现随机游走，然后在扎卡里空手道俱乐部（Zachary's Karate Club）数据上进行端到端有监督分类练习。

到本章结束时，你将在 NLP 及其他领域掌握 Word2Vec。你将能够使用图的拓扑信息创建节点嵌入并解决图数据的分类任务。

本章包含以下主题：

❑ Word2Vec 简介
❑ DeepWalk 和随机游走
❑ 实现 DeepWalk

## 3.1　技 术 要 求

本章的所有代码示例都可以在本书配套 GitHub 存储库中找到，其网址如下：

https://github.com/PacktPublishing/Hands-On-Graph-Neural-Networks-Using-Python/tree/main/Chapter03

在本地计算机上运行代码所需的安装步骤可以在本书的前言部分找到。

# 3.2　Word2Vec 简介

理解 DeepWalk 算法的第一步是了解其主要组成部分：Word2Vec。

Word2Vec 一直是自然语言处理（NLP）领域最有影响力的深度学习技术之一，由谷歌公司 Tomas Mikolov 等人于 2013 年在两篇不同的论文中发布，他们提出了一种使用大型文本数据集将单词转换为向量，也称为嵌入（embedding）的新技术。然后，这些表示可以用于下游任务，例如情感分类。它也是获得专利且流行的机器学习架构的罕见示例之一。

以下是 Word2Vec 将单词转换为向量的几个示例：

$$vec(king) = [-2.1, 4.1, 0.6]$$
$$vec(queen) = [-1.9, 2.6, 1.5]$$
$$vec(man) = [3.0, -1.1, -2]$$
$$vec(woman) = [2.8, -2.6, -1.1]$$

在这些例子中可以看到，就欧几里得距离而言，king 和 queen 之间的距离比 king 和 woman 之间的距离更近（4.37 和 8.47 相比）。

一般来说，还有其他一些指标，例如流行的余弦相似度（cosine similarity），用于衡量这些单词的相似度。余弦相似度关注向量之间的角度，不考虑它们的大小（长度），这更有利于比较它们。它的定义如下：

$$cosine\ similarity(\vec{A}, \vec{B}) = \cos(\theta) = \frac{\vec{A} \cdot \vec{B}}{\|\vec{A}\| \cdot \|\vec{B}\|}$$

Word2Vec 最令人惊讶的是它解决类比问题的能力。一个流行的例子是它回答"man is to woman, what king is to___?"类问题的方式。它可以按下式计算：

$$vec(king) - vec(man) + vec(woman) \approx vec(queen)$$

虽然现实生活中的任何类比都不是这样进行的，但是这个属性可以带来一些使用嵌入执行算术运算的有趣应用程序。

## 3.2.1　CBOW 与 skip-gram

模型必须预先进行任务训练才能生成向量。任务本身不需要有意义：它的唯一目标是产生高质量的嵌入。在实践中，此任务始终与在给定特定上下文的情况下预测单词相关。

论文作者提出了两种具有相似任务的架构：

❑ 连续词袋（continuous bag-of-words，CBOW）模型：经过此类任务训练之后，可以使用周围的上下文（目标单词之前和之后的单词）来预测单词。上下文单词的顺序并不重要，因为它们的嵌入将在模型中求和。论文作者声称，使用预测词前后的 4 个词可以获得更好的结果。

❑ 连续 skip-gram 模型：在该架构中，可以向模型输入一个单词并尝试预测它周围的单词。扩大上下文单词的范围可以带来更好的嵌入，但也会增加训练时间。

图 3.1 显示了这两个模型的输入和输出。

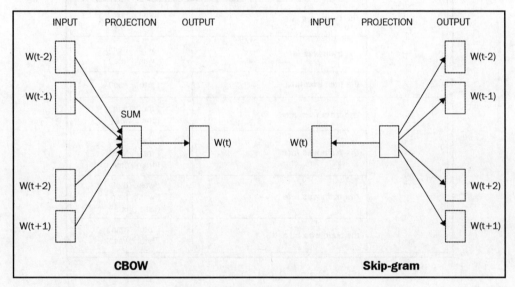

图 3.1　CBOW 和 skip-gram 架构

| 原　　文 | 译　　文 | 原　　文 | 译　　文 |
| --- | --- | --- | --- |
| INPUT | 输入 | OUTPUT | 输出 |
| PROJECTION | 投射 | | |

一般来说，CBOW 模型被认为训练速度更快，但 skip-gram 模型由于具有学习不常见单词的能力而更加准确。以下话题在 NLP 社区中仍然存在争议：不同的实现在某些情况下可以解决与 CBOW 相关的问题。

## 3.2.2　创建 skip-gram

现在来重点讨论一下 skip-gram 模型，因为它是 DeepWalk 使用的架构。skip-gram 被实现为具有以下结构的单词对：

(target word, context word)

其中，target word 是输入，而 context word 则是要预测的单词。

对于同一个目标词，skip gram 的数量取决于一个称为上下文大小（context size）的参数，如图 3.2 所示。

| Context Size | Text | Skip-grams |
|---|---|---|
| 1 | **the *train*** was late. | ('the', 'train') |
| | **the** train **was** late | ('train', 'the')<br>('train', 'was') |
| | the *train was late* | ('was', 'train')<br>('was', 'late') |
| | the train **was** late | ('late', 'was') |
| 2 | **the *train was*** late | ('the', 'train')<br>('the', 'was') |
| | **the** train *was late* | ('train', 'the')<br>('train', 'was')<br>('train', 'late') |
| | **the** train **was** late | ('was', 'the')<br>('was', 'train')<br>('was', 'late') |
| | the **train was** late | ('late', 'train')<br>('late', 'was') |

图 3.2　从文本到 skip-gram

同样的思路也可以应用于文本语料库而不是单个句子。

在实践中，可以将同一目标单词的所有上下文单词存储在一个列表中以节省内存。让我们通过整个段落的示例来看看它是如何完成的。

以下示例将为存储在 text 变量中的整个段落创建 skip-gram。我们将 CONTEXT_SIZE 变量设置为 2，这意味着将查看目标单词之前和之后的两个单词。请按以下步骤操作。

（1）导入必要的库：

```
import numpy as np
```

（2）将 CONTEXT_SIZE 变量设置为 2 并引入要分析的文本：

```
CONTEXT_SIZE = 2

text = """Lorem ipsum dolor sit amet, consectetur
```

```
adipiscing elit. Nunc eu sem scelerisque, dictum eros
aliquam, accumsan quam. Pellentesque tempus, lorem ut
semper fermentum, ante turpis accumsan ex, sit amet
ultricies tortor erat quis nulla. Nunc consectetur ligula
sit amet purus porttitor, vel tempus tortor scelerisque.
Vestibulum ante ipsum primis in faucibus orci luctus
et ultrices posuere cubilia curae; Quisque suscipit
ligula nec faucibus accumsan. Duis vulputate massa sit
amet viverra hendrerit. Integer maximus quis sapien id
convallis. Donec elementum placerat ex laoreet gravida.
Praesent quis enim facilisis, bibendum est nec, pharetra
ex. Etiam pharetra congue justo, eget imperdiet diam
varius non. Mauris dolor lectus, interdum in laoreet
quis, faucibus vitae velit. Donec lacinia dui eget
maximus cursus. Class aptent taciti sociosqu ad litora
torquent per conubia nostra, per inceptos himenaeos.
Vivamus tincidunt velit eget nisi ornare convallis.
Pellentesque habitant morbi tristique senectus et netus
et malesuada fames ac turpis egestas. Donec tristique
ultrices tortor at accumsan.
""".split()
```

（3）现在可以通过一个简单的 for 循环来创建 skip-gram，以考虑 text 中的每个单词。列表推导式（list comprehension）将生成上下文单词，并存储在 skipgrams 列表中：

```
skipgrams = []
for i in range(CONTEXT_SIZE, len(text) - CONTEXT_SIZE):
    array = [text[j] for j in np.arange(i - CONTEXT_SIZE,
i + CONTEXT_SIZE + 1) if j != i]
    skipgrams.append((text[i], array))
```

（4）使用 print()函数查看已经生成的 skip-gram：

```
print(skipgrams[0:2])
```

（5）这会产生以下输出：

```
[('dolor', ['Lorem', 'ipsum', 'sit', 'amet,']), ('sit',
['ipsum', 'dolor', 'amet,', 'consectetur'])]
```

这两个目标词及其相应的上下文可以显示 Word2Vec 的输入是什么样的。

## 3.2.3　skip-gram 模型

Word2Vec 的目标是产生高质量的词嵌入。为了学习这些嵌入，skip-gram 模型的训练任务就是通过给定的一个目标词正确预测出它的若干个上下文单词。

想象一下，我们有一个包含 $N$ 个单词的序列 $w_1, w_2, ..., w_n$。$p(w_2|w_1)$ 表示在已知第一个单词 $w_1$ 的情况下看到第二个单词 $w_2$ 的概率。

我们的目标是最大化在给定目标单词的情况下整个文本中每个上下文单词出现的概率的总和：

$$\frac{1}{N}\sum_{n=1}^{N}\sum_{-c\leqslant j\leqslant c, j\neq 0}\log p(w_{n+j}|w_n)$$

其中，$c$ 是上下文向量的大小。

📝 **注意：**

为什么我们在上面的公式中使用的是对数概率？将概率转换为对数概率是机器学习（以及一般的计算机科学）中的一种常见技术，这主要有以下两个原因。

（1）乘积变成加法（除法变成减法）。乘法在计算上比加法昂贵，因此计算对数概率会更快：

$$\log(A\times B)=\log(A)+\log(B)$$

（2）计算机在存储非常小的数字（如 3.14e-128）时并不完全准确，当此类极不可能事件发生时，这些小错误可能会相加并使最终结果产生偏差。而相同数字在使用对数（本例中为-127.5）时则不会出现这个问题。

总的来说，这种简单的转换将使我们在不改变初始目标的情况下更快速地获得更准确的结果，何乐而不为呢？

基本的 skip-gram 模型将使用 softmax 函数来计算给定目标词嵌入 $h_t$ 的情况下，上下文单词嵌入 $h_c$ 的概率：

$$p(w_c|w_t)=\frac{\exp\left(h_c h_t^T\right)}{\sum_{i=1}^{|V|}\exp\left(h_i h_t^T\right)}$$

其中，$V$ 是大小为 $|V|$ 的词汇表。该词汇表对应于模型想要预测的唯一单词列表。可以使用 set 数据结构来删除重复单词以获得这个列表：

```
vocab = set(text)
VOCAB_SIZE = len(vocab)
print(f"Length of vocabulary = {VOCAB_SIZE}")
```

这将给出以下结果：

```
Length of vocabulary = 121
```

现在我们已经知道了词汇表的大小，还需要定义一个参数 $N$，即词向量的维数。一般来说，该值可设置在 100 到 1000 之间。在本示例中，由于数据集大小有限，因此可以将其设置为 10。

该 skip-gram 模型仅由两层组成：

❑　投射层（projection layer）。该层具有权重矩阵 $W_{embed}$，它采用独热编码（one-hot encode）词向量作为输入，并返回相应的 $N$ 维词嵌入。它充当一个简单的查找表，存储预定义维度的嵌入。

❑　全连接层（fully connected layer）。该层具有权重矩阵 $W_{output}$，它采用词嵌入作为输入，并且输出$|V|$维分数值（logit）。将 softmax 函数应用于这些预测，即可将分数值转换为概率。

☑ 注意：

这里没有激活函数：Word2Vec 是一个线性分类器，它对单词之间的线性关系进行建模。

我们将独热编码的词向量 $x$ 称为输入。相应的词嵌入可以通过简单的投射来计算：

$$h = W_{embed}^{T} \cdot x$$

使用 skip-gram 模型，可以将之前的概率重写如下：

$$p(w_c|w_t) = \frac{\exp(W_{output} \cdot h)}{\sum_{i=1}^{|V|} \exp(W_{output_{(i)}} \cdot h)}$$

skip-gram 模型将输出$|V|$维向量，即词汇表中每个单词的条件概率：

$$word2vec(w_t) = \begin{bmatrix} p(w_1|w_t) \\ p(w_2|w_t) \\ \cdots \\ p(w_{|V|}|w_t) \end{bmatrix}$$

在训练期间，这些概率将与正确的独热编码目标词向量进行比较。

这些值之间的差将通过诸如交叉熵损失（cross-entropy loss，CEL）之类的损失函数计算，然后通过网络反向传播以更新权重，并获得更好的预测。

图 3.3 总结了整个 Word2Vec 架构，包括矩阵和最终的 softmax 层。

可以使用 gensim 库来实现这个模型，DeepWalk 的官方实现中也使用了该库。

现在可以根据前面的文本构建词汇表并训练我们的模型。

（1）安装 gensim 并导入 Word2Vec 类：

```
!pip install -qU gensim
from gensim.models.word2vec import Word2Vec
```

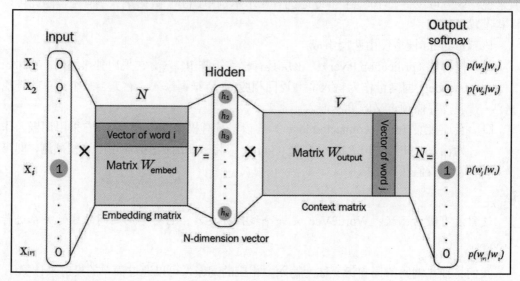

图 3.3　Word2Vec 架构

| 原　　文 | 译　　文 | 原　　文 | 译　　文 |
|---|---|---|---|
| Input | 输入层 | Embedding matrix | 嵌入矩阵 |
| Hidden | 隐藏层 | N-dimension vector | N 维向量 |
| Output | 输出层 | Vector of word j | 词 j 的向量 |
| Vector of word i | 词 i 的向量 | Matrix $W_{output}$ | 矩阵 $W_{output}$ |
| Matrix $W_{embed}$ | 矩阵 $W_{embed}$ | Context matrix | 上下文矩阵 |

（2）使用 Word2Vec 对象和 sg=1（即 skip-gram = 1）参数初始化 skip-gram 模型：

```
model = Word2Vec([text],
                 sg=1, # Skip-gram
                 vector_size=10,
                 min_count=0,
                 window=2,
                 workers=2,
                 seed=0)
```

（3）检查第一个权重矩阵的形状是个好主意。它应该对应于词汇表大小和词嵌入的维度。示例如下：

```
print(f'Shape of W_embed: {model.wv.vectors.shape}')
```

（4）这会产生以下输出：

```
Shape of W_embed = (121, 10)
```

（5）训练模型 10 个 epoch：

```
model.train([text], total_examples=model.corpus_count, epochs=10)
```

（6）可以打印一个词嵌入来看看这次训练的结果是什么样的：

```
print('Word embedding =')
print(model.wv[0])
```

（7）其输出如下：

```
Word embedding =
[ 0.06947816 -0.06254371 -0.08287395 0.07274164
-0.09449387 0.01215031 -0.08728203 -0.04045384
-0.00368091 -0.0141237 ]
```

虽然这种方法适用于较小的词汇表，但在大多数情况下，将全连接的 softmax 函数应用于数百万个单词（词汇表大小）的计算成本过于高昂。长期以来，这一直是开发准确语言模型的限制因素。对我们来说幸运的是，已经设计了其他方法来解决这个问题。

Word2Vec（和 DeepWalk）实现了其中一种技术，称为 H-Softmax。该技术使用二叉树（binary tree）结构（其中的叶子是单词），而不是直接计算每个单词的概率的平面 Softmax。更有趣的是，你也可以使用霍夫曼树（Huffman tree），其中不常见的单词比常见的单词存储在更深的级别。在大多数情况下，这可以将单词预测速度显著提高至少 50 倍。

H-Softmax 可以在 gensim 中使用 hs=1 激活。

这是 DeepWalk 架构中最困难的部分。但在实现它之前，我们还需要了解一项内容：如何创建训练数据。

## 3.3　DeepWalk 和随机游走

DeepWalk 由 Perozzi 等人于 2014 年提出（参见 3.6 节"延伸阅读"[1]），很快就在图研究人员中广受欢迎。受自然语言处理最新进展的启发，它在多个数据集上始终优于其他方法。虽然人们此后提出了更高性能的架构，但 DeepWalk 是一个简单可靠的基础架构，可以快速实现以解决许多问题。

DeepWalk 的目标是以无监督的方式生成节点的高质量特征表示。该架构很大程度上受到自然语言处理中 Word2Vec 的启发。当然，我们的数据集不是由单词组成，而是由节点组成的。这就是为什么我们要使用随机游走来生成有意义的节点序列，这些节点的作用类似于句子。图 3.4 说明了句子和图之间的联系。

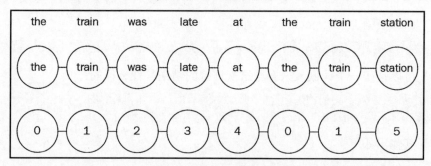

图 3.4　句子可以用图表示

随机游走是通过在每一步随机选择相邻节点而产生的节点序列。因此，节点可以按同一顺序出现多次。

为什么随机游走很重要？即使节点是随机选择的，它们经常按顺序一起出现的事实意味着它们彼此接近。在网络同质性（network homophily）假设下，彼此接近的节点是相似的。在社交网络中尤其如此，人们在社交网络中会更多地与朋友和家人联系。

这个思想是 DeepWalk 算法的核心：当节点彼此靠近时，我们希望获得高相似度分数。相反，当它们相距较远时，我们希望得分较低。

现在让我们使用 networkx 库实现随机游走函数。

（1）导入所需的库并初始化随机数生成器以实现可重复性：

```
import networkx as nx
import matplotlib.pyplot as plt
import numpy as np
import random
random.seed(0)
```

（2）通过 erdos_renyi_graph()函数生成一个随机图，该函数具有固定数量（10）的节点和在两个节点之间创建边的预定义概率（0.3）：

```
G = nx.erdos_renyi_graph(10, 0.3, seed=1, directed=False)
```

（3）绘制这个随机图，看看它是什么样子的：

```
plt.figure(dpi=300)
plt.axis('off')
nx.draw_networkx(G,
                 pos=nx.spring_layout(G, seed=0),
```

```
          node_size=600,
          cmap='coolwarm',
          font_size=14,
          font_color='white'
          )
```

这会产生如图 3.5 所示的结果。

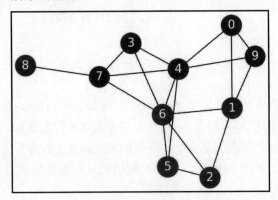

图 3.5  随机图

（4）现在可以用一个简单的函数来实现随机游走。该函数有两个参数：起始节点
（start）和游走的长度（length）。在每一步中，将随机选择一个相邻节点（使用
np.random.choice），直到遍历完成：

```
def random_walk(start, length):
    walk = [str(start)] # 起始节点

    for i in range(length):
        neighbors = [node for node in G.neighbors(start)]
        next_node = np.random.choice(neighbors, 1)[0]
        walk.append(str(next_node))
        start = next_node

    return walk
```

（5）打印该函数的结果，起始节点为 0，游走长度为 10：

```
print(random_walk(0, 10))
```

（6）这会产生以下列表：

```
['0', '4', '3', '6', '3', '4', '7', '8', '7', '4', '9']
```

我们可以看到某些节点，例如 0 和 9，经常在一起。考虑到这是一个同质性图，这意味着它们是相似的。这正是我们试图通过 DeepWalk 捕捉的关系类型。

现在我们已经分别实现了 Word2Vec 和随机游走，接下来让我们将它们组合在一起以创建 DeepWalk。

## 3.4　实现 DeepWalk

经过前面的学习，相信你现在已经很好地了解了该架构中的每个组件，接下来让我们使用它来解决机器学习问题。

我们将使用的数据集是扎卡里空手道俱乐部（Zachary's Karate Club）数据。该数据是 Wayne W. Zachary 收集的 20 世纪 70 年代一家空手道俱乐部的数据，旨在研究其内部关系。它是一种社交网络，每个节点都是会员，在俱乐部之外互动的会员之间是相互联系的。

在此示例中，俱乐部分为两组，我们希望仅通过查看他们的连接来给每个成员正确分组。因此，这实际上是一个节点分类任务。

（1）使用 nx.karate_club_graph()导入数据集：

```
G = nx.karate_club_graph()
```

（2）将字符串类标签转换为数值（Mr. Hi = 0，Officer = 1）：

```
labels = []
for node in G.nodes:
    label = G.nodes[node]['club']
    labels.append(1 if label == 'Officer' else 0)
```

（3）使用新标签绘制此图：

```
plt.figure(figsize=(12,12), dpi=300)
plt.axis('off')
nx.draw_networkx(G,
                 pos=nx.spring_layout(G, seed=0),
                 node_color=labels,
                 node_size=800,
                 cmap='coolwarm',
                 font_size=14,
                 font_color='white'
                 )
```

获得的结果如图 3.6 所示。

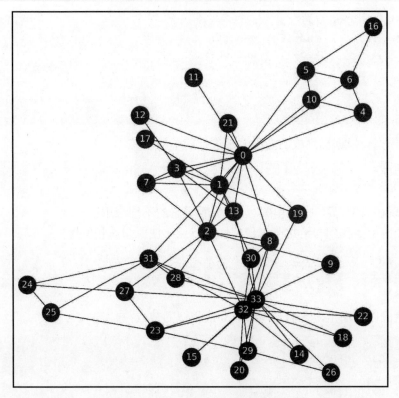

图 3.6　扎卡里的空手道俱乐部图

（4）接下来需要生成我们的数据集，即进行随机游走。我们希望尽可能穷尽所有关系，因此可以为图中的每个节点创建长度为 10 的 80 个随机游走：

```
walks = []
for node in G.nodes:
    for _ in range(80):
        walks.append(random_walk(node, 10))
```

（5）打印其中一个游走来验证它是否正确：

```
print(walks[0])
```

（6）这是生成的第一个游走：

```
['0', '19', '1', '2', '0', '3', '2', '8', '33', '14', '33']
```

（7）现在可以实现 Word2Vec。在这里，可使用之前讨论的 skip-gram 模型（使用 H-Softmax），还可以使用其他参数来提高嵌入的质量：

```
model = Word2Vec(walks,
                 hs=1, # H-softmax
                 sg=1, # Skip-gram
                 vector_size=100,
                 window=10,
                 workers=2,
                 seed=0)
```

（8）模型会根据已生成的随机游走进行简单的训练：

```
model.train(walks, total_examples=model.corpus_count,
epochs=30, report_delay=1)
```

（9）现在模型已经训练完毕，让我们看看它的不同应用。

第一个应用是找到与给定节点最相似的节点（使用余弦相似度）：

```
print('Nodes that are the most similar to node 0:')
for similarity in model.wv.most_similar(positive=['0']):
    print(f' {similarity}')
```

这将生成以下输出，它们是与节点 0 最相似的节点：

```
('4', 0.6825815439224243)
('11', 0.6330500245094299)
('5', 0.6324777603149414)
('10', 0.6097837090492249)
('6', 0.6096848249435425)
('21', 0.5936519503593445)
('12', 0.5906376242637634)
('3', 0.5797219276428223)
('16', 0.5388344526290894)
('13', 0.534131646156311)
```

另一个重要的应用是计算两个节点之间的相似度得分。可以按如下方式执行：

```
# 两个节点之间的相似度
print(f"Similarity between node 0 and 4: {model.
wv.similarity('0', '4')}")
```

以下代码直接给出了两个节点之间的余弦相似度：

```
Similarity between node 0 and 4: 0.6825816631317139
```

还可以使用 t 分布随机邻域嵌入（t-distributed stochastic neighbor embedding，t-SNE）绘制已生成的嵌入，以二维形式可视化这些高维向量。

（1）从 sklearn 导入 TSNE 类：

```
from sklearn.manifold import TSNE
```

（2）创建两个数组，一个用于存储词嵌入，另一个用于存储标签：

```
nodes_wv = np.array([model.wv.get_vector(str(i)) for i in
range(len(model.wv))])
labels = np.array(labels)
```

（3）在嵌入上使用二维（n_components=2）训练 t-SNE 模型：

```
tsne = TSNE(n_components=2,
            learning_rate='auto',
            init='pca',
            random_state=0).fit_transform(nodes_wv)
```

（4）用相应的标签绘制经过训练的 t-SNE 模型生成的 2D 向量：

```
plt.figure(figsize=(6, 6), dpi=300)
plt.scatter(tsne[:, 0], tsne[:, 1], s=100, c=labels, cmap="coolwarm")
plt.show()
```

其结果如图 3.7 所示。

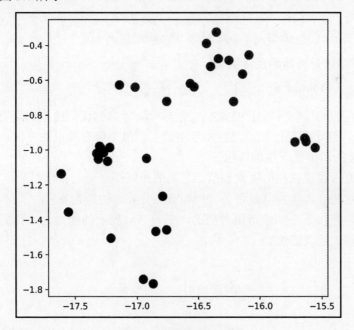

图 3.7　节点的 t-SNE 图

　　这个绘图结果非常鼓舞人心，因为我们可以看到两个类别之间有一条清晰的界限。简单的机器学习算法应该可以通过足够的示例（训练数据）对这些节点进行分类。

　　让我们实现一个分类器并在节点嵌入上训练它。

　　（1）从 sklearn 导入随机森林（random forest，RF）模型，这是分类方面的流行选择。使用准确率（accuracy）分数指标来评估该模型：

```
from sklearn.ensemble import RandomForestClassifier
from sklearn.metrics import accuracy_score
```

　　（2）需要将嵌入分为两组：一组训练数据，一组测试数据。一个简单的方法是创建掩码（mask）集，示例如下：

```
train_mask = [0, 2, 4, 6, 8, 10, 12, 14, 16, 18, 20, 22, 24, 26, 28]
test_mask = [1, 3, 5, 7, 9, 11, 13, 15, 17, 19, 21, 23,
25, 27, 29, 30, 31, 32, 33]
```

　　（3）使用适当的标签在训练数据上训练随机森林分类器：

```
clf = RandomForestClassifier(random_state=0)
clf.fit(nodes_wv[train_mask], labels[train_mask])
```

　　（4）根据测试数据的准确率分数来评估训练后的模型：

```
y_pred = clf.predict(nodes_wv[test_mask])
accuracy_score(y_pred, labels[test_mask])
```

　　（5）以下是该分类器的最终结果：

```
0.9545454545454546
```

　　这意味着我们的模型获得了 95.45% 的准确率，考虑到我们给出的是不太有利的训练集/测试集划分，这个结果可以说已经相当不错了。虽然仍有改进的空间，但这个例子展示了 DeepWalk 的两个很有用的应用：

　　❑　使用嵌入和余弦相似度发现节点之间的相似性（无监督学习）。

　　❑　使用这些嵌入作为监督任务（例如节点分类）的数据集。

　　正如我们将在接下来的章节中看到的，学习节点表示的能力为设计更深的和更复杂的架构提供了很大的灵活性。

# 3.5　小　　结

　　本章介绍了 DeepWalk 架构及其主要组件。我们使用随机游走将图数据转换为序列，以应用强大的 Word2Vec 算法。生成的嵌入可用于查找节点之间的相似性或作为其他算法的输入。此外，我们还演示了如何使用无监督方法解决节点分类问题。

　　在第 4 章"在 Node2Vec 中使用有偏随机游走改进嵌入"中，我们将介绍第二种基于 Word2Vec 的算法。它与 DeepWalk 的区别在于，其随机游走是有偏的，这会直接影响生成的嵌入。我们将在一个新示例上实现该算法，并将其获得的表示结果与使用 DeepWalk 获得的表示结果进行比较。

# 3.6　延 伸 阅 读

[1] B. Perozzi, R. Al-Rfou, and S. Skiena, DeepWalk, Aug. 2014.
DOI: 10.1145/2623330.2623732.

https://arxiv.org/abs/1403.6652

# 第 4 章  在 Node2Vec 中使用
# 有偏随机游走改进嵌入

Node2Vec 是一个在很大程度上基于 DeepWalk 的架构。在上一章中，我们介绍了 DeepWalk 架构的两个主要组成部分：随机游走和 Word2Vec。在有了 DeepWalk 之后，接下来的问题是如何提高嵌入的质量？对于这个问题，Node2Vec 的回答并不是进行更多的机器学习，相反，它对随机游走本身的生成方式进行了关键修改。

本章将讨论这些修改以及如何找到给定图的最佳参数。我们将实现 Node2Vec 架构，并将其在扎卡里空手道俱乐部数据上的结果与使用 DeepWalk 获得的结果进行比较。这将使你更好地理解两种架构之间的差异。

最后，本章还将使用该技术构建一个真实的应用程序：由 Node2Vec 提供支持的电影推荐系统（recommender system）RecSys。

到本章结束时，你将了解如何在任何图数据集上实现 Node2Vec 以及如何选择好的参数，还将了解为什么这种架构总体上比 DeepWalk 的效果更好，以及如何应用它来构建有创意的应用程序。

本章包含以下主题：

❑  Node2Vec 简介
❑  实现 Node2Vec
❑  构建电影推荐系统

## 4.1  技 术 要 求

本章的所有代码示例都可以在本书配套 GitHub 存储库中找到，其网址如下：

https://github.com/PacktPublishing/Hands-On-Graph-Neural-Networks-Using-Python/tree/main/Chapter04

在本地计算机上运行代码所需的安装步骤可以在本书的前言部分找到。

## 4.2　Node2Vec 简介

Node2Vec 由斯坦福大学的 Grover 和 Leskovec 于 2016 年提出（参见 4.6 节"延伸阅读"[1]）。它保留了 DeepWalk 中的两个主要组件：随机游走和 Word2Vec。不同之处在于，Node2Vec 中的随机游走不是获得均匀分布的节点序列，而是小心地有偏差。我们将在以下两个小节中了解为什么这些有偏随机游走（biased random walk）会表现更好以及如何实现它们。

让我们先来看看邻域的直观概念。

### 4.2.1　定义邻域

如何定义节点的邻域（neighborhood）？Node2Vec 中引入的关键概念是灵活的邻域概念。直观上，我们认为它是接近初始节点的东西，但是"接近"在图的上下文中究竟意味着什么呢？

让我们来看如图 4.1 所示的一个示例。

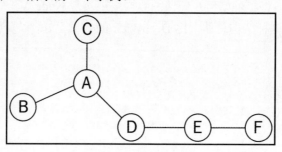

图 4.1　随机图示例

我们想要探索节点 $A$ 附近的 3 个节点。这个探索过程也称为采样策略（sampling strategy）。这可以有以下两种方式：

❑　一种可能的解决方案是考虑在连接方面最近的 3 个节点。在本示例中，$A$ 的邻域（记为 $N(A)$）应该是 $N(A) = \{ B,C,D \}$。

❑　另一种可能的采样策略是选择与先前不相邻的节点。在本示例中，$A$ 的邻域就会是 $N(A) = \{ D,E,F \}$。

换句话说，在第一种情况下实现的是广度优先搜索（BFS），而在第二种情况下实现的则是深度优先搜索（DFS）。你可以在第 2 章"图神经网络的图论"中找到有关这些算法和实现的更多信息。

这里需要注意的是，这些采样策略具有相反的行为：BFS 专注于围绕节点的局部网络，而 DFS 则可以建立更宏观的图的视图。

考虑到我们对邻域的直观定义，很容易放弃使用 DFS。但是，Node2Vec 的作者认为这是一个错误，因为每种方法都捕获了不同但有价值的网络表示。

他们在这些算法和两个网络属性之间建立了联系：

❑　结构等效性（structural equivalence），这意味着如果节点共享许多相同的邻居，那么它们在结构上是等效的。因此，如果它们共享许多邻居，那么它们的结构等效性无疑会更高。

❑　同质性（homophily）。如前文所述，同质性表明相似的节点更有可能被连接。

他们认为 BFS 非常适合强调结构等效性，因为该策略只考虑相邻节点。在这些随机游走中，节点经常重复并且彼此靠近。DFS 则通过创建远距离节点的序列来强调同质性的反面。这些随机游走可以对远离源的节点进行采样，从而变得不太具有代表性。

这就是为什么我们要寻找这两个属性之间的权衡：同质性可能更有助于理解某些图，反过来也一样。

如果你对这种联系感到困惑，那么你并不孤单：一些论文和博客就错误地认为 BFS 强调同质性，而 DFS 则与结构等效性相关。无论如何，我们认为结合同质性和结构等效性的图才是理想的解决方案。这就是无论这些联系在理论上是如何划分的，我们都希望使用两种采样策略来创建数据集的原因。

接下来，让我们看看如何实现它们来生成随机游走。

## 4.2.2　在随机游走中引入偏差

提醒一下，随机游走是在图中随机选择的节点序列。它们有一个起点（也可以是随机的）和预定义的长度。在这些游走中经常一起出现的节点就像在句子中一起出现的单词：在同质性假设下，它们具有相似的含义，因此具有相似的表示。

在 Node2Vec 中，我们的目标是将这些游走的随机性偏向以下任一方案：

❑　游走到与前一个节点未连接的节点（类似于 DFS）。

❑　游走到与前一个节点接近的节点（类似于 BFS）。

让我们以图 4.2 为例来进行解释。当前节点称为 $j$，前一个节点为 $i$，未来节点为 $k$。设 $\pi_{jk}$ 是从节点 $j$ 到节点 $k$ 的非归一化转移概率。这个概率可以分解为 $\pi_{jk}=\alpha(i,k)\cdot w_{jk}$，其中 $\alpha(i,k)$ 是节点 $i$ 和 $k$ 之间的搜索偏差（search bias），$w_{jk}$ 则是从 $j$ 到 $k$ 的边的权重。

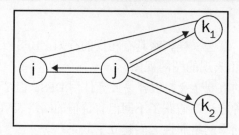

图 4.2　随机图示例

在 DeepWalk 中，对于任意一对节点 $a$ 和 $b$，有 $\alpha(a, b) = 1$。在 Node2Vec 中，$\alpha(a, b)$ 的值是根据节点之间的距离和两个附加参数定义的：其中一个参数是 $p$，是返回参数，另一个参数是 $q$，是输入/输出参数。它们的作用是分别近似 DFS 和 BFS。

以下是 $\alpha(a, b)$ 值的定义方式：

$$\alpha(a,b) = \begin{cases} \dfrac{1}{p} & if\ d_{ab} = 0 \\[2mm] 1 & if\ d_{ab} = 1 \\[2mm] \dfrac{1}{q} & if\ d_{ab} = 2 \end{cases}$$

在这里，$d_{ab}$ 是节点 $a$ 和 $b$ 之间的最短路径距离。我们可以更新图 4.2 中的非归一化转移概率，如图 4.3 所示。

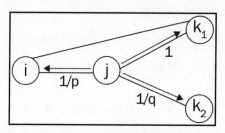

图 4.3　包含转移概率的图

对于这些概率的解释如下：

❑　游走从节点 $i$ 开始，现在到达节点 $j$。返回前一个节点 $i$ 的概率由参数 $p$ 控制。$p$ 越大，那么随机游走就越会探索新节点，而不是重复相同的节点，这看起来像 DFS。

❑　前往 $k_1$ 的非归一化概率为 1，因为该节点是前一个节点 $i$ 的直接邻居。

❑　前往节点 $k_2$ 的概率由参数 $q$ 控制。$q$ 越大，则随机游走就越关注与前一个节点接近的节点，这看起来像 BFS。

理解这一点的最好方法是真正实现该架构并使用这些参数试一试。因此，现在就让我们在 Zachary's Karate Club 数据的图上进行操作，该图在第 3 章中已经生成，如图 4.4 所示。

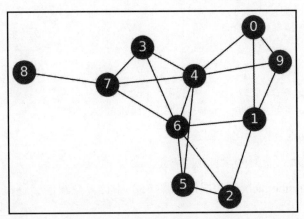

图 4.4　第 3 章中生成的 Zachary's Karate Club 数据的图

请注意，它是一个未加权的网络，这就是转移概率仅由搜索偏差决定的原因。

首先，我们要创建一个函数，根据前一个节点、当前节点以及两个参数 $p$ 和 $q$，随机选择图中的下一个节点。

（1）导入所需的 networkx、random 和 numpy 库：

```
import networkx as nx
import random
random.seed(0)
import numpy as np
np.random.seed(0)

G = nx.erdos_renyi_graph(10, 0.3, seed=1, directed=False)
```

（2）定义包含参数列表的 next_node 函数：

```
def next_node(previous, current, p, q):
```

（3）从当前节点检索邻居节点列表并初始化 alpha 值列表：

```
neighbors = list(G.neighbors(current))
alphas = []
```

（4）对于每个邻居，都要计算适当的 alpha 值：

❑　如果该邻居是前一个节点，则为 $1/p$；

❑ 　如果该邻居与前一个节点相连，则为 1；

❑ 　其他情况则为 $1/q$。

```
for neighbor in neighbors:
    if neighbor == previous:
        alpha = 1/p
    elif G.has_edge(neighbor, previous):
        alpha = 1
    else:
        alpha = 1/q
    alphas.append(alpha)
```

（5）对这些值进行归一化以创建概率：

```
probs = [alpha / sum(alphas) for alpha in alphas]
```

（6）使用 np.random.choice()根据步骤（5）中计算获得的转移概率随机选择下一个节点并返回：

```
    next = np.random.choice(neighbors, size=1, p=probs)
[0]
    return next
```

在测试该函数之前，需要生成整个随机游走的代码。

我们生成这些随机游走的方式与在前一章中看到的类似。不同之处在于，下一个节点是由 next_node()函数选择的，该函数需要额外的参数：$p$ 和 $q$，而且需要前一个节点和当前节点。通过查看添加到 walk 变量的最后两个元素可以轻松获得这些节点。出于兼容性原因，我们还将返回字符串而不是整数。

以下是 random_walk()函数的新版本：

```
def random_walk(start, length, p, q):
    walk = [start]

    for i in range(length):
        current = walk[-1]
        previous = walk[-2] if len(walk) > 1 else None
        next = next_node(previous, current, p, q)
        walk.append(next)

    return [str(x) for x in walk]
```

现在我们拥有生成随机游走的每个元素。可以尝试一下起始节点为 0，长度为 8，$p =$

1 且 $q = 1$ 的函数调用：

```
random_walk(0, 8, p=1, q=1)
```

该函数返回以下序列：

```
[0, 4, 7, 6, 4, 5, 4, 5, 6]
```

这应该是随机的，因为每个相邻节点都有相同的转移概率。有了这些参数，我们就可以重现准确的 DeepWalk 算法。

现在让我们在随机游走中引入偏差，设置 $q = 10$：

```
random_walk(0, 8, p=1, q=10)
```

该函数返回以下序列：

```
[0, 9, 1, 9, 1, 9, 1, 0, 1]
```

接下来，你可以设置 $p = 10$ 试一试。这一次，随机游走将探索图中的更多节点，你可以看到它永远不会回到前一个节点，因为概率较低。

```
random_walk(0, 8, p=10, q=1)
```

该函数返回以下序列：

```
[0, 1, 9, 4, 7, 8, 7, 4, 6]
```

接下来，让我们看看如何在实际示例中使用这些属性，并将其与 DeepWalk 进行比较。

## 4.3　实现 Node2Vec

现在我们有了生成有偏随机游走的函数，Node2Vec 的实现与 DeepWalk 的实现非常相似。鉴于其相似度很高，我们也可以重用相同的代码并使用 $p = 1$ 和 $q = 1$ 创建序列以实现 DeepWalk，将它视为 Node2Vec 的特殊情况。

让我们再次使用扎卡里空手道俱乐部（Zachary's Karate Club）数据来执行此任务。

与上一章一样，我们的目标是将俱乐部的每个成员正确分类为两个组（Mr.Hi 和 Officer）。我们将使用 Node2Vec 提供的节点嵌入作为机器学习分类器（在本例中为随机森林）的输入。

请按以下步骤操作。

（1）首先需要安装 gensim 库以使用 Word2Vec。出于兼容性的原因，这次我们将使用 3.8.0 版本：

```
!pip install -qI gensim==3.8.0
```

（2）导入所需的库：

```
from gensim.models.word2vec import Word2Vec
from sklearn.ensemble import RandomForestClassifier
from sklearn.metrics import accuracy_score
```

（3）加载数据集（Zachary's Karate Club）：

```
G = nx.karate_club_graph()
```

（4）将节点的标签转换为数值（0 和 1）：

```
labels = []
for node in G.nodes:
    label = G.nodes[node]['club']
    labels.append(1 if label == 'Officer' else 0)
```

（5）为图中的每个节点使用 random_walk()函数 80 次，生成一个随机游走列表，指定参数 $p$ 和 $q$（分别为 3 和 2）：

```
walks = []
for node in G.nodes:
    for _ in range(80):
        walks.append(random_walk(node, 10, 3, 2))
```

（6）使用分层 softmax 函数创建 Word2Vec（skip-gram 模型）的实例：

```
node2vec = Word2Vec(walks,
                    hs=1, # Hierarchical softmax
                    sg=1, # Skip-gram
                    vector_size=100,
                    window=10,
                    workers=2,
                    min_count=1,
                    seed=0)
```

（7）skip-gram 模型在已生成的序列上训练 30 个 epoch：

```
node2vec.train(walks, total_examples=node2vec.corpus_count,
epochs=30, report_delay=1)
```

（8）创建掩码数据集来训练和测试分类器：

```
train_mask = [2, 4, 6, 8, 10, 12, 14, 16, 18, 20, 22, 24]
train_mask_str = [str(x) for x in train_mask]
```

```
test_mask = [0, 1, 3, 5, 7, 9, 11, 13, 15, 17, 19, 21,
23, 25, 26, 27, 28, 29, 30, 31, 32, 33]
test_mask_str = [str(x) for x in test_mask]
labels = np.array(labels)
```

（9）使用随机森林分类器在训练数据上进行训练：

```
clf = RandomForestClassifier(random_state=0)
clf.fit(node2vec.wv[train_mask_str], labels[train_mask])
```

（10）使用模型在测试数据上的准确率分数来进行评估：

```
y_pred = clf.predict(node2vec.wv[test_mask_str])
acc = accuracy_score(y_pred, labels[test_mask])
print(f'Node2Vec accuracy = {acc*100:.2f}%')
```

要实现 DeepWalk，可以使用 $p = 1$ 和 $q = 1$ 重复完全相同的过程。但是，要进行公平的比较，就不能使用一次的准确率分数，因为这确实涉及很多随机过程，我们可能运气不好，从最差的模型中得到更好的结果。

为了限制结果的随机性，我们可以重复此过程 100 次并取平均值。这个结果更加稳定，甚至你还可以纳入标准差（使用 np.std()）来测量准确率分数的变化。

在这样做之前，我们不妨先来做一番推论。在上一章中，我们说过扎卡里空手道俱乐部是一个同质性网络。DFS 强调了这一性质，而 Node2Vec 模型可以通过增加参数 $p$ 来鼓励这一性质的发掘。因此，如果这个说法以及 DFS 和同质性之间的联系是正确的，那么我们使用更大的 $p$ 值理应得到更好的结果。

笔者使用 $1\sim7$ 的 $p$ 和 $q$ 值重复了相同的实验。在真实的机器学习项目中，可以使用验证数据来执行此参数搜索。在这个例子中，我们使用了测试数据，因为这项研究已经是我们的最终应用。

图 4.5 汇总了比较结果。

在图 4.5 中可以看到以下明显的结果：

❏ DeepWalk（$p = 1$ 和 $q = 1$）的性能确实比本次实验所涵盖的 $p$ 和 $q$ 的任何其他组合都要差。这说明对于该数据集来说，有偏随机游走确实是有用的。当然，情况并非总是如此：无偏随机游走有时在其他数据集上也可能表现更好。

❏ 较大的 $p$ 值带来了更好的性能，这验证了我们之前的推论。如果预先知道要处理的数据是一个社交网络，那么很明显，让随机游走偏向同质性是一个很好的策略。因此，在处理此类图时需要记住这一点。

| | p=1 | p=2 | p=3 | p=4 | p=5 | p=6 | p=7 |
|---|---|---|---|---|---|---|---|
| q=1 | 92.95%<br>(± 4.61%) | 94.45%<br>(± 4.19%) | 96.36%<br>(± 4.69%) | 95.41%<br>(± 4.14%) | 95.59%<br>(± 4.30%) | 95.82%<br>(± 4.67%) | 95.41%<br>(± 3.94%) |
| q=2 | 93.64%<br>(± 4.36%) | 93.95%<br>(± 3.97%) | 95.09%<br>(± 4.34%) | 95.55%<br>(± 3.80%) | 96.27%<br>(± 3.82%) | 96.18%<br>(± 3.90%) | 97.45%<br>(± 3.60%) |
| q=3 | 93.45%<br>(± 3.82%) | 94.41%<br>(± 4.11%) | 95.77%<br>(± 3.59%) | 95.27%<br>(± 3.63%) | 96.68%<br>(± 3.90%) | 95.64%<br>(± 3.69%) | 96.00%<br>(± 3.82%) |
| q=4 | 94.14%<br>(± 3.93%) | 94.14%<br>(± 3.93%) | 95.45%<br>(± 3.40%) | 95.05%<br>(± 3.58%) | 95.95%<br>(± 3.46%) | 96.41%<br>(± 3.71%) | 95.59%<br>(± 3.31%) |
| q=5 | 94.41%<br>(± 3.68%) | 94.18%<br>(± 3.64%) | 94.68%<br>(± 3.58%) | 95.36%<br>(± 3.75%) | 95.64%<br>(± 3.34%) | 95.55%<br>(± 3.58%) | 95.27%<br>(± 4.01%) |
| q=6 | 94.91%<br>(± 3.71%) | 94.55%<br>(± 3.08%) | 94.59%<br>(± 3.13%) | 95.05%<br>(± 3.86%) | 95.77%<br>(± 3.23%) | 94.55%<br>(± 4.17%) | 95.05%<br>(± 3.75%) |
| q=7 | 94.64%<br>(± 4.03%) | 95.00%<br>(± 3.78%) | 93.59%<br>(± 3.97%) | 94.86%<br>(± 3.67%) | 94.14%<br>(± 3.87%) | 95.27%<br>(± 3.74%) | 95.82%<br>(± 3.38%) |

图 4.5　不同 $p$ 和 $q$ 值的平均准确率得分和标准差

你也可以自由使用这些参数并尝试找到其他有趣的结果。例如，可以探索使用非常大的 $p$ 值（$p > 7$），或者相反，将 $p$ 和 $q$ 值设置为介于 0 和 1 之间，然后看看结果如何。

Zachary's Karate Club 只是一个基本数据集，接下来让我们看看如何使用这项技术构建更有趣的应用程序。

## 4.4　构建电影推荐系统

图神经网络最流行的应用之一是推荐系统。如果你考虑 Word2Vec（以及 DeepWalk 和 Node2Vec）的基础，你的目标是生成能够度量相似性的向量，那么对电影而不是单词进行编码，不就可以找出与给定输入标题最相似的电影吗？这一功能听起来就很像是推荐系统。

但是，如何对电影进行编码呢？我们想要创建（有偏差的）电影随机游走，但这需要一个图数据集，其中相似的电影是相互连接的，这并不容易找到。还有一种方法是查看用户评分。有不同的技术可以基于用户评分构建图，如二部图、基于点间互信息（pointwise mutual information，PMI）的边等。

## 4.4.1　基于用户评分创建电影连接图

本小节将实现一种简单直观的方法：将同一用户喜欢的电影连接起来，然后通过此图来使用 Node2Vec 学习电影嵌入。

（1）首先下载一个数据集。MovieLens 是有关此类数据集的一个流行选择（参见 4.6节"延伸阅读"[2]），其最新数据集的小版本（09/2018）包含 100836 个评分、9742 部电影和 610 个用户。可以使用以下 Python 代码来下载它：

```
from io import BytesIO
from urllib.request import urlopen
from zipfile import ZipFile

url = 'https://files.grouplens.org/datasets/movielens/
ml-100k.zip'
with urlopen(url) as zurl:
    with ZipFile(BytesIO(zurl.read())) as zfile:
        zfile.extractall('.')
```

（2）在这里我们仅对两个文件感兴趣：ratings.csv 和 movie.csv。第一个文件存储了用户所做的所有评分，第二个文件允许我们将电影标识符转换为标题。

（3）使用 pd.read_csv()将它们导入 pandas，来看看它们是什么样子的：

```
import pandas as pd

ratings = pd.read_csv('ml-100k/u.data', sep='\t',
names=['user_id', 'movie_id', 'rating', 'unix_timestamp'])
ratings
```

（4）其输出如下：

```
        user_id movie_id rating unix_timestamp
0           196     242      3      881250949
1           186     302      3      891717742
2            22     377      1      878887116
...         ...     ...     ...           ...
99998        13     225      2      882399156
99999        12     203      3      879959583
100000 rows × 4 columns
```

（5）导入 movies.csv：

```
movies = pd.read_csv('ml-100k/u.item', sep='|',
```

```
usecols=range(2), names=['movie_id', 'title'],
encoding='latin-1')
```

（6）该数据集的输出如下：

```
Movies
      movie_id       title
0       1          Toy Story (1995)
1       2          GoldenEye (1995)
2       3          Four Rooms (1995)
...     ...        ...
1680    1681       You So Crazy (1994)
1681    1682       Scream of Stone (Schrei aus Stein)(1991)

1682 rows × 2 columns
```

（7）在本示例中，我们想查看被相同用户喜欢的电影。这意味着 1、2 和 3 的评分并不是很相关，因此可以丢弃这些，只保留 4 和 5 的分数：

```
ratings = ratings[ratings.rating >= 4]
ratings
```

（8）其输出如下：

```
       user_id    movie_id    rating    unix_timestamp
5       298        474         4         884182806
7       253        465         5         891628467
11      286        1014        5         879781125
...     ...        ...         ...       ...
99991   676        538         4         892685437
99996   716        204         5         879795543

55375 rows × 4 columns
```

（9）现在我们获得了 610 位用户做出的 48580 条评分。下一步是统计同一用户喜欢的两部电影。我们将为数据集中的每个用户重复此过程。

（10）为了简化操作，我们将使用 defaultdict 数据结构，它会自动创建缺失的条目而不是引发错误。我们将使用此结构来统计一起被喜欢的电影：

```
from collections import defaultdict

pairs = defaultdict(int)
```

（11）循环访问数据集中的整个用户列表：

```
for group in ratings.groupby("userId"):
```

（12）检索当前用户喜欢的电影列表：

```
user_movies = list(group[1]["movieId"])
```

（13）每次在同一列表中的两部电影被一起观看时，都会增加特定于它们的计数器：

```
for i in range(len(user_movies)):
    for j in range(i+1, len(user_movies)):
        pairs[(user_movies[i], user_movies[j])] += 1
```

（14）pairs 对象现在存储了同一用户喜欢两部电影的次数。可以使用此信息来构建图的边。请继续按以下步骤操作。

（15）使用 networkx 库创建一个图：

```
G = nx.Graph()
```

（16）对于 pairs 结构中的每一对电影，可以解包这两部电影及其相应的分数：

```
for pair in pairs:
    movie1, movie2 = pair
    score = pairs[pair]
```

（17）如果此分数大于或等于 10，则在图中添加一个加权链接，以根据此分数连接两部电影。我们不考虑低于 10 的分数，因为那样的话会创建一个连接意义不大的很大的图：

```
if score >= 10:
    G.add_edge(movie1, movie2, weight=score)
```

（18）我们创建的图有 410 个节点（电影）和 14936 条边。现在可以在其上训练 Node2Vec 以学习节点嵌入。

## 4.4.2　实现电影推荐系统

我们可以重用 4.3 节"实现 Node2Vec"中的代码，但实际上目前已经有一个专用于 Node2Vec 的完整 Python 库（名称就是 node2vec）。让我们在本示例中尝试一下。

（1）安装 node2vec 库并导入 Node2Vec 类：

```
!pip install node2vec
from node2vec import Node2Vec
```

（2）创建一个 Node2Vec 实例，它将根据 *p* 和 *q* 参数自动生成有偏差的随机游走：

```
node2vec = Node2Vec(G, dimensions=64, walk_length=20,
num_walks=200, p=2, q=1, workers=1)
```

（3）在这些有偏差的随机游走上训练一个模型，窗口参数（window）设置为 10（即之前 5 个节点，之后 5 个节点）：

```
model = node2vec.fit(window=10, min_count=1, batch_words=4)
```

在训练了 Node2Vec 模型之后，现在可以像使用 gensim 库中的 Word2Vec 对象一样使用它。让我们创建一个根据给定标题推荐电影的函数。

（4）创建 recommend()函数，该函数将电影标题作为输入。首先将标题转换为电影 ID，这样就可以用它来查询模型：

```
def recommend(movie):
    movie_id = str
        movies.title == movie].movie_ id.values[0])
```

（5）循环遍历 5 个最相似的词向量。将这些 ID 转换为电影标题，并打印出相应的相似度分数：

```
for id in model.wv.most_similar(movie_id)[:5]:
    title = movies[movies.movie_id == int(id[0])].title.values[0]
        print(f'{title}: {id[1]:.2f}')
```

（6）调用这个函数来获取余弦相似度与《星球大战》（*Star Wars*）最相似的 5 部电影：

```
recommend('Star Wars (1977)')
```

（7）其输出如下所示：

```
Return of the Jedi (1983): 0.61
Raiders of the Lost Ark (1981): 0.55
Godfather, The (1972): 0.49
Indiana Jones and the Last Crusade (1989): 0.46
White Squall (1996): 0.44
```

该模型告诉我们，《绝地归来》（*Return of the Jedi*）和《夺宝奇兵》（*Raiders of the Lost Ark*）这两部电影与《星球大战》相似程度最高，尽管得分并不高（小于 0.7）。

无论如何，这对于我们迈出开发推荐系统的第一步来说是一个很好的结果。在后面的章节中，我们还将讨论使用更强大的模型和方法来构建最先进的推荐系统。

# 4.5　小　　结

本章详细介绍了 Node2Vec，这是基于流行的 Word2Vec 的第二种架构。我们实现了生成有偏随机游走的函数，并解释了它们的参数和两个网络属性（同质性和结构等效性）之间的联系。我们通过将 Node2Vec 在 Zachary's Karate Club 数据集上的结果与 DeepWalk 的结果进行比较来展示了它们的实用性。

最后，我们使用自定义图数据集和 Node2Vec 的另一个实现构建了第一个推荐系统。它给出了正确的建议，在后面的章节中还将进一步改进该系统。

在第 5 章 "使用普通神经网络包含节点特征" 中，将讨论 DeepWalk 和 Node2Vec 中一个被忽视的问题：缺乏适当的节点特征。我们将尝试使用无法理解网络拓扑的传统神经网络来解决这个问题。在介绍图神经网络之前，理解这个问题很重要。

# 4.6　延 伸 阅 读

[1] A. Grover and J. Leskovec, node2vec: Scalable Feature Learning for Networks. arXiv, 2016. DOI: 10.48550/ARXIV.1607.00653.

https://arxiv.org/abs/1607.00653

[2] F. Maxwell Harper and Joseph A. Konstan. 2015. The MovieLens Datasets: History and Context. ACM Transactions on Interactive Intelligent Systems (TiiS) 5, 4: 19:1–19:19.

https://doi.org/10.1145/2827872
https://dl.acm.org/doi/10.1145/2827872

# 第 5 章 使用普通神经网络包含节点特征

到目前为止，我们考虑的唯一信息类型是图拓扑。然而，图数据集往往比一组简单的连接更丰富：节点和边还可以包含表示分数、颜色、单词等的特征。在输入数据中包含这些附加信息对于产生最佳嵌入至关重要。事实上，这在机器学习中是很自然的事情：节点和边的特征与表格（非图）数据集具有相同的结构。这意味着传统技术（例如神经网络）也可以应用于这些数据。

本章将介绍两个新的图数据集：Cora 和 Facebook Page-Page。我们仅通过将节点特征视为表格数据集来了解普通神经网络（vanilla neural network）如何在节点特征上执行，然后尝试将拓扑信息包含在神经网络中，这将引入第一个图神经网络架构：一个同时考虑节点特征和边的简单模型。

最后，我们将比较两种架构的性能并获得本书最重要的结果之一。

到本章结束时，你将掌握 PyTorch 中普通神经网络和普通图神经网络的实现。你将能够将拓扑特征嵌入节点表示中，这是每个图神经网络架构的基础。这将使你能够通过将表格数据集转换为图问题来极大地提高模型的性能。

本章包含以下主题：
- ❑ 图数据集介绍
- ❑ 使用普通神经网络对节点进行分类
- ❑ 使用普通图神经网络对节点进行分类

# 5.1 技 术 要 求

本章的所有代码示例都可以在本书配套 GitHub 存储库中找到，其网址如下：

https://github.com/PacktPublishing/Hands-On-Graph-Neural-Networks-Using-Python/tree/main/Chapter05

在本地计算机上运行代码所需的安装步骤可以在本书的前言部分找到。

# 5.2　图数据集介绍

本章使用的图数据集比 Zachary's Karate Club 数据集更丰富，它们有更多的节点、更多的边，并且包含节点特征。本节将详细介绍它们，以便你能够更好地理解这些图以及知道如何使用 PyTorch Geometric 处理它们。

以下是我们将使用的两个数据集：

❑　Cora 数据集。

❑　Facebook Page-Page 数据集。

让我们从较小的数据集——流行的 Cora 数据集开始。

## 5.2.1　Cora 数据集

Cora 数据集由 Sen 等人于 2008 年发布（参见 5.6 节"延伸阅读"[1]），它无须获得许可，是科学文献中最流行的节点分类数据集。它代表了一个由 2708 个出版物组成的网络，其中每个连接都是一个引用。每个出版物被描述为由 1433 个唯一单词组成的二进制向量，其中 0 和 1 分别表示相应单词不存在或存在。这种表示在自然语言处理中也称为二进制词袋（bag of words）。我们的目标是将每个节点分为 7 个类别之一。

无论数据类型如何，可视化始终是充分掌握我们所面临的问题的重要一步。但是，图很快就会因为变得太大而无法使用 Networkx 等 Python 库进行可视化，这就是要专门为图数据可视化开发专用工具的原因。本书将使用以下两个最流行的工具：

❑　yEd Live：https://www.yworks.com/yed-live/。

❑　Gephi：https://gephi.org/。

图 5.1 是使用 yEd Live 制作的 Cora 数据集的图。可以看到与论文相对应的节点（以橙色表示），以及论文之间的连接（以绿色的边表示）。有些论文相互关联，形成聚类。这些聚类应该比几乎没有连接的节点更容易分类。

💡 提示：

彩色图像在黑白印刷的纸版图书上可能不容易辨识效果，本书还提供了一个 PDF 文件，其中包含本书使用的屏幕截图/图表的彩色图像。可以通过以下地址下载：

https://packt.link/gaFU6

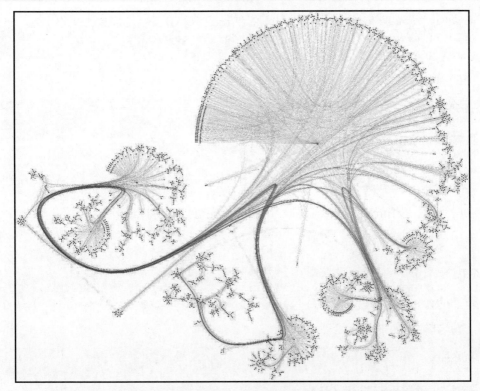

图 5.1　使用 yEd Live 可视化的 Cora 数据集

让我们导入 Cora 数据集并使用 PyTorch Geometric 分析它的主要特征。该库有一个专门的类来下载数据集并返回相关的数据结构。假设 PyTorch Geometric 已经安装。

（1）从 PyTorch Geometric 导入 Planetoid 类：

```
from torch_geometric.datasets import Planetoid
```

（2）使用 Planetoid 类下载数据：

```
dataset = Planetoid(root=".", name="Cora")
```

（3）鉴于 Cora 只有一个图数据集，因此可以将其存储在专用 data 变量中：

```
data = dataset[0]
```

（4）打印有关数据集的一般信息：

```
print(f'Dataset: {dataset}')
print('---------------')
print(f'Number of graphs: {len(dataset)}')
```

```
print(f'Number of nodes: {data.x.shape[0]}')
print(f'Number of features: {dataset.num_features}')
print(f'Number of classes: {dataset.num_classes}')
```

（5）其输出如下所示：

```
Dataset: Cora()
---------------
Number of graphs: 1
Number of nodes: 2708
Number of features: 1433
Number of classes: 7
```

（6）通过 PyTorch Geometric 的专用函数，还可以获得详细信息：

```
print(f'Graph:')
print('------')
print(f'Edges are directed: {data.is_directed()}')
print(f'Graph has isolated nodes: {data.has_isolated_nodes()}')
print(f'Graph has loops: {data.has_self_loops()}')
```

（7）其输出如下所示：

```
Graph:
------
Edges are directed: False
Graph has isolated nodes: False
Graph has loops: False
```

步骤（5）中的第一个输出确认了有关节点、特征和类的数量的信息。步骤（7）中的第二个输出则可以更深入地了解图本身：边是无向的，每个节点都有邻居，并且图没有任何自循环。你还可以使用 PyTorch Geometric 的实用工具函数测试其他属性，但在本示例中我们已经不需要了解更多了。

现在我们已经熟悉了 Cora 数据集，接下来可以看看一个更能代表现实世界社交网络规模的数据集——Facebook Page-Page 数据集。

## 5.2.2　Facebook Page-Page 数据集

Facebook Page-Page 数据集由 Rozemberczki 等人于 2019 年发布（参见 5.6 节"延伸阅读"[2]）。它于 2017 年 11 月使用 Facebook Graph API 创建。在此数据集中，22470个节点中的每一个都代表一个正式的 Facebook 页面。当页面之间互为"喜欢"（like）关系时，页面就会连接起来。节点特征（128 维向量）是根据这些页面的所有者编写的文字描述创建的。我们的目标是将每个节点分为以下 4 类之一：politicians（政治）、companies（公司）、television shows（电视节目）和 governmental organizations（政府组织）。

Facebook Page-Page 数据集与 Cora 数据集类似，它是一个具有节点分类任务的社交网络。当然，相比后者，它也有以下 3 个主要区别：

- ❏　节点数量要多得多（2708 对比 22470）。
- ❏　节点特征的维数急剧下降（1433 对比 128）。
- ❏　目标是将每个节点分为 4 个类别之一而不是 7 个类别之一（这实际上会更容易，因为选项较少）。

图 5.2 是使用 Gephi 对数据集可视化获得的结果。首先，连接较少的节点被过滤掉以提高性能。其次，余下节点的大小取决于它们的连接数量，它们的颜色表示它们所属的类别。最后，应用了两种布局：Fruchterman-Reingold 和 ForceAtlas2。

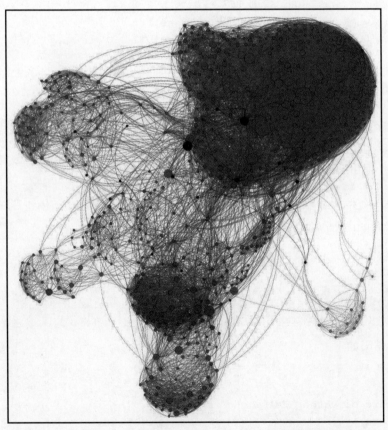

图 5.2　使用 Gephi 可视化 Facebook Page-Page 数据集获得的结果

可以像导入 Cora 一样导入 Facebook Page-Page 数据集。

（1）从 PyTorch Geometric 导入 FacebookPagePage 类：

```
from torch_geometric.datasets import FacebookPagePage
```

（2）使用 FacebookPagePage 类下载数据：

```
dataset = FacebookPagePage(root=".")
```

（3）将图存储在专用 data 变量中：

```
data = dataset[0]
```

（4）打印有关数据集的一般信息：

```
print(f'Dataset: {dataset}')
print('----------------------')
print(f'Number of graphs: {len(dataset)}')
print(f'Number of nodes: {data.x.shape[0]}')
print(f'Number of features: {dataset.num_features}')
print(f'Number of classes: {dataset.num_classes}')
```

（5）其输出结果如下：

```
Dataset: FacebookPagePage()
----------------------
Number of graphs: 1
Number of nodes: 22470
Number of features: 128
Number of classes: 4
```

（6）应用相同的专用函数：

```
print(f'\nGraph:')
print('------')
print(f'Edges are directed: {data.is_directed()}')
print(f'Graph has isolated nodes: {data.has_isolated_nodes()}')
print(f'Graph has loops: {data.has_self_loops()}')
```

其输出结果如下：

```
Graph:
------
Edges are directed: False
Graph has isolated nodes: False
Graph has loops: True
```

（7）与 Cora 数据集不同的是，Facebook Page-Page 数据集默认没有训练、评估和测试掩码数据集。可以使用 range()函数根据需要创建掩码数据集：

```
data.train_mask = range(18000)
data.val_mask = range(18001, 20000)
data.test_mask = range(20001, 22470)
```

或者，也可以使用 PyTorch Geometric 提供的一个 transforms 函数来在加载数据集时计算随机掩码：

```
import torch_geometric.transforms as T
dataset = Planetoid(root=".", name="Cora")
data = dataset[0]
```

步骤（5）中的第一个输出确认了我们在数据集描述中看到的节点、特征和类的数量。步骤（6）中的第二个输出告诉我们，该图具有自循环：某些页面连接到自身。这可能令你感到惊讶，但实际上，这并不重要，我们很快就会看到。

这就是我们接下来将要使用的两个图数据集，它们可用于普通神经网络和图神经网络性能的比较。让我们一步一步来实现它们。

# 5.3　使用普通神经网络对节点进行分类

与 Zachary's Karate Club 数据集相比，Cora 和 Facebook Page-Page 数据集包含一种新型信息：节点特征。它们提供有关图中节点的附加信息，例如用户的年龄、性别或对社交网络的兴趣等。在普通神经网络（也称为多层感知器，multilayer perceptron）中，这些嵌入可以直接在模型中用于执行下游任务，例如节点分类。

本节将把节点特征视为常规表格数据集。我们将在此数据集上训练一个简单的神经网络来对节点进行分类。请注意，该架构没有考虑网络的拓扑。我们将在下一节中尝试解决此问题并比较最终的结果。

## 5.3.1　转换数据

可以通过前面步骤中创建的 data 对象轻松访问节点特征的表格数据集。首先，通过合并 data.x（包含节点特征）和 data.y（包含 7 个类中每个节点的类标签）来将此对象转换为常规 pandas DataFrame。

使用 Cora 数据集进行以下转换：

```
import pandas as pd

df_x = pd.DataFrame(data.x.numpy())
df_x['label'] = pd.DataFrame(data.y)
```

这将获得如图 5.3 所示的数据集。

| | 0 | 1 | ... | 1432 | label |
|---|---|---|---|---|---|
| 0 | 0 | 0 | ... | 0 | 3 |
| 1 | 0 | 0 | ... | 0 | 4 |
| ... | ... | ... | ... | ... | ... |
| 2707 | 0 | 0 | ... | 0 | 3 |

图 5.3　Cora 数据集的表格表示（没有拓扑信息）

如果你熟悉机器学习，那么你可能会认识一个包含数据和标签的典型数据集。我们可以开发一个简单的多层感知器（multilayer perceptron，MLP），并使用 data.y 提供的标签在 data.x 上对其进行训练。

## 5.3.2　创建自定义多层感知器类

可以用以下 4 个方法创建我们自己的 MLP 类：
- ❑　使用 __init__()初始化实例。
- ❑　使用 forward()执行前向传播。
- ❑　使用 fit()来训练模型。
- ❑　使用 test()来评估模型。

在训练模型之前，还必须定义主要指标。多类分类问题有多种指标：准确率、F1 分数、接收者操作特征曲线下面积（area under the receiver operating characteristic curve）分数等。对于本示例来说，可以选择较为简单的准确率指标，它被定义为正确预测的比率值。它不是多类分类问题的最佳度量指标，但是更容易理解。你也可以随意将其替换为你想要使用的其他指标。

```
def accuracy(y_pred, y_true):
    return torch.sum(y_pred == y_true) / len(y_true)
```

现在可以开始实际操作了。本节不需要 PyTorch Geometric 来实现 MLP，一切都可以通过以下步骤在常规 PyTorch 中完成。

（1）从 PyTorch 导入所需的类：

```
import torch
```

```
from torch.nn import Linear
import torch.nn.functional as F
```

（2）创建一个名为 MLP 的新类，它将继承 torch.nn.Module 的所有方法和属性：

```
class MLP(torch.nn.Module):
```

（3）__init__()方法有 3 个参数（dim_in、dim_h 和 dim_out），分别表示输入层、隐藏层和输出层的神经元数量，我们还定义了两个线性层：

```
def __init__(self, dim_in, dim_h, dim_out):
    super().__init__()
    self.linear1 = Linear(dim_in, dim_h)
    self.linear2 = Linear(dim_h, dim_out)
```

（4）forward()方法执行前向传播。输入通过修正线性单元（rectified linear unit，ReLU）激活函数馈送到第一个线性层，并将结果传递到第二个线性层。注意需对结果应用 log softmax 函数以进行分类：

```
def forward(self, x):
    x = self.linear1(x)
    x = torch.relu(x)
    x = self.linear2(x)
    return F.log_softmax(x, dim=1)
```

（5）fit()方法负责训练循环。首先，初始化将在训练过程中使用的损失函数（loss function）和优化器（optimizer）：

```
def fit(self, data, epochs):
    criterion = torch.nn.CrossEntropyLoss()
    optimizer = torch.optim.Adam(self.parameters(),
lr=0.01, weight_decay=5e-4)
```

（6）然后实现常规 PyTorch 训练循环。在损失函数之上使用 accuracy()函数：

```
self.train()
for epoch in range(epochs+1):
    optimizer.zero_grad()
    out = self(data.x)
    loss = criterion(out[data.train_mask], data.y[data.train_mask])
    acc = accuracy(out[data.train_mask].argmax(dim=1), data.y
[data.train_mask])
    loss.backward()
    optimizer.step()
```

（7）在同一循环中，每 20 个 epoch 绘制训练和评估数据的损失和准确率：

```
if epoch % 20 == 0:
    val_loss = criterion(out[data.val_mask], data.y[data.val_mask])
    val_acc = accuracy(out[data.val_mask].
argmax(dim=1), data.y[data.val_mask])
    print(f'Epoch {epoch:>3} | Train Loss:
{loss:.3f} | Train Acc: {acc*100:>5.2f}% | Val Loss:
{val_loss:.2f} | Val Acc: {val_acc*100:.2f}%')
```

（8）test()方法将在测试集上评估模型并返回准确率分数：

```
def test(self, data):
    self.eval()
    out = self(data.x)
    acc = accuracy(out.argmax(dim=1)[data.test_mask],
data.y[data.test_mask])
    return acc
```

现在我们的类已经完成，接下来可以创建、训练和测试 MLP 实例。

## 5.3.3  创建、训练和测试多层感知器实例

我们有两个数据集，因此需要一个专用于 Cora 的模型，一个专用于 Facebook Page-Page 的模型。首先在 Cora 上训练 MLP。

（1）创建一个 MLP 模型并打印它以检查我们的层是否正确：

```
mlp = MLP(dataset.num_features, 16, dataset.num_classes)
print(mlp)
```

（2）其输出如下所示：

```
MLP(
    (linear1): Linear(in_features=1433, out_features=16, bias=True)
    (linear2): Linear(in_features=16, out_features=7, bias=True)
)
```

（3）我们得到了正确数量的特征。训练该模型 100 个 epoch：

```
mlp.fit(data, epochs=100)
```

（4）以下是在训练循环中打印的指标：

```
Epoch    0  | Train Loss: 1.954 | Train Acc: 14.29%    | Val
Loss: 1.93 | Val Acc: 30.80%
Epoch   20  | Train Loss: 0.120 | Train Acc: 100.00%   | Val
Loss: 1.42 | Val Acc: 49.40%
```

```
Epoch    40  | Train Loss: 0.015 | Train Acc: 100.00%    | Val
Loss: 1.46  | Val Acc: 50.40%
Epoch    60  | Train Loss: 0.008 | Train Acc: 100.00%    | Val
Loss: 1.44  | Val Acc: 53.40%
Epoch    80  | Train Loss: 0.008 | Train Acc: 100.00%    | Val
Loss: 1.40  | Val Acc: 54.60%
Epoch 100  | Train Loss: 0.009 | Train Acc: 100.00%    | Val
Loss: 1.39  | Val Acc: 54.20%
```

（5）使用以下代码来评估其准确率方面的性能：

```
acc = mlp.test(data)
print(f'MLP test accuracy: {acc*100:.2f}%')
```

（6）在测试数据上得到以下准确率分数：

**MLP test accuracy: 52.50%**

（7）对 Facebook Page-Page 数据集重复相同的过程，以下是获得的输出结果：

```
Epoch 0      | Train Loss: 1.398 | Train Acc: 23.94% | Val
Loss: 1.40  | Val Acc: 24.21%
Epoch 20     | Train Loss: 0.652 | Train Acc: 74.52% | Val
Loss: 0.67  | Val Acc: 72.64%
Epoch 40     | Train Loss: 0.577 | Train Acc: 77.07% | Val
Loss: 0.61  | Val Acc: 73.84%
Epoch 60     | Train Loss: 0.550 | Train Acc: 78.30% | Val
Loss: 0.60  | Val Acc: 75.09%
Epoch 80     | Train Loss: 0.533 | Train Acc: 78.89% | Val
Loss: 0.60  | Val Acc: 74.79%
Epoch 100    | Train Loss: 0.520 | Train Acc: 79.49% | Val
Loss: 0.61  | Val Acc: 74.94%
MLP test accuracy: 74.52%
```

尽管这两个数据集在某些方面相似，但可以看到其准确率分数有很大不同。当我们在同一模型中结合节点特征和网络拓扑时，这将产生有趣的比较。

## 5.4　使用普通图神经网络对节点进行分类

本节我们不打算按部就班地介绍众所周知的图神经网络架构，而是尝试构建自己的模型来理解图神经网络背后的思维过程。

首先，我们需要回到简单线性层的定义。

基本神经网络层对应于线性变换：

$$h_A = x_A W^T$$

其中，$x_A$ 是节点 $A$ 的输入向量，$W$ 是权重矩阵。

在 PyTorch 中，这个公式可以用 torch.mm()函数实现，或使用添加其他参数（例如偏差）的 nn.Linear 类实现。

对于图数据集来说，输入向量是节点特征。这意味着节点彼此完全独立。这不足以很好地理解图：就像图像中的像素一样，节点的上下文对于理解它至关重要。如果你查看一组像素而不是单个像素，则可以识别出图像的边缘、图案等。同样地，要了解一个节点，需要查看它的邻居。

假设 $N_A$ 是节点 $A$ 的邻居的集合，则图的线性层（graph linear layer）可以写成如下形式：

$$h_A = \sum_{i \in N_A} x_i W^T$$

你可以想象该公式的若干种变体。例如，可以有一个权重矩阵 $W_1$ 专用于中心节点，另一个权重矩阵 $W_2$ 用于邻居节点。请注意，我们不能让每个邻居都有一个权重矩阵，因为该数字可能因节点而异。

我们讨论的是神经网络，因此不能将上述公式应用于每个节点。相反，我们需要执行效率更高的矩阵乘法。例如，线性层的公式可以重写为：

$$H = X W^T$$

其中，$X$ 是输入矩阵。

在我们的例子中，邻接矩阵 $A$ 包含图中每个节点之间的连接。将输入矩阵乘以该邻接矩阵将直接对相邻节点特征进行求和。

我们可以将 self 循环添加到邻接矩阵，这样中心节点也将被考虑在此计算中。我们称更新后的邻接矩阵为 $\tilde{A} = A + I$。此时的图线性层可以改写为如下形式：

$$H = \tilde{A}^T X W^T$$

接下来我们将通过在 PyTorch Geometric 中实现该层来测试它，然后可以像普通层一样使用它构建图神经网络。

（1）创建一个新类，它是 torch.nn.Module 的子类：

```
class VanillaGNNLayer(torch.nn.Module):
```

（2）该类有两个参数：dim_in 和 dim_out，分别表示输入和输出的特征数量。我们添加一个基本的无偏差线性变换：

```
def __init__(self, dim_in, dim_out):
    super().__init__()
    self.linear = Linear(dim_in, dim_out, bias=False)
```

（3）执行两项运算，先是线性变换，然后是与邻接矩阵 $\tilde{A}$ 相乘：

```
def forward(self, x, adjacency):
    x = self.linear(x)
    x = torch.sparse.mm(adjacency, x)
    return x
```

在创建普通图神经网络之前，需要将数据集中的坐标格式的边索引（data.edge_index）转换为密集邻接矩阵。另外，需要包括 self 循环，否则，中心节点将不会被考虑到它们自己的嵌入中。

（4）这可以通过 to_dense_adj()和 torch.eye()函数轻松实现：

```
from torch_geometric.utils import to_dense_adj

adjacency = to_dense_adj(data.edge_index)[0]
adjacency += torch.eye(len(adjacency))
adjacency
```

邻接矩阵如下所示：

```
tensor([[0., 0., 0., ..., 0., 0., 0.],
        [0., 0., 0., ..., 0., 0., 0.],
        [0., 0., 0., ..., 0., 0., 0.],
        ...,
        [0., 0., 0., ..., 0., 0., 0.],
        [0., 0., 0., ..., 0., 0., 0.],
        [0., 0., 0., ..., 0., 0., 0.]])
```

遗憾的是，在上面这个张量中只看到 0，因为它是一个稀疏矩阵。更详细的输出结果中将显示节点之间的一些连接（用 1 表示）。

现在我们有了专用的层和邻接矩阵，普通图神经网络的实现与 MLP 的实现非常相似。

（5）创建一个包含两个普通图线性层的新类：

```
class VanillaGNN(torch.nn.Module):
    def __init__(self, dim_in, dim_h, dim_out):
        super().__init__()
        self.gnn1 = VanillaGNNLayer(dim_in, dim_h)
        self.gnn2 = VanillaGNNLayer(dim_h, dim_out)
```

（6）对新层执行相同的操作，将之前计算的邻接矩阵作为附加输入：

```
def forward(self, x, adjacency):
    h = self.gnn1(x, adjacency)
```

```
        h = torch.relu(h)
        h = self.gnn2(h, adjacency)
        return F.log_softmax(h, dim=1)
```

（7）fit()和 test()方法的工作方式完全相同：

```
def fit(self, data, epochs):
    criterion = torch.nn.CrossEntropyLoss()
    optimizer = torch.optim.Adam(self.parameters(),
lr=0.01, weight_decay=5e-4)
    self.train()
    for epoch in range(epochs+1):
        optimizer.zero_grad()
        out = self(data.x, adjacency)
        loss = criterion(out[data.train_mask],
data.y[data.train_mask])
        acc = accuracy(out[data.train_mask].
argmax(dim=1), data.y[data.train_mask])
        loss.backward()
        optimizer.step()
        if epoch % 20 == 0:
            val_loss = criterion(out[data.val_mask],
data.y[data.val_mask])
            val_acc = accuracy(out[data.val_mask].
argmax(dim=1), data.y[data.val_mask])
            print(f'Epoch {epoch:>3} | Train Loss:
{loss:.3f} | Train Acc: {acc*100:>5.2f}% | Val Loss:
{val_loss:.2f} | Val Acc: {val_acc*100:.2f}%')

def test(self, data):
    self.eval()
    out = self(data.x, adjacency)
    acc = accuracy(out.argmax(dim=1)[data.test_mask],
data.y[data.test_mask])
    return acc
```

（8）使用以下代码创建、训练和评估模型：

```
gnn = VanillaGNN(dataset.num_features, 16, dataset.num_classes)
print(gnn)
gnn.fit(data, epochs=100)
acc = gnn.test(data)
print(f'\nGNN test accuracy: {acc*100:.2f}%')
```

（9）其输出如下：

```
VanillaGNN(
    (gnn1): VanillaGNNLayer(
        (linear): Linear(in_features=1433, out_features=16, bias=False)
    )
    (gnn2): VanillaGNNLayer(
        (linear): Linear(in_features=16, out_features=7, bias=False)
    )
)
Epoch 0     | Train Loss: 2.008 | Train Acc: 20.00%     | Val
Loss: 1.96  | Val Acc: 23.40%
Epoch 20    | Train Loss: 0.047 | Train Acc: 100.00%    | Val
Loss: 2.04  | Val Acc: 74.60%
Epoch 40    | Train Loss: 0.004 | Train Acc: 100.00%    | Val
Loss: 2.49  | Val Acc: 75.20%
Epoch 60    | Train Loss: 0.002 | Train Acc: 100.00%    | Val
Loss: 2.61  | Val Acc: 74.60%
Epoch 80    | Train Loss: 0.001 | Train Acc: 100.00%    | Val
Loss: 2.61  | Val Acc: 75.20%
Epoch 100   | Train Loss: 0.001 | Train Acc: 100.00%    | Val
Loss: 2.56  | Val Acc: 75.00%

GNN test accuracy: 76.80%
```

使用 Facebook Page-Page 数据集复制相同的训练过程。为了获得可比较的结果，对每个数据集上的每个模型重复相同的实验 100 次。图 5.4 显示了汇总的结果。

| | MLP | GNN |
|---|---|---|
| **Cora** | 53.47% (±1.81%) | 74.98% (±1.50%) |
| **Facebook** | 75.21% (±0.40%) | 84.85% (±1.68%) |

图 5.4　包含标准差的准确率分数汇总

正如我们所看到的，多层感知器（MLP）模型在 Cora 数据集上的准确率很差，在 Facebook Page-Page 数据集上表现更好，但它在这两个数据集上的性能表现都被普通图神经网络超越。这些结果表明了在节点特征中包含拓扑信息的重要性。

图神经网络考虑的是每个节点的整个邻域，而不是表格数据集，这使得它在上述示例中的准确率提高了 10%～20%。虽然这种架构仍然很粗糙，但它已经为我们提供了改进并构建更好模型的指南。

## 5.5　小　　结

本章介绍了普通神经网络和图神经网络之间的差异。我们利用直觉和一些线性代数构建了自己的图神经网络架构。此外，我们还探索了科学文献中的两个流行的图数据集，并使用它们来比较了这两种架构。

最后，我们在 PyTorch 中实现了普通神经网络和图神经网络并评估了它们的性能。结果很明显：图神经网络在两个数据集上都优于 MLP。

在第 6 章“图卷积网络”中，我们将改进普通的图神经网络架构以正确归一化其输入。这个图卷积网络模型是一个非常高效的基准模型，在本书的其余章节中还会使用到它。我们将比较它在 Cora 和 Facebook Page-Page 两个数据集上的结果，并引入一个新的有趣任务：节点回归。

## 5.6　延　伸　阅　读

[1] P. Sen, G. Namata, M. Bilgic, L. Getoor, B. Galligher, and T. Eliassi-Rad, "Collective Classification in Network Data", AIMag, vol. 29, no. 3, p. 93, Sep. 2008.

https://ojs.aaai.org//index.php/aimagazine/article/view/2157

[2] B. Rozemberczki, C. Allen, and R. Sarkar, Multi-Scale Attributed Node Embedding. arXiv, 2019. doi: 10.48550/ARXIV.1909.13021.

https://arxiv.org/abs/1909.13021

# 第6章 图卷积网络

图卷积网络（graph convolutional network，GCN）架构是图神经网络样貌的蓝图。它由 Kipf 和 Welling 于 2017 年提出（参见 6.6 节"延伸阅读"[1]），其理念是创建应用于图的卷积神经网络（convolutional neural network，CNN）的高效变体。更准确地说，它是图信号处理中图卷积运算的近似。由于其多功能性和易用性，图卷积网络已成为科学文献中最受欢迎的图神经网络。更一般地说，它是处理图数据时创建可靠基线的首选架构。

本章将讨论之前介绍的普通图神经网络层的局限性，这将帮助我们理解图卷积网络背后的动机。我们将详细介绍图卷积网络层的工作原理以及为什么它的性能比之前的解决方案更好。我们将使用 PyTorch Geometric 在 Cora 和 Facebook Page-Page 数据集上实现图卷积网络来检验上述说法。这应该会进一步改善我们的结果。

本章最后一部分将专门讨论一项新任务：节点回归（node regression）。对于图神经网络来说，这不是一个很常见的任务，但在处理表格数据时特别有用。如果你有机会将表格数据集转换为图，那么除了分类，还可以执行回归。

到本章结束时，你将能够在 PyTorch Geometric 中实现图卷积网络来执行分类或回归任务。借助线性代数，你将了解为什么该模型比普通图神经网络表现更好。最后，你还将了解如何绘制节点度和目标变量的密度分布。

本章包含以下主题：
- 设计图卷积层
- 比较图卷积层和图线性层
- 通过节点回归预测网络流量

# 6.1 技术要求

本章所有代码示例都可以在本书配套 GitHub 存储库中找到，其网址如下：

https://github.com/PacktPublishing/Hands-On-Graph-Neural-Networks-Using-Python/tree/main/Chapter06

在本地计算机上运行代码所需的安装步骤可以在本书的前言中找到。

## 6.2　设计图卷积层

首先，我们来讨论一个在上一章中没有预料到的问题。与表格或图像数据不同，节点并不总是具有相同数量的邻居。例如，在图 6.1 中，节点 1 有 3 个邻居，而节点 2 只有 1 个。

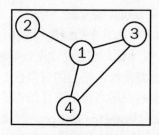

图 6.1　节点具有不同数量邻居的简单的图示例

但是，如果我们查看图神经网络层，则不会考虑到邻居数量的差异。我们的层由一个简单的总和组成，而没有任何归一化的系数。

以下是我们计算节点 $i$ 的嵌入的方法：

$$\boldsymbol{h}_i = \sum_{j \in N_i} \boldsymbol{x}_j \boldsymbol{W}^T$$

想象一下，节点 1 有 1000 个邻居，而节点 2 只有 1 个邻居，嵌入 $h_1$ 将具有比 $h_2$ 大得多的值。这是一个问题，因为我们想要比较这些嵌入。当它们的值相差如此之大时，如何才能进行有意义的比较呢？

幸运的是，有一个很简单的解决方案：将嵌入除以邻居的数量。

假设 $\deg(A)$ 是节点 $A$ 的度，以下是图神经网络层的新公式：

$$\boldsymbol{h}_i = \frac{1}{\deg(i)} \sum_{j \in N_i} \boldsymbol{x}_j \boldsymbol{W}^T$$

但是，如何将其转化为矩阵乘法呢？

先来看一下在 5.4 节"使用普通图神经网络对节点进行分类"中介绍过的普通图神经网络线性层的公式：

$$\boldsymbol{H} = \tilde{\boldsymbol{A}}^T \boldsymbol{X} \boldsymbol{W}^T$$

其中，$\tilde{\boldsymbol{A}} = \boldsymbol{A} + \boldsymbol{I}$。

这个公式唯一缺少的就是一个可以给出归一化系数 $\dfrac{1}{\deg(i)}$ 的矩阵，这可以通过度矩

阵 $\boldsymbol{D}$ 获得，度矩阵将计算每个节点的邻居数。下面是图 6.1 所示图的度矩阵：

$$\boldsymbol{D} = \begin{pmatrix} 3 & 0 & 0 & 0 \\ 0 & 1 & 0 & 0 \\ 0 & 0 & 2 & 0 \\ 0 & 0 & 0 & 2 \end{pmatrix}$$

以下是 NumPy 中的相同矩阵：

```
import numpy as np
D = np.array([
    [3, 0, 0, 0],
    [0, 1, 0, 0],
    [0, 0, 2, 0],
    [0, 0, 0, 2]
])
```

根据定义，$\boldsymbol{D}$ 将给出每个节点的度 $\deg(i)$。因此，该矩阵的逆矩阵 $\boldsymbol{D}^{-1}$ 可以直接给出归一化系数 $\dfrac{1}{\deg(i)}$：

$$\boldsymbol{D}^{-1} = \begin{pmatrix} \dfrac{1}{3} & 0 & 0 & 0 \\ 0 & 1 & 0 & 0 \\ 0 & 0 & \dfrac{1}{2} & 0 \\ 0 & 0 & 0 & \dfrac{1}{2} \end{pmatrix}$$

矩阵的逆可以直接使用 numpy.linalg.inv()函数计算：

```
np.linalg.inv(D)
array([ [0.33333333 , 0.      , 0.      , 0.      ],
        [0.        , 1.      , 0.      , 0.      ],
        [0.        , 0.      , 0.5     , 0.      ],
        [0.        , 0.      , 0.      , 0.5     ]])
```

这正是我们需要的结果。为了更准确，我们在图中添加了自循环，以表示 $\tilde{\boldsymbol{A}} = \boldsymbol{A} + \boldsymbol{I}$。类似地，我们也应该将自循环添加到度矩阵中，以表示 $\tilde{\boldsymbol{D}} = \boldsymbol{D} + \boldsymbol{I}$。因此，我们真正感兴趣的最终矩阵是 $\tilde{\boldsymbol{D}}^{-1} = (\boldsymbol{D} + \boldsymbol{I})^{-1}$。

$$\tilde{\boldsymbol{D}}^{-1} = \begin{pmatrix} \dfrac{1}{4} & 0 & 0 & 0 \\ 0 & \dfrac{1}{2} & 0 & 0 \\ 0 & 0 & \dfrac{1}{3} & 0 \\ 0 & 0 & 0 & \dfrac{1}{3} \end{pmatrix}$$

NumPy 有一个特定的函数 numpy.identity(n)，可以快速创建一个 $n$ 维单位矩阵（identity matrix）$\boldsymbol{I}$。在本示例中，有 4 维：

```
np.linalg.inv(D + np.identity(4))
array([[ 0.25     , 0.        , 0.         , 0.        ],
       [0.        , 0.5       , 0.         , 0.        ],
       [0.        , 0.        , 0.33333333 , 0.        ],
       [0.        , 0.        , 0.         , 0.33333333]])
```

现在我们有了归一化系数的矩阵，应该把它放在公式中的哪里？有两种选择：

❑    $\tilde{\boldsymbol{D}}^{-1}\tilde{\boldsymbol{A}}\boldsymbol{X}\boldsymbol{W}^T$ 将归一化特征的每一行。

❑    $\tilde{\boldsymbol{A}}\tilde{\boldsymbol{D}}^{-1}\boldsymbol{X}\boldsymbol{W}^T$ 将归一化特征的每一列。

我们可以通过计算 $\tilde{\boldsymbol{D}}^{-1}\tilde{\boldsymbol{A}}$ 和 $\tilde{\boldsymbol{A}}\tilde{\boldsymbol{D}}^{-1}$ 来验证这一点。

$$\tilde{\boldsymbol{D}}^{-1}\tilde{\boldsymbol{A}} = \begin{pmatrix} \dfrac{1}{4} & 0 & 0 & 0 \\ 0 & \dfrac{1}{2} & 0 & 0 \\ 0 & 0 & \dfrac{1}{3} & 0 \\ 0 & 0 & 0 & \dfrac{1}{3} \end{pmatrix} \cdot \begin{pmatrix} 1 & 1 & 1 & 1 \\ 1 & 1 & 0 & 0 \\ 1 & 0 & 1 & 1 \\ 1 & 0 & 1 & 1 \end{pmatrix} = \begin{pmatrix} \dfrac{1}{4} & \dfrac{1}{4} & \dfrac{1}{4} & \dfrac{1}{4} \\ \dfrac{1}{2} & \dfrac{1}{2} & 0 & 0 \\ \dfrac{1}{3} & 0 & \dfrac{1}{3} & \dfrac{1}{3} \\ \dfrac{1}{3} & 0 & \dfrac{1}{3} & \dfrac{1}{3} \end{pmatrix}$$

$$\tilde{\boldsymbol{A}}\tilde{\boldsymbol{D}}^{-1} = \begin{pmatrix} 1 & 1 & 1 & 1 \\ 1 & 1 & 0 & 0 \\ 1 & 0 & 1 & 1 \\ 1 & 0 & 1 & 1 \end{pmatrix} \cdot \begin{pmatrix} \dfrac{1}{4} & 0 & 0 & 0 \\ 0 & \dfrac{1}{2} & 0 & 0 \\ 0 & 0 & \dfrac{1}{3} & 0 \\ 0 & 0 & 0 & \dfrac{1}{3} \end{pmatrix} = \begin{pmatrix} \dfrac{1}{4} & \dfrac{1}{2} & \dfrac{1}{3} & \dfrac{1}{3} \\ \dfrac{1}{4} & \dfrac{1}{2} & 0 & 0 \\ \dfrac{1}{4} & 0 & \dfrac{1}{3} & \dfrac{1}{3} \\ \dfrac{1}{4} & 0 & \dfrac{1}{3} & \dfrac{1}{3} \end{pmatrix}$$

事实上，在第一种情况下，每行的总和等于 1。在第二种情况下，每列的总和等于 1。

矩阵乘法可以使用 numpy.matmul() 函数执行，但更方便的是，Python 从 3.5 版本开始就有了自己的矩阵乘法运算符 @。因此，我们可以定义邻接矩阵 $A$ 并使用此运算符来计算矩阵乘法：

```
A = np.array([
    [1, 1, 1, 1],
    [1, 1, 0, 0],
    [1, 0, 1, 1],
    [1, 0, 1, 1]
])

print(np.linalg.inv(D + np.identity(4)) @ A)
[   [0.25       0.25        0.25        0.25        ]
    [0.5        0.5         0.          0.          ]
    [0.33333333 0.          0.33333333  0.33333333  ]
    [0.33333333 0.          0.33333333  0.33333333 ]]

print(A @ np.linalg.inv(D + np.identity(4)))
[   [0.25       0.5         0.33333333  0.33333333  ]
    [0.25       0.5         0.          0.          ]
    [0.25       0.          0.33333333  0.33333333  ]
    [0.25       0.          0.33333333  0.33333333 ]]
```

可以看到，我们获得了与手动执行矩阵乘法相同的结果。

那么，我们应该使用哪个选项呢？当然，第一个选项看起来更有吸引力，因为它很好地归一化了相邻节点的特征。但是，Kipf 和 Welling（参见 6.6 节"延伸阅读"[1]）注意到，与来自更多孤立节点的特征不同，来自具有大量邻居的节点的特征非常容易传播。在最初的图卷积网络论文中，作者提出了一种混合归一化（hybrid normalization）来抵消这种影响。在实践中，他们使用以下公式为邻居较少的节点分配更高的权重：

$$H = \tilde{D}^{-\frac{1}{2}} \tilde{A}^T \tilde{D}^{-\frac{1}{2}} XW^T$$

就单个嵌入而言，该计算可以写成如下形式：

$$h_i = \sum_{j \in N_i} \frac{1}{\sqrt{\deg(i)}\sqrt{\deg(j)}} x_j W^T$$

这些是实现图卷积层的原始公式。与普通图神经网络层一样，我们可以堆叠这些层来创建图卷积网络。

接下来，让我们实现一个图卷积网络并验证它的性能是否比之前的方法更好。

## 6.3　比较图卷积层和图线性层

在上一章中得出的初步结论是，普通图神经网络优于 Node2Vec 模型，那么普通图神经网络与图卷积网络相比如何呢？本节将比较它们在 Cora 和 Facebook Page-Page 数据集上的性能。

### 6.3.1　分析数据集中的节点度

与普通图神经网络相比，图卷积网络的主要特点是通过考虑节点度来为其特征加权。因此，在真正实现图卷积网络之前，不妨先来分析一下这两个数据集中的节点度。该信息是相当有用的，因为它与图卷积网络的性能直接相关。

根据我们对该架构的了解，我们期望它在节点的度数变化很大时表现更好。如果每个节点具有相同数量的邻居，则这两个架构是等效的，因为：

$$\sqrt{\deg(i)}\sqrt{\deg(i)} = \deg(i)$$

请按以下步骤操作。

（1）从 PyTorch Geometric 导入 Planetoid 类。为了可视化节点度，我们还需要导入 matplotlib 和两个附加类：

❑　degree 可以获取每个节点的邻居数量。

❑　Counter 可以计算每个度的节点数量。

具体代码如下：

```
from torch_geometric.datasets import Planetoid
from torch_geometric.utils import degree
from collections import Counter
import matplotlib.pyplot as plt
```

（2）导入 Cora 数据集，将其图存储在 data 中：

```
dataset = Planetoid(root=".", name="Cora")
data = dataset[0]
```

（3）计算图中每个节点的邻居数量：

```
degrees = degree(data.edge_index[0]).numpy()
```

（4）为了产生更自然的可视化效果，可以计算每个度的节点数：

```
numbers = Counter(degrees)
```

（5）使用条形图绘制此结果：

```
fig, ax = plt.subplots()
ax.set_xlabel('Node degree')
ax.set_ylabel('Number of nodes')
plt.bar(numbers.keys(), numbers.values())
```

结果如图 6.2 所示。

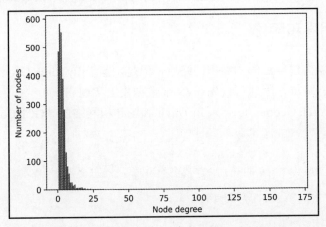

图 6.2　Cora 数据集中具有特定节点度的节点数量

| 原　　文 | 译　　文 | 原　　文 | 译　　文 |
| --- | --- | --- | --- |
| Node degree | 节点度 | Number of nodes | 节点数量 |

图形看起来呈指数分布，有一个重尾：它的范围从 1 个邻居（485 个节点）到 168 个邻居（1 个节点）。这正是我们希望通过归一化过程进行处理的不平衡的数据集类型。

对 Facebook Page-Page 数据集重复相同的过程，其结果如图 6.3 所示。

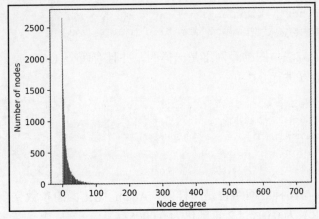

图 6.3　Facebook Page-Page 数据集中具有特定节点度的节点数量

| 原　　文 | 译　　文 | 原　　文 | 译　　文 |
|---|---|---|---|
| Node degree | 节点度 | Number of nodes | 节点数量 |

这种节点度的分布看起来更加倾斜,邻居数量范围从 1 到 709。由此可见,基于同样的理由,Facebook Page-Page 数据集也是应用图卷积网络的一个很好的案例。

## 6.3.2　实现图卷积网络

虽然我们可以构建自己的图卷积网络层,但是,鉴于 PyTorch Geometric 已经有一个预定义的图卷积网络层,因此可以先在 Cora 数据集上实现它。

(1)从 PyTorch Geometric 导入 PyTorch 和图卷积网络层(GCNConv):

```
import torch
import torch.nn.functional as F
from torch_geometric.nn import GCNConv
```

(2)创建一个函数来计算准确率分数:

```
def accuracy(pred_y, y):
    return ((pred_y == y).sum() / len(y)).item()
```

(3)创建一个带有__init__()函数的图卷积网络类,该函数接受 3 个参数作为输入:输入维度数 dim_in、隐藏维度数 dim_h 和输出维度数 dim_out:

```
class GCN(torch.nn.Module):
    """Graph Convolutional Network"""
    def __init__(self, dim_in, dim_h, dim_out):
        super().__init__()
        self.gcn1 = GCNConv(dim_in, dim_h)
        self.gcn2 = GCNConv(dim_h, dim_out)
```

(4)forward()方法与图神经网络是一样的,并且有两个 GCN 层。注意需对结果应用 log softmax 函数以进行分类:

```
def forward(self, x, edge_index):
    h = self.gcn1(x, edge_index)
    h = torch.relu(h)
    h = self.gcn2(h, edge_index)
    return F.log_softmax(h, dim=1)
```

(5)fit()方法与图神经网络也是一样的,Adam 优化器的参数完全相同——学习率(learning rate,LR)为 0.01,L2 正则化为 0.0005:

```
def fit(self, data, epochs):
    criterion = torch.nn.CrossEntropyLoss()
    optimizer = torch.optim.Adam( self.parameters(),
                                  lr=0.01,
                                  weight_decay=5e-4)
    self.train()
    for epoch in range(epochs+1):
        optimizer.zero_grad()
        out = self(data.x, data.edge_index)
        loss = criterion(out[data.train_mask],
data.y[data.train_mask])
        acc = accuracy(out[data.train_mask].
argmax(dim=1), data.y[data.train_mask])
        loss.backward()
        optimizer.step()

        if(epoch % 20 == 0):
            val_loss = criterion(out[data.val_mask],
data.y[data.val_mask])
            val_acc = accuracy(out[data.val_mask].
argmax(dim=1), data.y[data.val_mask])
            print(f'Epoch {epoch:>3} | Train Loss:
{loss:.3f} | Train Acc: {acc*100:>5.2f}% | Val Loss:
{val_loss:.2f} | Val Acc: {val_acc*100:.2f}%')
```

（6）test()方法也是一样的：

```
@torch.no_grad()
def test(self, data):
    self.eval()
    out = self(data.x, data.edge_index)
    acc = accuracy(out.argmax(dim=1)[data.test_mask],
data.y[data.test_mask])
    return acc
```

（7）实例化并训练模型 100 个 epoch：

```
gcn = GCN(dataset.num_features, 16, dataset.num_classes)
print(gcn)
gcn.fit(data, epochs=100)
```

（8）以下是训练的输出：

```
GCN (
```

```
    (gcn1): GCNConv(1433, 16)
    (gcn2): GCNConv(16, 7)
)
Epoch 0      | Train Loss: 1.963 | Train Acc: 8.57%    | Val
Loss: 1.96  | Val Acc: 9.80%
Epoch 20     | Train Loss: 0.142 | Train Acc: 100.00%  | Val
Loss: 0.82  | Val Acc: 78.40%
Epoch 40     | Train Loss: 0.016 | Train Acc: 100.00%  | Val
Loss: 0.77  | Val Acc: 77.40%
Epoch 60     | Train Loss: 0.015 | Train Acc: 100.00%  | Val
Loss: 0.76  | Val Acc: 76.40%
Epoch 80     | Train Loss: 0.018 | Train Acc: 100.00%  | Val
Loss: 0.75  | Val Acc: 76.60%
Epoch 100    | Train Loss: 0.017 | Train Acc: 100.00%  | Val
Loss: 0.75  | Val Acc: 77.20%
```

（9）最后在测试集上进行评估：

```
acc = gcn.test(data)
print(f'GCN test accuracy: {acc*100:.2f}%')
GCN test accuracy: 79.70%
```

在重复这个实验 100 次之后，我们获得的平均准确率得分为 80.17% (±0.61%)，这明显高于普通图神经网络获得的 74.98% (±1.50%)。

将完全相同的模型应用于 Facebook Page-Page 数据集，获得了 91.54% (±0.28%) 的平均准确率分数，也明显高于普通图神经网络获得的结果，后者仅为 84.85% (±1.68%)。

图 6.4 汇总了多层感知器（MLP）、普通图神经网络（GNN）和图卷积网络（GCN）模型的准确率分数（包括标准差）。

|  | MLP | GNN | GCN |
|---|---|---|---|
| **Cora** | 53.47%<br>(±1.81%) | 74.98%<br>(±1.50%) | 80.17%<br>(±0.61%) |
| **Facebook** | 75.21%<br>(±0.40%) | 84.85%<br>(±1.68%) | 91.54%<br>(±0.28%) |

图 6.4　各个模型准确率分数（包括标准差）汇总

我们可以将这些高分归因于这两个数据集中广泛的节点度。通过对特征进行归一化并考虑中心节点及其自身邻居的邻居数量,图卷积网络获得了很大的灵活性,并且可以很好地处理各种类型的图。

尽管如此,节点分类并不是图神经网络可以执行的唯一任务。在下一节中,我们将讨论一种文献中很少涉及的新型应用。

## 6.4 通过节点回归预测网络流量

在机器学习中,回归(regression)是指连续值的预测。它通常与分类形成对比,分类(classification)的目标是找到正确的类别(不连续)。在图数据中,它们的对应任务自然就是节点分类和节点回归。本节将尝试预测每个节点的连续值而不是分类变量。

### 6.4.1 了解数据集

本节将使用的数据集是由 Rozemberckzi 等人于 2019 年发布的 Wikipedia Network(GNU 通用公共许可 v3.0)(参见 6.6 节 "延伸阅读" [2])。它由以下 3 个页面链接(page-page)网络组成:

❑ chameleons(变色龙),包含 2277 个节点和 31421 条边。

❑ crocodiles(鳄鱼),包含 11631 个节点和 170918 条边。

❑ squirrels(松鼠),包含 5201 个节点和 198493 条边。

在这些数据集中,节点代表文章,边是它们之间的相互链接。节点特征反映了文章中特定单词的存在。我们的目标是预测 2018 年 12 月的对数平均月流量。

本节将应用图卷积网络来预测 chameleons(变色龙)数据集上的流量。

(1)导入 Wikipedia Network 并下载 chameleons(变色龙)数据集。可以应用 transform 函数 RandomNodeSplit()来随机创建评估掩码和测试掩码:

```
from torch_geometric.datasets import WikipediaNetwork
import torch_geometric.transforms as T

dataset = WikipediaNetwork(root=".", name="chameleon",
transform = T.RandomNodeSplit(num_val=200, num_test=500))
data = dataset[0]
```

(2)打印有关该数据集的信息:

```
print(f'Dataset: {dataset}')
```

```
print('--------------------')
print(f'Number of graphs: {len(dataset)}')
print(f'Number of nodes: {data.x.shape[0]}')
print(f'Number of unique features: {dataset.num_features}')
print(f'Number of classes: {dataset.num_classes}')
```

其输出如下：

```
Dataset: WikipediaNetwork()
--------------------
Number of graphs: 1
Number of nodes: 2277
Number of unique features: 2325
Number of classes: 5
```

（3）该数据集有一个问题：上述输出显示有 5 个类别，但是我们想要执行的是节点回归，而不是分类。所以这是什么情况？

事实上，这 5 个类别是我们想要预测的连续值的分箱（bin）。遗憾的是，这些标签不是我们想要的，因此必须手动更改它们。

首先，可从以下页面下载 wikipedia.zip 文件：

https://snap.stanford.edu/data/wikipedia-article-networks.html

解压文件后，导入 pandas 并使用它来加载目标：

```
import pandas as pd
df = pd.read_csv('wikipedia/chameleon/musae_chameleon_target.csv')
```

（4）使用 np.log10()将对数函数应用于目标值，因为目标是预测对数平均每月流量：

```
values = np.log10(df['target'])
```

（5）将 data.y 重新定义为上一步中连续值的张量。请注意，在本示例中这些值并未归一化（归一化是常见实现的良好做法）。为了说明这个问题，我们在这里不进行归一化操作：

```
data.y = torch.tensor(values)
tensor([2.2330, 3.9079, 3.9329, ..., 1.9956, 4.3598,
2.4409], dtype=torch.float64)
```

同样，像我们对前两个数据集所做的那样，可视化节点度是一个好主意。可以使用完全相同的代码来生成如图 6.5 所示的结果。

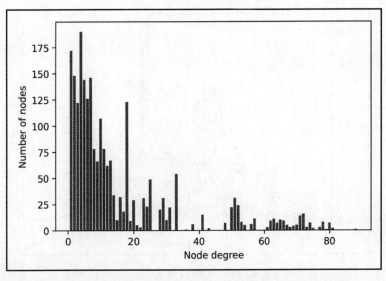

图 6.5 Wikipedia Network 数据集中具有特定节点度的节点数量

| 原　文 | 译　文 | 原　文 | 译　文 |
| --- | --- | --- | --- |
| Node degree | 节点度 | Number of nodes | 节点数量 |

可以看到，Wikipedia Network 数据集中具有特定节点度的节点数量的分布的尾部比之前数据集的分布要短，但保持相似的形状：大多数节点只有一个或几个邻居，但其中一些节点充当了"枢纽"，可以连接 80 多个节点。

在要执行节点回归任务的情况下，节点度的分布并不是我们应该检查的唯一分布类型，目标值的分布也很重要。事实上，非正态分布（例如上述节点度的分布）往往更难预测。

我们可以使用 Seaborn 库来绘制目标值，并将它们与 scipy.stats.norm 提供的正态分布进行比较。具体代码如下：

```
import seaborn as sns
from scipy.stats import norm
df['target'] = values
sns.distplot(df['target'], fit=norm)
```

其输出如图 6.6 所示。

虽然这种分布并不完全是正态分布，但也不像节点度那样呈指数分布。因此，我们可以预期模型能够很好地预测这些值。

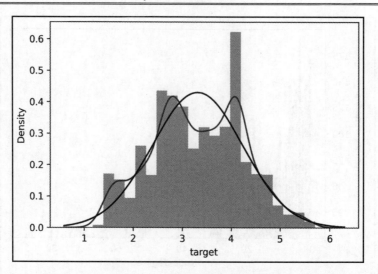

图 6.6　来自 Wikipedia Network 数据集的目标值的密度图

| 原　　文 | 译　　文 | 原　　文 | 译　　文 |
| --- | --- | --- | --- |
| target | 目标 | Density | 密度 |

## 6.4.2　定义 GCN 类

让我们使用 PyTorch Geometric 来一步步实现节点回归。

（1）定义 GCN 类和__init__()函数。这一次，我们有 3 个 GCNConv 层，神经元数量逐渐减少。该编码器架构背后的思想是迫使模型选择最相关的特征来预测目标值。我们还将添加一个线性层来输出一个不限于 0 或-1 和 1 之间的数字的预测：

```
class GCN(torch.nn.Module):
    def __init__(self, dim_in, dim_h, dim_out):
        super().__init__()
        self.gcn1 = GCNConv(dim_in, dim_h*4)
        self.gcn2 = GCNConv(dim_h*4, dim_h*2)
        self.gcn3 = GCNConv(dim_h*2, dim_h)
        self.linear = torch.nn.Linear(dim_h, dim_out)
```

（2）forward()方法包括新的 GCNConv 和 nn.Linear 层。这里不需要 log softmax 函数，因为我们不是要预测一个类：

```
def forward(self, x, edge_index):
    h = self.gcn1(x, edge_index)
    h = torch.relu(h)
```

```
h = F.dropout(h, p=0.5, training=self.training)
h = self.gcn2(h, edge_index)
h = torch.relu(h)
h = F.dropout(h, p=0.5, training=self.training)
h = self.gcn3(h, edge_index)
h = torch.relu(h)
h = self.linear(h)
return h
```

（3）fit()方法的主要变化是 F.mse_loss()函数，它取代了分类任务中使用的交叉熵损失函数。均方误差（mean squared error，MSE）将是我们的主要指标。它对应于误差平方的平均值，可以定义如下：

$$\text{MSE} = \frac{1}{N} \sum_{i=1}^{N} (y_i - \hat{y}_i)^2$$

## 6.4.3 使用 MSE 指标

如前文所述，GCN 类中 fit()方法现在使用的是 F.mse_loss()函数。

（1）新的 fit()方法代码如下：

```
def fit(self, data, epochs):
    optimizer = torch.optim.Adam( self.parameters(),
                                  lr=0.02,
                                  weight_decay=5e-4)

    self.train()
    for epoch in range(epochs+1):
        optimizer.zero_grad()
        out = self(data.x, data.edge_index)
        loss = F.mse_loss(out.squeeze()[data.train_mask],
data.y[data.train_mask].float())
        loss.backward()
        optimizer.step()
        if epoch % 20 == 0:
            val_loss = F.mse_loss(out.squeeze()[data.val_mask],
data.y[data.val_mask])
            print(f"Epoch {epoch:>3} | Train Loss:
{loss:.5f} | Val Loss: {val_loss:.5f}")
```

（2）同样，在 test()方法中使用的也是 MSE 指标：

```
@torch.no_grad()
```

```
def test(self, data):
    self.eval()
    out = self(data.x, data.edge_index)
    return F.mse_loss(out.squeeze()[data.test_mask],
data.y[data.test_mask].float())
```

（3）实例化具有 128 个隐藏维度和仅 1 个输出维度（目标值）的模型，它将经过 200 个 epoch 的训练：

```
gcn = GCN(dataset.num_features, 128, 1)
print(gcn)
gcn.fit(data, epochs=200)

GCN(
    (gcn1): GCNConv(2325, 512)
    (gcn2): GCNConv(512, 256)
    (gcn3): GCNConv(256, 128)
    (linear): Linear(in_features=128, out_features=1, bias=True)
)
Epoch 0 | Train Loss: 12.05177 | Val Loss: 12.12162
Epoch 20 | Train Loss: 11.23000 | Val Loss: 11.08892
Epoch 40 | Train Loss: 4.59072 | Val Loss: 4.08908
Epoch 60 | Train Loss: 0.82827 | Val Loss: 0.84340
Epoch 80 | Train Loss: 0.63031 | Val Loss: 0.71436
Epoch 100 | Train Loss: 0.54679 | Val Loss: 0.75364
Epoch 120 | Train Loss: 0.45863 | Val Loss: 0.73487
Epoch 140 | Train Loss: 0.40186 | Val Loss: 0.67582
Epoch 160 | Train Loss: 0.38461 | Val Loss: 0.54889
Epoch 180 | Train Loss: 0.33744 | Val Loss: 0.56676
Epoch 200 | Train Loss: 0.29155 | Val Loss: 0.59314
```

（4）对模型进行测试，得到测试集上的 MSE：

```
loss = gcn.test(data)
print(f'GCN test loss: {loss:.5f}')

GCN test loss: 0.43005
```

由于 MSE 损失本身并不是非常容易解释的指标，因此可以使用以下两个指标获得更有意义的结果：

❑　　均方根误差（root mean square error，RMSE），衡量误差的平均大小：

$$\text{RMSE} = \sqrt{\text{MSE}} = \sqrt{\frac{1}{N}\sum_{i=1}^{N}(y_i - \hat{y}_i)^2}$$

❑ 平均绝对误差（mean absolute error，MAE），给出了预测值和实际值之差的绝对值的平均值：

$$\text{MAE} = \frac{1}{N}\sum_{i=1}^{N}|y_i - \hat{y}_i|$$

## 6.4.4 使用 RMSE 和 MAE 指标

使用 Python 可以轻松实现 RMSE 和 MAE 指标。

（1）从 scikit-learn 库导入 MSE 和 MAE：

```
from sklearn.metrics import mean_squared_error, mean_absolute_error
```

（2）使用.detach().numpy()将用于预测的 PyTorch 张量转换为模型给出的 NumPy 数组，代码如下：

```
out = gcn(data.x, data.edge_index)
y_pred = out.squeeze()[data.test_mask].detach().numpy()
mse = mean_squared_error(data.y[data.test_mask], y_pred)
mae = mean_absolute_error(data.y[data.test_mask], y_pred)
```

（3）使用专用函数计算 MSE 和 MAE，使用 np.sqrt() 将 RMSE 计算为 MSE 的平方根，其结果如下：

```
print('=' * 43)
print(f'MSE = {mse:.4f} | RMSE = {np.sqrt(mse):.4f} | MAE = {mae:.4f}')
print('=' * 43)
===========================================
MSE = 0.4300 | RMSE = 0.6558 | MAE = 0.5073
===========================================
```

这些指标对于比较不同的模型很有用，但解释 MSE 和 RMSE 可能很困难。

可视化模型结果的最佳工具是散点图（scatter plot），其中水平轴代表预测值，垂直轴代表真实值。

Seaborn 有一个专门用于此类可视化的函数：regplot()，其具体使用方法如下：

```
fig = sns.regplot(x=data.y[data.test_mask].numpy(), y=y_pred)
```

绘图结果如图 6.7 所示。

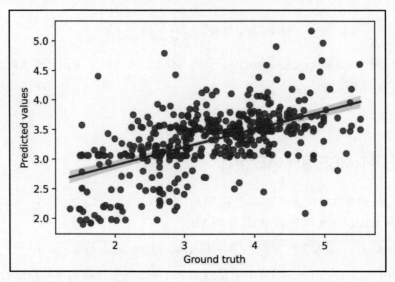

图 6.7　真实值（$x$ 轴）与预测值（$y$ 轴）对比

　　在本示例中，我们没有可用的基线，但这是一个不错的预测，几乎没有异常值。尽管数据集极简，但该模型应该在很多任务中都是有效的。如果要改进这些结果，则可以调整超参数并进行更多误差分析以了解异常值的来源。

# 6.5　小　　结

　　本章改进了普通图神经网络层以正确归一化特征。此改进引入了图卷积网络层和智能归一化。我们将这种新架构与 Node2Vec 以及普通图神经网络在 Cora 和 Facebook Page-Page 数据集上的性能表现进行了比较。由于这种归一化过程，图卷积网络在这两种数据集上都获得了最高的准确率分数。

　　最后，我们还将图卷积网络应用于 Wikipedia Network 数据集的节点回归，并学习了如何处理这个新任务。

　　在第 7 章"图注意力网络"中，我们将更进一步，根据相邻节点的重要性来区分它们。我们将看到如何通过称为自注意力（self-attention）的过程自动给节点特征加权。这也将提高模型的性能，我们将通过图注意力网络与图卷积网络架构的比较看到这一点。

# 6.6　延　伸　阅　读

[1] T. N. Kipf and M. Welling, Semi-Supervised Classification with Graph Convolutional Networks. arXiv, 2016. DOI: 10.48550/ARXIV.1609.02907.

https://arxiv.org/abs/1609.02907

[2] B. Rozemberczki, C. Allen, and R. Sarkar, Multi-scale Attributed Node Embedding. arXiv, 2019. DOI: 10.48550/ARXIV.1909.13021.

https://arxiv.org/abs/1909.13021

# 第 7 章　图注意力网络

图注意力网络（graph attention network，GAT）是对图卷积网络的理论上的改进。它提出了通过称为自注意力（self-attention）的过程计算的权重因子，而不是使用静态的归一化系数。值得一提的是，自注意力过程也是目前最成功的深度学习架构之一（指由 BERT 和 GPT-3 推广的 Transformer）的核心。

图注意力网络由 Veličković 等人于 2017 年提出，凭借出色的现成可用性能成为最流行的图神经网络架构之一。

本章将分 4 个步骤学习图注意力层的工作原理。这实际上是理解自注意力一般如何运作的完美例子。这一理论背景将使我们能够在 NumPy 中从头开始实现图注意力层。我们将自己构建矩阵，以了解每一步如何计算它们的值。

本章将在两个节点分类数据集上使用 GAT，其中一个是 Cora 数据集，另一个是名为 CiteSeer 的新数据集。正如上一章所预告的那样，这是进一步分析结果的好机会。

最后，我们还将比较图注意力网络架构与图卷积网络架构的准确率。

到本章结束时，你将能够从头开始实现图注意力层和 PyTorch Geometric（PyG）中的 GAT。你将了解该架构与图卷积网络架构之间的差异。此外，你还将掌握图数据的误差分析工具。

本章包含以下主题：
- ❑　图注意力层简介
- ❑　在 NumPy 中实现图注意力层
- ❑　在 PyTorch Geometric 中实现图注意力网络

# 7.1　技　术　要　求

本章所有代码示例都可以在本书配套 GitHub 存储库中找到，其网址如下：

https://github.com/PacktPublishing/Hands-On-Graph-Neural-Networks-Using-Python/tree/main/Chapter07

在本地计算机上运行代码所需的安装步骤可以在本书的前言中找到。

## 7.2  图注意力层简介

图注意力网络背后的主要思想是某些节点比其他节点更重要。事实上，图卷积层已经体现了这种思想：邻居较少的节点比其他节点更重要，但它主要使用的是 $\dfrac{1}{\sqrt{\deg(i)}\sqrt{\deg(j)}}$ 形式的归一化系数。这种方法有其局限性，因为它只考虑节点度。

相形之下，图注意力层的目标是产生还考虑节点特征重要性的权重因子。

我们将权重因子称为注意力分数（attention score），以 $\alpha_{ij}$ 表示节点 $i$ 和 $j$ 之间的注意力分数。图注意力算子定义如下：

$$h_i = \sum_{j \in N_i} \alpha_{ij} W x_j$$

图注意力网络的一个重要特征是，注意力分数是通过输入的相互比较隐式计算的（它也因此被称为自注意力）。本节将介绍如何通过以下步骤计算这些注意力分数，以及如何改进图注意力层。

- ❑  线性变换。
- ❑  激活函数。
- ❑  softmax 归一化。
- ❑  多头注意力。
- ❑  改进的图注意力层。

首先，让我们看看线性变换与以前的架构有何不同。

### 7.2.1  线性变换

注意力分数代表了中心节点 $i$ 和它的一个邻居 $j$ 之间的重要性。如前文所述，它需要这两个节点的节点特征。在图注意力层中，它表示为隐藏向量 $Wx_i$ 和 $Wx_j$ 之间的连接：$[Wx_i \| Wx_j]$。其中，$W$ 是一个计算隐藏向量的传统的共享权重矩阵。

我们将使用专用的可学习权重矩阵 $W_{att}$ 对此结果应用额外的线性变换。在训练过程中，该矩阵将学习权重以产生注意力系数 $\alpha_{ij}$。

该过程可总结为以下公式：

$$\alpha_{ij} = W_{att}^T [Wx_i \| Wx_j]$$

和传统神经网络一样，其结果将被输出到激活函数。

## 7.2.2　激活函数

非线性是神经网络中逼近非线性目标函数的重要组成部分。这些函数无法通过简单地堆叠线性层来捕获，因为它们的最终结果仍然像单个线性层一样。

在图注意力网络的官方实现中，作者选择了泄漏线性整流函数（leaky rectified linear unit，Leaky ReLU）激活函数（见图 7.1）。该实现的网址如下：

https://github.com/PetarV-/GAT/blob/master/utils/layers.py

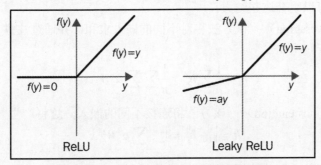

图 7.1　ReLU 与 Leaky ReLU 函数的比较

该函数修复了 ReLU 的垂死问题（即 ReLU 神经元仅输出零的问题）。

这是通过将 Leaky ReLU 函数应用于上一步的输出来实现的：

$$e_{ij} = \text{Leaky ReLU}(\alpha_{ij})$$

但是，现在面临一个新问题：结果值没有归一化。

## 7.2.3　softmax 归一化

想要比较不同的注意力分数，意味着需要相同尺度的归一化值。在机器学习中，通常使用 softmax 函数来实现此目的。

假设 $N_i$ 为节点 $i$ 的邻居节点，包括它自己，则：

$$\alpha_{ij} = \text{soft max}_j(e_{ij}) = \frac{\exp(e_{ij})}{\sum_{k \in N_i} \exp(e_{ik})}$$

此计算的结果可以提供最终的注意力分数 $\alpha_{ij}$。但还有一个问题：自注意力不是很稳定。

### 7.2.4　多头注意力

在 2017 年 Vaswani 等人发表的原始 Transformer 架构的论文中已经注意到自注意力不是很稳定的问题。他们提出的解决方案包括使用自己的注意力分数而不是单个注意力分数来计算多个嵌入。这种技术称为多头注意力（multi-head attention）。

其实现很简单，因为只需重复前面的 3 个步骤多次即可。每个实例都会产生一个嵌入 $h_i^k$，其中，$k$ 是注意力头的索引。

有两种方法可以组合这些结果：

❑　平均（averaging）：该方法将对不同的嵌入求和，并通过注意力头的数量 $n$ 对结果进行归一化。

$$h_i = \frac{1}{n}\sum_{k=1}^{n} h_i^k = \frac{1}{n}\sum_{k=1}^{n}\sum_{j \in N_i} \alpha_{ij}^k W^k x_j$$

❑　连接（concatenation）：该方法将连接不同的嵌入，这将产生一个更大的矩阵。

$$h_i = \bigg\|_{k=1}^{n} h_i^k = \bigg\|_{k=1}^{n} \sum_{j \in N_i} \alpha_{ij}^k W^k x_j$$

在实践中，有一个简单的规则可以知道使用哪一个更合适：

❑　对于隐藏层，可以选择连接方法。

❑　对于网络的最后一层，可以选择平均方法。

整个过程可以用图 7.2 来总结。

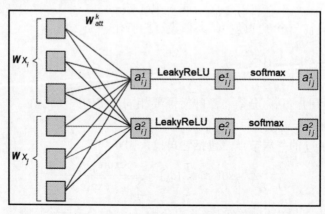

图 7.2　使用多头注意力计算注意力分数

以上就是关于图注意力层理论方面你需要掌握的全部知识。当然，自 2017 年推出以来，该架构也已有改进建议。

## 7.2.5　改进的图注意力层

Brody 等人于 2021 年发表论文，认为图注意力层仅计算静态类型的注意力，这是一个问题，因为有些简单的图问题无法用图注意力网络来表达。因此，他们推出了一个改进版本，称为 GATv2，它将计算更具表现力的动态注意力。

他们的解决方案包括修改计算顺序。权重矩阵 $\boldsymbol{W}$ 在连接之后应用，注意力权重矩阵 $\boldsymbol{W_{att}}$ 在 LeakyReLU 函数之后应用。

总而言之，以下是原始的图注意力算子（graph attentional operator），也就是 GAT 版本的算子：

$$\alpha_{ij} = \frac{\exp\left(\boldsymbol{W}_{att}^{t}\,\mathrm{Leaky\,Re\,LU}\left(\boldsymbol{W}\left[x_i\|x_j\right]\right)\right)}{\sum_{k\in N_i}\exp\left(\boldsymbol{W}_{att}^{t}\,\mathrm{Leaky\,Re\,LU}\left(\boldsymbol{W}\left[x_i\|x_k\right]\right)\right)}$$

以下是修改后的 GATv2 版本的算子：

$$\alpha_{ij} = \frac{\exp\left(\boldsymbol{W}_{att}^{t}\,\mathrm{Leaky\,Re\,LU}\left(\boldsymbol{W}\left[x_i\|x_j\right]\right)\right)}{\sum_{k\in N_i}\exp\left(\boldsymbol{W}_{att}^{t}\,\mathrm{Leaky\,Re\,LU}\left(\boldsymbol{W}\left[x_i\|x_k\right]\right)\right)}$$

我们应该使用哪一个？根据 Brody 等人的说法，GATv2 始终优于 GAT，因此 GATv2 应该是首选。除了理论证明，他们还进行了多个实验来展示 GATv2 与原始图注意力网络相比的性能。

在本章的其余部分中，我们将分别考虑这两个选项：在 7.3 节"在 NumPy 中实现图注意力层"中使用 GAT 版本，而在 7.4 节"在 PyTorch Geometric 中实现图注意力网络"中则使用 GATv2 版本。

# 7.3　在 NumPy 中实现图注意力层

如前文所述，神经网络以矩阵乘法的方式工作。因此，我们需要将单独的嵌入转换为整个图的运算。本节将从头开始实现原始图注意力层，以正确理解自注意力的内部工作原理。当然，这个过程可以重复多次以创建多头注意力。

第一步是将原始图注意力算子转换为矩阵。

在 7.2 节"图注意力层简介"中，定义了以下形式的注意力算子：

$$h_i = \sum_{j\in N_i}\alpha_{ij}\boldsymbol{W}x_j$$

通过从图线性层中获得灵感，我们可以将它改写为以下形式：

$$H = \tilde{A}^T W_\alpha X W^T$$

其中，$W_\alpha$ 是存储每个 $\alpha_{ij}$ 的矩阵。

本示例将以 6.2 节"设计图卷积层"中用过的简单图为例，如图 7.3 所示。

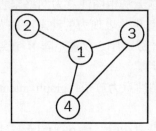

图 7.3　节点具有不同数量邻居的简单的图示例

该图必须提供两个重要信息：具有自循环的邻接矩阵 $\tilde{A}$ 和节点特征 $X$。让我们看看如何在 NumPy 中实现它。

（1）可以根据图 7.3 中的连接构建邻接矩阵：

```
import numpy as np
np.random.seed(0)

A = np.array([
    [1, 1, 1, 1],
    [1, 1, 0, 0],
    [1, 0, 1, 1],
    [1, 0, 1, 1]
])

array([ [1, 1, 1, 1],
        [1, 1, 0, 0],
        [1, 0, 1, 1],
        [1, 0, 1, 1]])
```

（2）对于 $X$ 来说，可以使用 np.random.uniform()生成节点特征的随机矩阵：

```
X = np.random.uniform(-1, 1, (4, 4))

array([ [ 0.0976270, 0.4303787, 0.2055267, 0.0897663],
        [-0.1526904, 0.2917882,-0.1248255, 0.783546 ],
        [ 0.9273255,-0.2331169, 0.5834500, 0.0577898],
        [ 0.1360891, 0.8511932,-0.8579278,-0.8257414]])
```

（3）现在定义权重矩阵。事实上，在图注意力层中，有两个权重矩阵：一个是常规权重矩阵 $W$，另一个是注意力权重矩阵 $W_{att}$。有不同的方法来初始化它们（例如 Xavier 或 He 初始化），但本示例将重用相同的随机函数。

常规权重矩阵 $W$ 必须仔细设计，因为其维度为 (隐藏维度数, 节点数)。请注意，节点数已经固定（为 4），因为它代表 $X$ 中的节点数。相比之下，隐藏维度数的值则是任意的，本示例中将选择 2：

```
W = np.random.uniform(-1, 1, (2, 4))

array([ [-0.9595632, 0.6652396, 0.556313 , 0.740024 ],
        [ 0.9572366, 0.5983171,-0.0770412, 0.5610583]])
```

（4）该注意力矩阵将应用于隐藏向量的连接以产生唯一值。因此，它的大小需要为 $(1, \text{dim\_h} \times 2)$：

```
W_att = np.random.uniform(-1, 1, (1, 4))

array([[-0.7634511, 0.2798420, -0.7132934, 0.8893378]])
```

（5）我们想要连接源节点和目标节点的隐藏向量。一个简单的获取源节点和目标节点对的方法是查看 COO 格式的邻接矩阵 $\tilde{A}$：行存储源节点，列存储目标节点。NumPy 提供了一个快速有效的方法，那就是使用 np.where()：

```
connections = np.where(A > 0)

(   array([0, 0, 0, 0, 1, 1, 2, 2, 2, 3, 3, 3]),
    array([0, 1, 2, 3, 0, 1, 0, 2, 3, 0, 2, 3]))
```

（6）现在可以使用 np.concatenate 连接源节点和目标节点的隐藏向量：

```
np.concatenate([(X @ W.T)[connections[0]], (X @ W.T)
[connections[1]]], axis=1)

array([ [ 0.3733923, 0.3854852, 0.3733923, 0.3854852],
        [ 0.3733923, 0.3854852, 0.8510261, 0.4776527],
        [ 0.3733923, 0.3854852,-0.6775590, 0.7356658],
        [ 0.3733923, 0.3854852,-0.6526841, 0.2423597],
        [ 0.8510261, 0.4776527, 0.3733923, 0.3854852],
        [ 0.8510261, 0.4776527, 0.8510261, 0.4776527],
        [-0.6775590, 0.7356658, 0.3733923, 0.3854852],
        [-0.6775590, 0.7356658,-0.6775590, 0.7356658],
        [-0.6775590, 0.7356658,-0.6526841, 0.2423597],
```

```
      [-0.6526841, 0.2423597, 0.3733923, 0.3854852],
      [-0.6526841, 0.2423597,-0.6775590, 0.7356658],
      [-0.6526841, 0.2423597,-0.6526841, 0.2423597]])
```

（7）使用注意力矩阵 $\boldsymbol{W_{att}}$ 对此结果应用线性变换：

```
a = W_att @ np.concatenate([(X @ W.T)[connections[0]], (X @ W.T)
[connections[1]]], axis=1).T
array([[-0.1007035 ,
-0.35942847, 0.96036209, 0.50390318,
-0.43956122, -0.69828618, 0.79964181, 1.8607074,
1.40424849, 0.64260322, 1.70366881, 1.2472099 ]])
```

（8）将 Leaky ReLU 函数应用于先前的结果：

```
def leaky_relu(x, alpha=0.2):
    return np.maximum(alpha*x, x)

e = leaky_relu(a)
array([[-0.0201407 ,
-0.07188569, 0.96036209, 0.50390318,
-0.08791224, -0.13965724, 0.79964181, 1.8607074,
1.40424849, 0.64260322, 1.70366881, 1.2472099 ]])
```

（9）现在我们有了合适的值，但需要将它们正确地放置在矩阵中。这个矩阵应该看起来像 $\tilde{\boldsymbol{A}}$，因为当两个节点之间没有连接时，不需要非归一化的注意力分数。

为了构建这个矩阵，我们需要知道存在连接的源节点 $i$ 和目的地节点 $j$。因此，$e$ 中的第一个值对应于 $e_{00}$，第二个值对应于 $e_{01}$，但第 7 个值将对应于 $e_{20}$ 而不是 $e_{12}$。我们可以按如下方式填充矩阵：

```
E = np.zeros(A.shape)
E[connections[0], connections[1]] = e[0]

array([ [-0.020140 ,-0.0718856, 0.9603620, 0.5039031 ],
        [-0.0879122,-0.1396572, 0.       , 0.        ],
        [ 0.7996418, 0.       , 1.8607074, 1.4042484 ],
        [ 0.6426032, 0.       , 1.7036688, 1.247209  ]])
```

（10）现在需要归一化每一行的注意力分数。这需要一个自定义的 softmax 函数来产生最终的注意力分数：

```
def softmax2D(x, axis):
    e = np.exp(x - np.expand_dims(np.max(x, axis=axis), axis))
    sum = np.expand_dims(np.sum(e, axis=axis), axis)
```

```
    return e / sum

W_alpha = softmax2D(E, 1)

array([ [0.15862414, 0.15062488, 0.42285965, 0.26789133],
        [0.24193418, 0.22973368, 0.26416607, 0.26416607],
        [0.16208847, 0.07285714, 0.46834625, 0.29670814],
        [0.16010498, 0.08420266, 0.46261506, 0.2930773 ]])
```

（11）注意力矩阵 $W_\alpha$ 将为网络中每个可能的连接提供权重。可以用它来计算嵌入矩阵 $H$，后者应该给出每个节点的二维向量：

```
H = A.T @ W_alpha @ X @ W.T

array([ [-1.10126376, 1.99749693],
        [-0.33950544, 0.97045933],
        [-1.03570438, 1.53614075],
        [-1.03570438, 1.53614075]])
```

我们的图注意力层现在已经完成了！如果要添加多头注意力，则可以在聚合结果之前以不同的 $W$ 和 $W_{att}$ 重复上述步骤。

图注意力算子是开发图神经网络的重要组成部分。接下来，让我们看看如何使用 PyG 创建图注意力网络。

## 7.4　在 PyTorch Geometric 中实现图注意力网络

现在我们对图注意力层的工作原理有了一个完整的了解。这些层可以堆叠起来创建我们选择的新架构：GAT。本节将遵循原始图注意力网络论文的指导原则，使用 PyG 实现我们自己的模型。我们将使用它对 Cora 和 CiteSeer 数据集执行节点分类，再对这些结果进行评论并进行比较。

### 7.4.1　在 Cora 数据集上使用 GATv2 图注意力网络

让我们先从 Cora 数据集开始。

（1）使用 PyG 从 Planetoid 类导入 Cora 数据集：

```
from torch_geometric.datasets import Planetoid
```

```
dataset = Planetoid(root=".", name="Cora")
data = dataset[0]

Data(x=[2708, 1433], edge_index=[2, 10556], y=[2708],
train_mask=[2708], val_mask=[2708], test_mask=[2708])
```

（2）使用 GATv2 层导入必要的库来创建我们自己的图注意力网络类：

```
import torch
import torch.nn.functional as F
from torch_geometric.nn import GATv2Conv
from torch.nn import Linear, Dropout
```

（3）实现 accuracy()函数评估模型的性能：

```
def accuracy(y_pred, y_true):
    return torch.sum(y_pred == y_true) / len(y_true)
```

（4）该类使用两个改进的图注意力层进行初始化。值得一提的是，用于多头注意力的头数据说非常重要。作者表示，8 个头提高了第一层的性能，但对第二层没有任何影响：

```
class GAT(torch.nn.Module):
    def __init__(self, dim_in, dim_h, dim_out, heads=8):
        super().__init__()
        self.gat1 = GATv2Conv(dim_in, dim_h, heads=heads)
        self.gat2 = GATv2Conv(dim_h*heads, dim_out, heads=1)
```

（5）与之前的图卷积网络实现相比，我们添加了两个 dropout 层以防止过拟合。这些层以预定义的概率（本例中为 0.6）随机将输入张量中的一些值归零。

与原始论文一致，我们还使用了指数线性单元（exponential linear unit，ELU）函数，它是 Leaky ReLU 的指数版本：

```
def forward(self, x, edge_index):
    h = F.dropout(x, p=0.6, training=self.training)
    h = self.gat1(h, edge_index)
    h = F.elu(h)
    h = F.dropout(h, p=0.6, training=self.training)
    h = self.gat2(h, edge_index)
    return F.log_softmax(h, dim=1)
```

（6）fit()函数与图卷积网络的相同。据作者介绍，Adam 优化器的参数已经过调整，是匹配 Cora 数据集的最佳值：

```
def fit(self, data, epochs):
    criterion = torch.nn.CrossEntropyLoss()
    optimizer = torch.optim.Adam(self.parameters(),
lr=0.01, weight_decay=0.01)

    self.train()
    for epoch in range(epochs+1):
        optimizer.zero_grad()
        out = self(data.x, data.edge_index)
        loss = criterion(out[data.train_mask],
data.y[data.train_mask])
        acc = accuracy(out[data.train_mask].
argmax(dim=1), data.y[data.train_mask])
        loss.backward()
        optimizer.step()

        if(epoch % 20 == 0):
            val_loss = criterion(out[data.val_mask],
data.y[data.val_mask])
            val_acc = accuracy(out[data.val_mask].
argmax(dim=1), data.y[data.val_mask])
            print(f'Epoch {epoch:>3} | Train Loss:
{loss:.3f} | Train Acc: {acc*100:>5.2f}% | Val Loss:
{val_loss:.2f} | Val Acc: {val_acc*100:.2f}%')
```

（7）test()函数完全相同：

```
@torch.no_grad()
def test(self, data):
    self.eval()
    out = self(data.x, data.edge_index)
    acc = accuracy(out.argmax(dim=1)[data.test_mask],
data.y[data.test_mask])
    return acc
```

（8）创建一个图注意力网络并对其进行 100 个 epoch 的训练：

```
gat = GAT(dataset.num_features, 32, dataset.num_classes)
gat.fit(data, epochs=100)

GAT(
    (gat1): GATv2Conv(1433, 32, heads=8)
    (gat2): GATv2Conv(256, 7, heads=1)
```

```
)
Epoch 0 | Train Loss: 1.978 | Train Acc: 12.86% | Val
Loss: 1.94 | Val Acc: 13.80%
Epoch 20 | Train Loss: 0.238 | Train Acc: 96.43% | Val
Loss: 1.04 | Val Acc: 67.40%
Epoch 40 | Train Loss: 0.165 | Train Acc: 98.57% | Val
Loss: 0.95 | Val Acc: 71.00%
Epoch 60 | Train Loss: 0.209 | Train Acc: 96.43% | Val
Loss: 0.91 | Val Acc: 71.80%
Epoch 80 | Train Loss: 0.172 | Train Acc: 100.00% | Val
Loss: 0.93 | Val Acc: 70.80%
Epoch 100 | Train Loss: 0.190 | Train Acc: 97.86% | Val
Loss: 0.96 | Val Acc: 70.80%
```

（9）输出最终测试准确率：

```
acc = gat.test(data)
print(f'GAT test accuracy: {acc*100:.2f}%')

GAT test accuracy: 81.10%
```

这个准确率分数比使用图卷积网络获得的平均分数略好。将图注意力网络架构应用到第二个数据集后，我们还将进行适当的比较。

## 7.4.2　在 CiteSeer 数据集上使用图注意力网络

本小节将使用一个新的流行数据集进行节点分类，该数据集称为 CiteSeer（MIT 许可）。与 Cora 数据集一样，它代表一个研究论文网络，其中每个连接都是一个引用。CiteSeer 数据集涉及 3327 个节点，其特征代表论文中 3703 个单词的存在（presence，P）或不存在（absence，O）。该数据集的目标是将这些节点正确分类为 6 类。

图 7.4 显示了使用 yEd Live 制作的 CiteSeer 数据绘图。

与 Cora 数据集相比，该数据集的节点数量（从 2708 到 3327）和特征维度（从 1433 到 3703）更大。但是，可以对其应用完全相同的过程。

（1）加载 CiteSeer 数据集：

```
dataset = Planetoid(root=".", name="CiteSeer")
data = dataset[0]
Data(x=[3327, 3703], edge_index=[2, 9104], y=[3327],
train_mask=[3327], val_mask=[3327], test_mask=[3327])
```

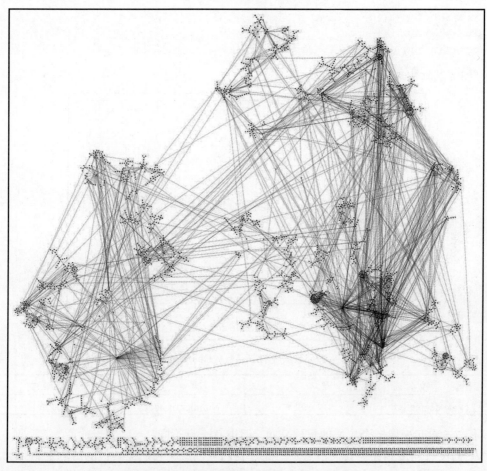

图 7.4　CiteSeer 数据集（使用 yEd Live 制作）

（2）为了更好地进行评估对比，可以使用上一章中的代码绘制每个节点度的节点数：

```
import matplotlib.pyplot as plt
from torch_geometric.utils import degree
from collections import Counter

degrees = degree(dataset[0].edge_index[0]).numpy()

numbers = Counter(degrees)

fig, ax = plt.subplots(dpi=300)
```

```
ax.set_xlabel('Node degree')
ax.set_ylabel('Number of nodes')
plt.bar(numbers.keys(), numbers.values())
```

（3）其输出如图 7.5 所示。

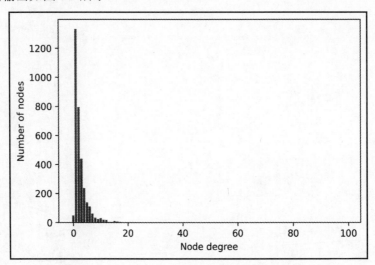

图 7.5　每个节点度的节点数（CiteSeer 数据集）

| 原　　文 | 译　　文 | 原　　文 | 译　　文 |
| --- | --- | --- | --- |
| Node degree | 节点度 | Number of nodes | 节点数量 |

图 7.5 看起来像一个典型的重尾分布，但也有一点不同：一些节点的度为零。换句话说，它们没有连接到任何其他节点。因此，我们可以假设它们比其他的节点更难分类。

（4）使用正确的输入和输出节点数量初始化一个新的图注意力网络模型，并将其训练 100 个 epoch：

```
gat = GAT(dataset.num_features, 16, dataset.num_classes)
gat.fit(data, epochs=100)

Epoch 0 | Train Loss: 1.815 | Train Acc: 15.00% | Val
Loss: 1.81 | Val Acc: 14.20%
Epoch 20 | Train Loss: 0.173 | Train Acc: 99.17% | Val
Loss: 1.15 | Val Acc: 63.80%
Epoch 40 | Train Loss: 0.113 | Train Acc: 99.17% | Val
Loss: 1.12 | Val Acc: 64.80%
Epoch 60 | Train Loss: 0.099 | Train Acc: 98.33% | Val
Loss: 1.12 | Val Acc: 62.40%
```

```
Epoch 80 | Train Loss: 0.130 | Train Acc: 98.33% | Val
Loss: 1.19 | Val Acc: 62.20%
Epoch 100 | Train Loss: 0.158 | Train Acc: 98.33% | Val
Loss: 1.10 | Val Acc: 64.60%
```

（5）得到以下测试准确率分数：

```
acc = gat.test(data)
print(f'GAT test accuracy: {acc*100:.2f}%')

GAT test accuracy: 68.10%
```

这是一个好的结果吗？这一次，我们没有找到比较的意义。

根据 Schur 等人在论文《图神经网络评估的陷阱》（"Pitfalls of Graph Neural Network Evaluation"）中的说法，GAT 在 Cora 数据集上略优于 GCN（82.8%±0.6%对比 81.9%±0.8%），在 CiteSeer 数据集上也是如此（71.0±0.6% 对比 69.5%±0.9%）。作者还指出，这些准确率分数不是正态分布的，这使得标准差的意义不大。在这种类型的基准测试中，记住这一点很重要。

## 7.4.3  验证假设

在前面探索 CiteSeer 数据集时，笔者曾经推测连接不良的节点可能会对性能产生负面影响。现在可以通过绘制每个节点度数的平均准确率分数来验证这个假设。

（1）获得模型的分类：

```
out = gat(data.x, data.edge_index)
```

（2）计算每个节点的度：

```
degrees = degree(data.edge_index[0]).numpy()
```

（3）存储准确率分数和样本大小：

```
accuracies = []
sizes = []
```

（4）使用 np.where()掩码获得 0 到 5 之间每个节点度数的平均准确率：

```
for i in range(0, 6):
    mask = np.where(degrees == i)[0]
    accuracies.append(accuracy(out.argmax(dim=1)[mask], data.y[mask]))
    sizes.append(len(mask))
```

（5）对每个度数高于 5 的节点重复此过程：

```
mask = np.where(degrees > 5)[0]
accuracies.append(accuracy(out.argmax(dim=1)[mask], data.y[mask]))
sizes.append(len(mask))
```

（6）绘制这些准确率分数和相应的节点度：

```
fig, ax = plt.subplots(dpi=300)
ax.set_xlabel('Node degree')
ax.set_ylabel('Accuracy score')
plt.bar(['0','1','2','3','4','5','6+'], accuracies)
for i in range(0, 7):
    plt.text(i, accuracies[i],
f'{accuracies[i]*100:.2f}%', ha='center', color='black')
for i in range(0, 7):
    plt.text(i, accuracies[i]//2, sizes[i], ha='center', color='white')
```

（7）其输出如图 7.6 所示。

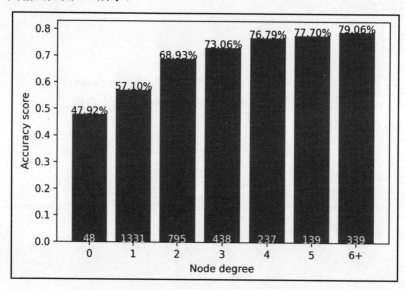

图 7.6　每个节点度的准确率分数（CiteSeer 数据集）

| 原　　文 | 译　　文 | 原　　文 | 译　　文 |
| --- | --- | --- | --- |
| Node degree | 节点度 | Accuracy score | 准确率分数 |

图 7.6 证实了我们的假设：邻居较少的节点更难正确分类。此外，它还表明，一般来说，节点度越高，则准确率分数就越高。这是很自然的，因为更多数量的邻居将为图神

经网络提供更多信息来进行预测。

# 7.5　小　　结

本章介绍了一个新的基本架构：图注意力网络（GAT）。我们详细阐释了其内部运作的 4 个主要步骤，包括线性变换、激活函数、softmax 归一化和多头注意力，并通过在 NumPy 中实现图注意力层来了解它在实践中的工作原理。

最后，本章还将图注意力网络模型（包括 GATv2）应用于 Cora 和 CiteSeer 数据集，它提供了较为出色的准确率分数。我们还证明了，准确率分数取决于节点邻居的数量，这是误差分析的第一步。

在第 8 章“使用 GraphSAGE 扩展图神经网络”中，将介绍一种专用于管理大型图的新架构。为了检验这一说法，我们将在比我们迄今为止所看到的数据集大数倍的新数据集上实现它。我们将讨论转导学习（transductive learning）和归纳学习（inductive learning），它们对于图神经网络从业者来说具有重要的区别。

# 第 3 篇

# 高 级 技 术

本篇将深入研究更先进、更专业的图神经网络架构，这些架构是为了解决各种与图相关的问题而开发的。我们将介绍针对特定任务和领域设计的最先进的图神经网络模型，这些模型可以更有效地应对各种挑战和需求。

此外，我们还将简要介绍若干个可以使用图神经网络解决的新的基于图的任务，例如链接预测和图分类，并通过实际代码示例和实现来演示它们的应用。

到本篇结束时，你将能够理解和实现高级图神经网络架构，并应用它们来解决基于图的问题。你将对专业图神经网络及其各自的优势有全面的了解，并通过代码示例获得实战经验。这些知识可使你具备将图神经网络应用到现实世界用例的技能，并可能帮助你为新的图神经网络架构的开发做出贡献。

本篇包括以下章节：

# 第 8 章　使用 GraphSAGE 扩展图神经网络

GraphSAGE 是一种图神经网络架构，旨在处理大型图。在科技行业，可扩展性（scalability）是增长的关键驱动力。因此，系统本质上是为了容纳数百万用户而设计的。鉴于此，GraphSAGE 成为 Uber Eats（类似"美团"或"饿了么"[①]）和 Pinterest（类似"小红书"[②]）等拥有海量用户的科技公司选择的架构也就不足为奇了。与图卷积网络和图注意力网络相比，这种能力需要图神经网络模型的工作方式发生根本性转变。

本章将阐释 GraphSAGE 背后的两个主要思想。首先，我们将描述其邻居采样（neighbor sampling）技术，这是其在性能方面具有可扩展性的核心；然后，我们将探索用于生成节点嵌入的 3 个聚合算子。除了原始方法，我们还将详细介绍由 Uber Eats 和 Pinterest 公司提出的网络变体。

此外，GraphSAGE 在训练方面提供了新的可能性。我们将采用两种方法来训练图神经网络以完成两项任务，即使用 PubMed 进行节点分类，以及针对蛋白质-蛋白质相互作用（protein-protein interactions）进行多标签分类（multi-label classification）。

最后，我们还将讨论新归纳（inductive）方法的好处以及如何使用它。

到本章结束时，你将了解邻居采样算法的工作原理和原因。你将能够实现它来创建小批量并使用图形处理器（GPU）加速大多数图神经网络架构的训练。此外，你还将掌握图上的归纳学习和多标签分类。

本章包含以下主题：

❑ GraphSAGE 简介
❑ PubMed 数据集上的节点分类
❑ 蛋白质-蛋白质相互作用的归纳学习

## 8.1　技　术　要　求

本章所有代码示例都可以在本书配套 GitHub 存储库中找到，其网址如下：

https://github.com/PacktPublishing/Hands-On-Graph-Neural-Networks-Using-Python/tree/main/Chapter08

---

[①] 译者注。
[②] 译者注。

在本地计算机上运行代码所需的安装步骤可以在本书的前言中找到。

# 8.2　GraphSAGE 简介

Hamilton 等人于 2017 年发布了 GraphSAGE 作为大型图（超过 100000 个节点）上的归纳表示学习（inductive representation learning）的框架（参见 8.6 节"延伸阅读" [1]），其目标是为下游任务（例如节点分类）生成节点嵌入。此外，它还解决了图卷积网络和图注意力网络的两个问题，可扩展到大图和有效泛化到不可见的数据。

本节将通过介绍 GraphSAGE 的两个主要组件（邻居采样和聚合）来解释如何实现它。让我们来仔细看看。

## 8.2.1　邻居采样

到目前为止，我们还没有讨论传统神经网络中的一个基本概念——小批量（mini-batching）。它其实就是将数据集分成称为批次（batch）的更小的片段。它们用于梯度下降（gradient descent），这是一种在训练期间找到最佳权重和偏差的优化算法。

梯度下降分为以下 3 种类型。

❑ 批量梯度下降（batch gradient descent）：在处理整个数据集（每个训练 epoch）后更新权重和偏差。这是我们迄今为止一直在实施的技术。但是，这是一个缓慢的过程，需要数据集能够纳入内存中。

❑ 随机梯度下降（stochastic gradient descent）：数据集中每个训练示例的权重和偏差都会更新。这是一个有噪声的过程，因为误差没有被平均。当然，它可以用于执行在线训练。

❑ 小批量梯度下降（mini-batch gradient descent）：权重和偏差在每个小批量（$n$ 个训练示例）结束时更新。该技术速度更快（因为可以使用 GPU 并行处理小批量），并且可以实现更稳定的收敛。此外，数据集可以超出可用内存，这对于处理大型图至关重要。

在实践中，我们可以使用更高级的优化器，例如 RMSprop 或 Adam，它们也实现了小批量处理。

划分表格数据集很简单，只要选择 $n$ 个样本（也就是 $n$ 行）即可。但是，这对于图数据集来说是一个问题——如何在不破坏基本连接的情况下选择节点？如果不小心，则最终可能会得到一个无法执行任何聚合的孤立节点的集合。

我们必须考虑图神经网络如何使用数据集。每个图神经网络层都根据其邻居计算节点嵌入。这意味着计算嵌入仅需要该节点的直接邻居，即所谓的 1 跳（1 hop）。如果图神经网络有两个 GNN 层，则需要这些邻居和它们自己的邻居，即所谓的 2 跳（2 hops），依此类推（见图 8.1）。网络的其余部分与计算这些单独的节点嵌入无关。

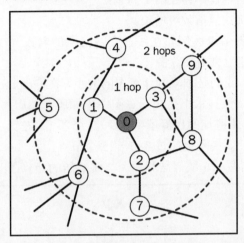

图 8.1　以节点 0 作为目标节点以及 1 跳和 2 跳邻居的图

| 原　　文 | 译　　文 | 原　　文 | 译　　文 |
| --- | --- | --- | --- |
| 1 hop | 1 跳 | 2 hops | 2 跳 |

这项技术允许我们用计算图填充批次，计算图描述了计算节点嵌入的整个操作序列。图 8.2 更直观地展示了节点 0 的计算图。

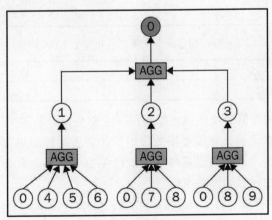

图 8.2　节点 0 的计算图

| 原　　文 | 译　　文 |
|---|---|
| AGG | 聚合（aggregate） |

我们需要聚合 2 跳邻居才能计算 1 跳邻居的嵌入，然后将这些嵌入进行聚合以获得节点 0 的嵌入。但是，这种设计存在两个问题：

❑　计算图相对于跳数呈指数级增长。

❑　连接度非常高的节点（例如在线社交网络上的名人），也称为中心节点（hub node），将创建巨大的计算图。

为了解决这些问题，我们必须限制计算图的大小。在 GraphSAGE 中，作者提出了一种称为邻居采样的技术。该技术不是在计算图中添加所有邻居，而是仅采样预定义数量的邻居。例如，选择在第 1 跳期间仅保留（最多）3 个邻居，在第 2 跳期间保留 5 个邻居。因此，在这种情况下，计算图不会超过 3×5 = 15 个节点。

图 8.3 显示了仅保留两个 1 跳邻居和两个 2 跳邻居的计算图.

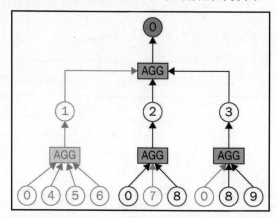

图 8.3　邻居采样仅保留两个 1 跳邻居和两个 2 跳邻居的计算图

| 原　　文 | 译　　文 |
|---|---|
| AGG | 聚合 |

低采样数效率更高，但会使训练更加随机（方差更高）。此外，GNN 层（跳数）的数量必须保持较低，以避免计算图呈指数级增长。邻居采样可以处理大型图，但它也可能导致重要信息被修剪，从而对准确率等性能产生负面影响。此外，计算图涉及大量冗余计算，这使得整个过程的计算效率较低。

尽管如此，这种随机抽样并不是我们可以使用的唯一技术。Pinterest 公司开发了自己的 GraphSAGE 版本，称为 PinSAGE，以便为其推荐系统提供支持（参见 8.6 节 "延伸阅读"[2]）。它使用了随机游走实现另一种采样解决方案。

PinSAGE 保留了固定数量邻居的想法，但实现了随机游走来查看哪些节点是最常遇到的。这个频率决定了它们的相对重要性。PinSAGE 的采样策略使其能够选择最关键的节点，并在实践中被证明更加高效。

## 8.2.2　聚合

现在我们已经了解了如何选择相邻节点，但仍然需要计算嵌入。这是由聚合算子（aggregation operator）或聚合器（aggregator）执行的。在 GraphSAGE 论文中，作者提出了以下 3 种解决方案：

❑　均值聚合器（mean aggregator）。

❑　长短期记忆（long short-term memory，LSTM）聚合器。

❑　池化聚合器（pooling aggregator）。

我们将重点讨论均值聚合器，因为它是最容易理解的。

首先，均值聚合器采用目标节点及其采样邻居的嵌入来对它们进行平均。然后，对该结果应用带有权重矩阵 $W$ 的线性变换。

均值聚合器可以用以下公式来概括：

$$h_i' = \sigma\left(W \cdot \mathrm{mean}_{j \in \tilde{N}_i}(h_j)\right)$$

其中，$\sigma$ 是非线性函数，例如 ReLU 或 tanh。

在 PyG 和 Uber Eats 公司的 GraphSAGE 实现中（参见 8.6 节 "延伸阅读" [3]），使用了两个权重矩阵而不是一个：第一个专用于目标节点，第二个专用于邻居节点。该聚合器可以写成如下形式：

$$h_i' = \sigma\left(W_1 h_i + W_2 \cdot \mathrm{mean}_{j \in N_i}(h_j)\right)$$

LSTM 聚合器基于 LSTM 架构，是一种流行的循环神经网络（recurrent neural network，RNN）类型。

与均值聚合器相比，LSTM 聚合器理论上可以区分更多的图结构，从而产生更好的嵌入。问题在于循环神经网络仅考虑输入序列，例如包含开头和结尾的句子。但是，节点没有任何顺序。因此，我们对节点的邻居进行随机排列来解决这个问题。该解决方案允许我们使用 LSTM 架构，而不依赖于任何输入序列。

池化聚合器分两步工作：首先，每个邻居的嵌入被馈送到多层感知器（MLP）以生成一个新向量；其次，执行元素级别最大值运算以仅保留每个特征的最高值。

除了以上 3 种聚合器，还可以在 GraphSAGE 框架中实现其他聚合器。事实上，

GraphSAGE 背后的主要思想在于其高效的邻居采样。

接下来，我们将使用它对新数据集执行节点分类。

## 8.3　PubMed 数据集上的节点分类

本节将实现 GraphSAGE 架构来对 PubMed 数据集执行节点分类任务。你可以通过 MIT 许可从以下网址获得该数据（参见 8.6 节"延伸阅读"[4]）：

https://github.com/kimiyoung/planetoid

在前面的章节中，我们使用了同一 Planetoid 系列的另外两个引文网络数据集——Cora 和 CiteSeer。PubMed 数据集显示了一个类似但更大的图，它有 19717 个节点和 88648 条边。图 8.4 显示了由 Gephi 创建的该数据集的可视化结果。

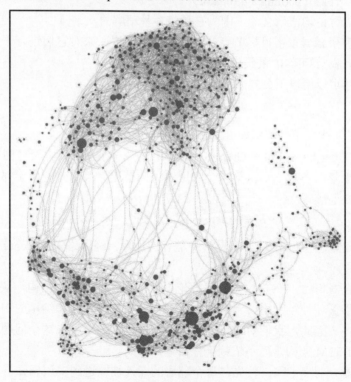

图 8.4　PubMed 数据集的可视化结果

Gephi 工具的网址如下：

https://gephi.org/

PubMed 数据集的节点特征是 500 维的 TF-IDF 加权词向量。目标是将节点正确分为以下 3 类：diabetes mellitus experimental（实验性糖尿病）、diabetes mellitus type 1（1 型糖尿病）和 diabetes mellitus type 2（2 型糖尿病）。

请使用 PyG 按以下步骤操作。

（1）从 Planetoid 类加载 PubMed 数据集并打印有关该图的一些信息：

```python
from torch_geometric.datasets import Planetoid

dataset = Planetoid(root='.', name="Pubmed")
data = dataset[0]

print(f'Dataset: {dataset}')
print('-------------------')
print(f'Number of graphs: {len(dataset)}')
print(f'Number of nodes: {data.x.shape[0]}')
print(f'Number of features: {dataset.num_features}')
print(f'Number of classes: {dataset.num_classes}')

print('Graph:')
print('------')
print(f'Training nodes: {sum(data.train_mask).item()}')
print(f'Evaluation nodes: {sum(data.val_mask).item()}')
print(f'Test nodes: {sum(data.test_mask).item()}')
print(f'Edges are directed: {data.is_directed()}')
print(f'Graph has isolated nodes: {data.has_isolated_nodes()}')
print(f'Graph has loops: {data.has_self_loops()}')
```

（2）这会产生以下输出：

```
Dataset: Pubmed()
-------------------
Number of graphs: 1
Number of nodes: 19717
Number of features: 500
Number of classes: 3

Graph:
------
Training nodes: 60
Evaluation nodes: 500
```

```
Test nodes: 1000
Edges are directed: False
Graph has isolated nodes: False
Graph has loops: False
```

正如你所看到的，1000 个测试节点只有 60 个训练节点，这是相当具有挑战性的（6/94 分割）。对我们来说幸运的是，PubMed 数据集只有 19717 个节点，使用 GraphSAGE 处理时速度会非常快。

（3）GraphSAGE 框架的第一步是邻居采样。PyG 实现了 NeighborLoader 类来执行它。让我们保留目标节点的 10 个邻居和这些邻居自己的 10 个邻居。可以将 60 个目标节点按 16 个节点分批次，这将产生 4 个批次（最后一个批次仅包含 12 个节点）：

```
from torch_geometric.loader import NeighborLoader

train_loader = NeighborLoader(
    data,
    num_neighbors=[10,10],
    batch_size=16,
    input_nodes=data.train_mask,
)
```

（4）打印它们的信息，验证是否获得了 4 个子图（批次）：

```
for i, subgraph in enumerate(train_loader):
    print(f'Subgraph {i}: {subgraph}')

Subgraph 0: Data(x=[400, 500], edge_index=[2, 455],
y=[400], train_mask=[400], val_mask=[400], test_
mask=[400], batch_size=16)
Subgraph 1: Data(x=[262, 500], edge_index=[2, 306],
y=[262], train_mask=[262], val_mask=[262], test_
mask=[262], batch_size=16)
Subgraph 2: Data(x=[275, 500], edge_index=[2, 314],
y=[275], train_mask=[275], val_mask=[275], test_
mask=[275], batch_size=16)
Subgraph 3: Data(x=[194, 500], edge_index=[2, 227],
y=[194], train_mask=[194], val_mask=[194], test_
mask=[194], batch_size=12)
```

（5）这些子图包含的节点超过了 60 个，这是正常的，因为可以对任何邻居进行采样。我们甚至可以使用 matplotlib 的子图功能将它们像图一样绘制：

```
import numpy as np
```

```
import networkx as nx
import matplotlib.pyplot as plt
from torch_geometric.utils import to_networkx

fig = plt.figure(figsize=(16,16))
for idx, (subdata, pos) in enumerate(zip(train_loader,
[221, 222, 223, 224])):
    G = to_networkx(subdata, to_undirected=True)
    ax = fig.add_subplot(pos)
    ax.set_title(f'Subgraph {idx}', fontsize=24)
    plt.axis('off')
    nx.draw_networkx(  G,
                       pos=nx.spring_layout(G, seed=0),
                       with_labels=False,
                       node_color=subdata.y,
                       )
plt.show()
```

（6）其输出如图 8.5 所示。

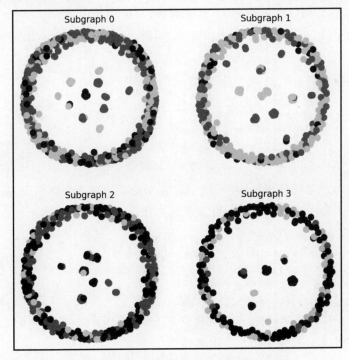

图 8.5　通过邻近采样获得的子图的绘图结果

| 原　文 | 译　文 |
|---|---|
| Subgraph | 子图 |

由于邻居采样的工作方式，这些节点大多数的度数为 1。在本示例中，这不是问题，因为它们的嵌入在计算图中仅使用一次来计算第二层的嵌入。

（7）实现以下函数来评估模型的准确率：

```
def accuracy(pred_y, y):
    return ((pred_y == y).sum() / len(y)).item()
```

（8）使用两个 SAGEConv 层创建一个 GraphSAGE 类（默认选择均值聚合器）：

```
import torchmport torch.nn.functional as F
from torch_geometric.nn import SAGEConv

class GraphSAGE(torch.nn.Module):
    def __init__(self, dim_in, dim_h, dim_out):
        super().__init__()
        self.sage1 = SAGEConv(dim_in, dim_h)
        self.sage2 = SAGEConv(dim_h, dim_out)
```

（9）嵌入是使用两个均值聚合器计算的。另外，这里还需要使用非线性函数（ReLU）和 dropout 层：

```
def forward(self, x, edge_index):
    h = self.sage1(x, edge_index)
    h = torch.relu(h)
    h = F.dropout(h, p=0.5, training=self.training)
    h = self.sage2(h, edge_index)
    return F.log_softmax(h, dim=1)
```

（10）现在我们必须考虑批次，因此 fit()函数必须更改为循环遍历 epoch，然后遍历批次。要测量的指标必须在每个 epoch 重新初始化：

```
def fit(self, data, epochs):
    criterion = torch.nn.CrossEntropyLoss()
    optimizer = torch.optim.Adam(self.parameters(), lr=0.01)
    self.train()
    for epoch in range(epochs+1):
        total_loss, val_loss, acc, val_acc = 0, 0, 0, 0
```

（11）第二个循环在每个批次上训练模型：

```
for batch in train_loader:
```

```
    optimizer.zero_grad()
    out = self(batch.x, batch.edge_index)
    loss = criterion(out[batch.train_mask],
batch.y[batch.train_mask])
    total_loss += loss
    acc += accuracy(out[batch.train_mask].
argmax(dim=1), batch.y[batch.train_mask])
    loss.backward()
    optimizer.step()

    # 验证
    val_loss += criterion(out[batch.val_
mask], batch.y[batch.val_mask])
    val_acc += accuracy(out[batch.val_mask].
argmax(dim=1), batch.y[batch.val_mask])
```

（12）要打印指标，必须将它们除以批次数来表示一个 epoch：

```
if epoch % 20 == 0:
    print(f'Epoch {epoch:>3} | Train
Loss: {loss/len(train_loader):.3f} | Train Acc: {acc/
len(train_loader)*100:>6.2f}% | Val Loss: {val_loss/
len(train_loader):.2f} | Val Acc: {val_acc/len(train_
loader)*100:.2f}%')
```

（13）test()函数没有改变，因为测试集未使用批次：

```
@torch.no_grad()
def test(self, data):
    self.eval()
    out = self(data.x, data.edge_index)
    acc = accuracy(out.argmax(dim=1)[data.test_mask],
data.y[data.test_mask])
    return acc
```

（14）创建一个隐藏维度为 64 的模型并训练它 200 个 epoch：

```
graphsage = GraphSAGE(dataset.num_features, 64, dataset.num_classes)
print(graphsage)
graphsage.fit(data, 200)
```

（15）其输出如下：

```
GraphSAGE(
    (sage1): SAGEConv(500, 64, aggr=mean)
```

```
    (sage2): SAGEConv(64, 3, aggr=mean)
)
Epoch 0 | Train Loss: 0.317 | Train Acc: 28.77% | Val
Loss: 1.13 | Val Acc: 19.55%
Epoch 20 | Train Loss: 0.001 | Train Acc: 100.00% | Val
Loss: 0.62 | Val Acc: 75.07%
Epoch 40 | Train Loss: 0.000 | Train Acc: 100.00% | Val
Loss: 0.55 | Val Acc: 80.56%
Epoch 60 | Train Loss: 0.000 | Train Acc: 100.00% | Val
Loss: 0.35 | Val Acc: 86.11%
Epoch 80 | Train Loss: 0.002 | Train Acc: 100.00% | Val
Loss: 0.64 | Val Acc: 73.58%
Epoch 100 | Train Loss: 0.000 | Train Acc: 100.00% | Val
Loss: 0.79 | Val Acc: 74.72%
Epoch 120 | Train Loss: 0.000 | Train Acc: 100.00% | Val
Loss: 0.71 | Val Acc: 76.75%
Epoch 140 | Train Loss: 0.000 | Train Acc: 100.00% | Val
Loss: 0.75 | Val Acc: 67.50%
Epoch 160 | Train Loss: 0.000 | Train Acc: 100.00% | Val
Loss: 0.63 | Val Acc: 73.54%
Epoch 180 | Train Loss: 0.000 | Train Acc: 100.00% | Val
Loss: 0.47 | Val Acc: 86.11%
Epoch 200 | Train Loss: 0.000 | Train Acc: 100.00% | Val
Loss: 0.48 | Val Acc: 78.37%
```

可以看到，两个 SAGEConv 层自动选择了均值聚合器。

（16）最后在测试集上进行测试：

```
acc = graphsage.test(data)
print(f'GraphSAGE test accuracy: {acc*100:.2f}%')

GraphSAGE test accuracy: 74.70%
```

考虑到该数据集不利的训练/测试集拆分，获得 74.70%的测试准确率可以说还算不错。但是，GraphSAGE 在 PubMed 数据集上的平均准确率低于 GCN（-0.5%）或 GAT（-1.4%），那么我们为什么还要使用它呢？

当你实际训练这 3 个模型时，答案就很明显了——GraphSAGE 速度极快。在消费级 GPU 上，它比 GCN 快 4 倍，比 GAT 快 88 倍。即使 GPU 内存不是问题，GraphSAGE 也可以处理更大的图，从而产生比小型网络更好的结果。

为了完成对 GraphSAGE 架构的深入研究，接下来，我们还必须讨论它的另一个特性——归纳能力。

## 8.4　蛋白质-蛋白质相互作用的归纳学习

在图神经网络中，有必要区分两种类型的学习：归纳学习（inductive learning）和转导学习（transductive learning）。它们可以概括如下：

❑　在归纳学习中，图神经网络在训练期间仅看到训练集中的数据。这是机器学习中典型的监督学习设置。在这种情况下，标签用于调整图神经网络的参数。

❑　在转导学习中，图神经网络在训练期间可以查看训练集和测试集的数据。当然，它仅从训练集中学习数据。在这种情况下，标签用于信息传播。

转导的情况你应该很熟悉，因为它是迄今为止我们讨论过的唯一一种情况。事实上，你可以在前面的示例中看到，GraphSAGE 在训练期间使用整个图进行预测（self(batch.x, batch.edge_index)）。然后，屏蔽了这些预测的一部分以计算损失并仅使用训练数据训练模型（criterion(out[batch.train_mask], batch.y[batch.train_mask])）。

转导学习只能生成固定图的嵌入，不能推广到未见过的节点或图。但是，由于使用了邻居采样，GraphSAGE 被设计为通过修剪的计算图在局部级别进行预测。它被认为是归纳框架，因为它可以应用于具有相同特征模式的任何计算图。

让我们将其应用到一个新的数据集——Agrawal 等人发布的蛋白质-蛋白质相互作用（protein-protein interaction，PPI）网络（参见 8.6 节"延伸阅读"[5]）。该数据集是 24 个图的集合，其中的节点（21557 个）是人类蛋白质，边（342353 条）是人类细胞中蛋白质之间的物理相互作用。图 8.6 显示了用 Gephi 制作的 PPI 数据的可视化结果。

该数据集的目标是使用 121 个标签执行多标签分类。这意味着每个节点可以有 0 到 121 个标签。这与多类分类不同，多类分类中每个节点只有一个类。

现在可以使用 PyG 实现一个新的 GraphSAGE 模型。

（1）使用 3 个不同的拆分集加载 PPI 数据集，即训练集、验证集和测试集：

```
from torch_geometric.datasets import PPI

train_dataset = PPI(root=".", split='train')
val_dataset = PPI(root=".", split='val')
test_dataset = PPI(root=".", split='test')
```

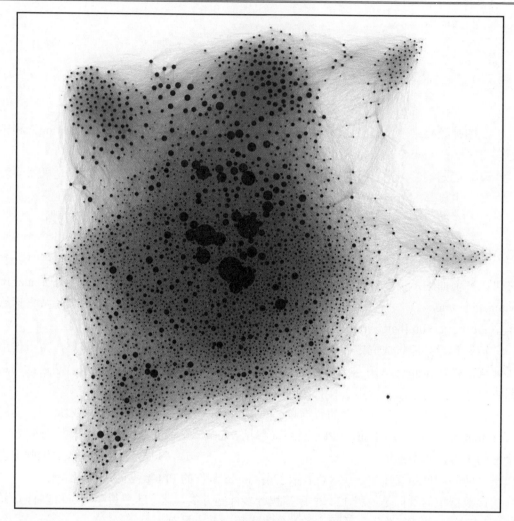

图 8.6　PPI 网络数据集的可视化结果

（2）训练集包含 20 个图，而验证集和测试集只有 2 个图。我们希望将邻居采样应用于训练集。为了方便起见，可以使用 Batch.from_data_list()将所有训练图统一在一个集合中，然后应用邻居采样：

```python
from torch_geometric.data import Batch
from torch_geometric.loader import NeighborLoader

train_data = Batch.from_data_list(train_dataset)
loader = NeighborLoader(train_data, batch_size=2048,
```

```
shuffle=True, num_neighbors=[20, 10], num_workers=2,
persistent_workers=True)
```

（3）训练集准备就绪。现在可以使用 DataLoader 类创建批次。定义 batch_size 的值为 2，对应于每个批次中图的数量：

```
from torch_geometric.loader import DataLoader

train_loader = DataLoader(train_dataset, batch_size=2)
val_loader = DataLoader(val_dataset, batch_size=2)
test_loader = DataLoader(test_dataset, batch_size=2)
```

（4）这些批次的主要好处之一是它们可以在 GPU 上处理。如果 GPU 可用，则使用 GPU，否则使用 CPU：

```
device = torch.device('cuda' if torch.cuda.is_available() else 'cpu')
```

（5）我们可以直接使用 torch_geometric.nn 中的 PyTorch Geometric 实现，而不是自己实现 GraphSAGE。本示例将用 2 层和隐藏维度 512 来初始化它。此外，还需要使用 to(device)将模型放置在与数据相同的设备上：

```
from torch_geometric.nn import GraphSAGE

model = GraphSAGE(
    in_channels=train_dataset.num_features,
    hidden_channels=512,
    num_layers=2,
    out_channels=train_dataset.num_classes,
).to(device)
```

（6）fit()函数与我们在上一节中使用的函数类似，但有两点不同。

首先，我们希望尽可能将数据移动到 GPU。其次，由于每批有两个图，因此单个损失需要乘以 2（data.num_graphs）：

```
criterion = torch.nn.BCEWithLogitsLoss()
optimizer = torch.optim.Adam(model.parameters(), lr=0.005)

def fit():
    model.train()

    total_loss = 0
    for data in train_loader:
        data = data.to(device)
        optimizer.zero_grad()
        out = model(data.x, data.edge_index)
```

```
        loss = criterion(out, data.y)
        total_loss += loss.item() * data.num_graphs
        loss.backward()
        optimizer.step()
    return total_loss / len(train_loader.dataset)
```

在 test()函数中,利用了 val_loader 和 test_loader 有两个图且 batch_size 值为 2 的事实。这意味着这两个图属于同一个批次,不需要像训练期间那样循环遍历这些 loader。

（7）现在可以使用另一个指标——F1 分数（F1 score）来代替准确率。它对应于精确率（precision）和召回率（recall）的调和平均值。但是，我们的预测是 121 维实数向量，因此需要将它们转换为二进制向量，使用 out > 0 将它们与 data.y 进行比较：

```
from sklearn.metrics import f1_score
@torch.no_grad()
def test(loader):
    model.eval()
    data = next(iter(loader))
    out = model(data.x.to(device), data.edge_index.to(device))
    preds = (out > 0).float().cpu()
    y, pred = data.y.numpy(), preds.numpy()
    return f1_score(y, pred, average='micro') if pred.
sum() > 0 else 0
```

（8）训练模型 300 个 epoch，并在训练期间打印，验证 F1 分数：

```
for epoch in range(301):
    loss = fit()
    val_f1 = test(val_loader)
    if epoch % 50 == 0:
        print(f'Epoch {epoch:>3} | Train Loss: {loss:.3f}
| Val F1 score: {val_f1:.4f}')


Epoch 0 | Train Loss: 0.589 | Val F1-score: 0.4245
Epoch 50 | Train Loss: 0.194 | Val F1-score: 0.8400
Epoch 100 | Train Loss: 0.143 | Val F1-score: 0.8779
Epoch 150 | Train Loss: 0.123 | Val F1-score: 0.8935
Epoch 200 | Train Loss: 0.107 | Val F1-score: 0.9013
Epoch 250 | Train Loss: 0.104 | Val F1-score: 0.9076
Epoch 300 | Train Loss: 0.090 | Val F1-score: 0.9154
```

（9）最后，计算测试集上的 F1 分数：

```
print(f'Test F1 score: {test(test_loader):.4f}')
Test F1 score: 0.9360
```

可以看到，我们在归纳学习中获得了 0.9360 这样出色的 F1 分数。当增大或减小隐藏维度时，该值会发生显著变化。你可以尝试使用不同的值，例如 128 或 1024 而不是 512。

如果仔细查看代码，你会发现其中没有涉及屏蔽。事实上，这里的归纳学习是由 PPI 数据集强制进行的，训练集、验证集和测试集数据位于不同的图和加载器中。当然，你也可以使用 Batch.from_data_list() 合并它们，然后回到转导学习。

还可以使用无监督学习来训练没有标签的 GraphSAGE。当标签稀缺或由下游应用程序提供时，这特别有用。但是，它需要一个新的损失函数来鼓励附近的节点具有相似的表示，同时确保远处的节点具有远处的嵌入：

$$J_g(h_i) = -\log\left(\sigma(h_i^T h_j)\right) - Q \cdot E_{j_n \sim P_n(j)} \log\left(\sigma(-h_i^T h_{j_n})\right)$$

其中，$j$ 是随机游走中 $u$ 的邻居，$\sigma$ 是 sigmoid 函数，$P_n(j)$ 是 $j$ 负采样的分布，$Q$ 是负样本的数量。

最后，PinSAGE 和 Uber Eats 公司的 GraphSAGE 版本是推荐系统。由于该应用的性质和需要，它们将无监督设置与不同的损失结合起来。它们的目标是对每个用户最相关的实体（食物、餐馆和个人身份识别码等）进行排名，这是一项完全不同的任务。为了实现这一点，它们考虑了嵌入对的最大边际排名损失。

如果需要扩大图神经网络的规模，则还可以考虑其他解决方案。以下是两种标准技术的简要描述：

❑ Cluster-GCN（参见 8.6 节"延伸阅读"[6]）为如何创建小批量的问题提供了不同的答案。它将图划分为孤立的社区，而不是邻居采样。然后将这些社区作为独立图进行处理，这可能会对生成的嵌入的质量产生负面影响。

❑ 简化图神经网络可以减少训练和推理时间。实际上，简化操作包括丢弃非线性激活函数。然后可以使用线性代数将线性层压缩为一个矩阵乘法。当然，这些简化版本在小数据集上不如真实的图神经网络准确，但对于大型图，例如 Twitter（参见 8.6 节"延伸阅读"[7]）来说很有效。

正如你所看到的，GraphSAGE 是一个灵活的框架，可以根据目标进行调整。即使你不打算重复使用其一模一样的公式，也可以参照它发布的总体上对图神经网络架构产生重大影响的关键概念。

# 8.5　小　　结

本章介绍了 GraphSAGE 框架及其两个组件——邻居采样算法和 3 个聚合算子。邻居采样是 GraphSAGE 在短时间内处理大型图的能力的核心。它还负责其归纳设置，这使得它能够将预测推广到看不见的节点和图。

我们在 PubMed 数据集上测试了转导学习，并在 PPI 数据集上测试了归纳学习，以执行一项新任务——多标签分类。虽然不如 GCN 或 GAT 准确，但 GraphSAGE 是一种流行且高效的处理大量数据的框架。

在第 9 章"定义图分类的表达能力"中，我们将尝试阐明图神经网络在表示方面的强大之处。该章将介绍一种著名的图算法，称为 Weisfeiler-Lehman 同构测试（Weisfeiler-Lehman isomorphism test）。它将作为评估众多图神经网络架构（包括图同构网络）理论性能的基准。我们还将应用这个图神经网络来执行一项新的常见任务——图分类。

# 8.6　延　伸　阅　读

[1] W. L. Hamilton, R. Ying, and J. Leskovec. Inductive Representation Learning on Large Graphs. arXiv, 2017. DOI: 10.48550/ARXIV.1706.02216.

[2] R. Ying, R. He, K. Chen, P. Eksombatchai, W. L. Hamilton, and J. Leskovec. Graph Convolutional Neural Networks for Web-Scale Recommender Systems. Jul. 2018. DOI: 10.1145/3219819.3219890.

[3] Ankit Jain. Food Discovery with Uber Eats: Using Graph Learning to Power Recommendations:

https://www.uber.com/en-US/blog/uber-eats-graphlearning/

[4] Galileo Mark Namata, Ben London, Lise Getoor, and Bert Huang. Query-Driven Active Surveying for Collective Classification. International Workshop on Mining and Learning with Graphs. 2012.

[5] M. Agrawal, M. Zitnik, and J. Leskovec. Large-scale analysis of disease pathways in the human interactome. Nov. 2017. DOI: 10.1142/9789813235533_0011.

[6] W.-L. Chiang, X. Liu, S. Si, Y. Li, S. Bengio, and C.-J. Hsieh. Cluster-GCN. Jul. 2019. DOI: 10.1145/3292500.3330925.

[7] F. Frasca, E. Rossi, D. Eynard, B. Chamberlain, M. Bronstein, and F. Monti. SIGN: Scalable Inception Graph Neural Networks. arXiv, 2020. DOI: 10.48550/ARXIV.2004.11198.

# 第9章 定义图分类的表达能力

在上一章中，我们牺牲了一点点的准确率换取了模型的可扩展性，使得它可以快速处理具有海量节点的大图。我们看到这样的模型在推荐系统等应用中发挥了重要作用。但是，它也提出了一些关于图神经网络如何做到更准确的问题，这种精确率从何而来？我们可以利用这些知识来设计更好的图神经网络吗？

本章将通过介绍 Weisfeiler-Leman（WL）测试来阐明图神经网络的强大之处。这个测试将为我们提供理解图神经网络中的一个基本概念——表达能力（expressiveness）的框架。我们将用它来比较不同的图神经网络层，看看哪一层最具表达能力。然后，该结果将用于设计比图卷积网络（GCN）、图注意力网络（GAT）和 GraphSAGE 更强大的图神经网络。

最后，本章还将使用 PyTorch Geometric 来实现它以执行新任务——图分类。我们将在 PROTEINS 数据集上实现一个新的图神经网络。PROTEINS 数据集中包含 1113 个代表蛋白质的图。我们将比较不同的图分类方法并分析其结果。

到本章结束时，你将了解是什么使图神经网络具有表达能力以及如何衡量它。你将能够基于 WL 测试实现新的图神经网络架构，并使用各种技术执行图分类。

本章包含以下主题：

❑ 定义表达能力
❑ 图同构网络简介
❑ 使用 GIN 对图进行分类

## 9.1 技 术 要 求

本章所有代码示例都可以在本书配套 GitHub 存储库中找到，其网址如下：

https://github.com/PacktPublishing/Hands-On-Graph-Neural-Networks-Using-Python/tree/main/Chapter09

在本地计算机上运行代码所需的安装步骤可以在本书的前言中找到。

# 9.2　定义表达能力

神经网络可用于逼近函数。这是由全局逼近定理（universal approximation theorem，也称为通用逼近定理）证明的，该定理指出，只有一层的前馈神经网络（feedforward neural network，FNN）可以逼近任何平滑函数。一个包含足够多隐藏层神经元的多层前馈网络能以任意精度逼近任何连续函数。但是，图上的通用函数逼近是怎么做到这一点的呢？这是一个比较复杂的问题，需要仔细讨论一下图结构的能力。

对于图神经网络，我们的目标是产生尽可能最佳的节点嵌入。这意味着不同的节点必须具有不同的嵌入，并且相似的节点必须具有相似的嵌入。

但是，如何知道两个节点是相似的呢？鉴于嵌入是使用节点特征和连接来计算的，因此，可以通过比较它们的特征和邻居来区分节点。

在图论中，这被称为图同构（isomorphism）问题。如果两个图具有相同的连接，则它们是同构的（"相同"），它们唯一的区别是节点的排列（见图 9.1）。1968 年，Weisfeiler 和 Lehman（参见 9.6 节"延伸阅读"[1]）提出了一种有效的算法来解决这个问题，现在称之为 WL 测试（WL test）。

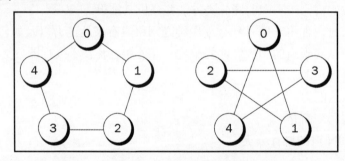

图 9.1　两个同构图的示例

WL 测试旨在构建图的规范形式（canonical form），这样就可以通过比较两个图的规范形式来检查它们是否同构。

当然，该测试并不完美，非同构图也可以共享相同的规范形式。这可能令人惊讶，但这是一个尚未完全解决的复杂问题。例如，WL 算法的复杂度就是未知的。

WL 测试的工作原理如下：

（1）一开始，图中的每个节点都接收相同的颜色。

（2）每个节点聚合自己的颜色和邻居的颜色。

（3）结果被输入到生成新颜色的哈希函数。

（4）每个节点聚合其新颜色及其邻居的新颜色。

（5）结果被输入到生成新颜色的哈希函数。

（6）重复上述步骤，直到不再有节点改变颜色。

图 9.2 总结了 WL 算法。

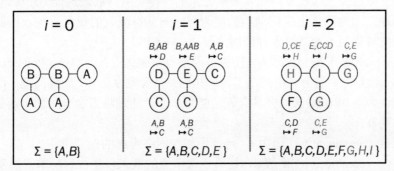

图 9.2　应用 WL 算法获取图的规范形式

由此产生的颜色为我们提供了图的规范形式。如果两个图不共享相同的颜色，则它们不是同构的。反过来，如果它们获得相同的颜色，我们也不能确定它们就是同构的。

上述步骤你应该感到熟悉，因为它们与图神经网络的执行惊人地接近。你可以将颜色视为嵌入的一种形式，哈希函数是聚合器，但它又不仅仅是一个聚合器。哈希函数特别适合此任务。如果我们用另一个函数替换它，比如平均值或最大值聚合器（参见第 8 章示例），那么它还会同样有效吗？

让我们看看每个算子的结果：

❑ 使用均值聚合器时，如果有 1 个蓝色节点和 1 个红色节点，或者 10 个蓝色节点和 10 个红色节点，则会产生相同的嵌入（一半蓝色和一半红色）。

❑ 使用最大值聚合器时，在上面所说的示例中将忽略一半的节点，因此嵌入中将只会包含蓝色或红色。

❑ 使用求和聚合器时，每个节点都会对最终嵌入做出贡献；具有 1 个红色节点和 1 个蓝色节点时获得的嵌入与具有 10 个蓝色节点和 10 个红色节点时获得的嵌入显然是不一样的。

事实上，求和聚合器比其他两个聚合器可以区分更多的图结构。如果遵循这个逻辑，则只能意味着一件事——我们迄今为止使用的聚合器并不是最理想的，因为它们的表达能力严格来说都不如求和聚合器。

可以利用这些知识来构建更好的图神经网络吗？接下来，就让我们看看基于这个思想的图同构网络（graph isomorphism network，GIN）。

## 9.3　图同构网络简介

在上一节中已经介绍过，前面章节中介绍的图神经网络的表达能力不如 WL 测试。这是一个问题，因为区分更多图结构的能力似乎与获得嵌入的质量有关。因此，本节将把该理论框架转化为一种新的图神经网络架构——GIN。

Xu 等人于 2018 年在一篇题为《图神经网络有多强大？》（"How Powerful are Graph Neural Networks？"）的论文中提出了图同构网络（参见 9.6 节"延伸阅读"[2]），图同构网络被设计为与 WL 测试一样具有表达能力。作者通过将聚合分为两个函数来概括我们对聚合的观察：

❑　聚合（aggregate）：函数 $f$，选择图神经网络考虑的相邻节点。

❑　组合（combine）：函数 $\phi$，组合所选节点的嵌入以生成目标节点的新嵌入。

节点 $i$ 的嵌入可以写成如下形式：

$$h_i' = \phi\left(h_i, f\left(\left\{h_j : j \in N_i\right\}\right)\right)$$

在使用图卷积网络的情况下，函数 $f$ 将聚合节点 $i$ 的每个邻居，而函数 $\phi$ 则应用特定的均值聚合器。

在使用 GraphSAGE 的情况下，邻域采样就是 $f$ 函数，而函数 $\phi$ 则有 3 个选项——均值、LSTM 和最大值聚合器。

那么，在图同构网络中，这些函数是什么呢？

Xu 等人认为，它们必须是单射（injective）的。如图 9.3 所示，单射函数可以将不同的输入映射到不同的输出。这正是我们想要区分的图结构。如果函数不是单射的，则最终会得到不同输入的相同输出。在这种情况下，嵌入的价值会降低，因为它们包含的信息较少。

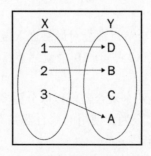

图 9.3　单射函数的映射示意图

图同构网络论文的作者使用了一个很巧妙的技术来设计这两个函数（他们只是对它

们进行近似）。在图注意力网络层中，学习的是自注意力权重。而在图同构网络中，根据通用逼近定理，我们可以使用单个 MLP 来学习这两个函数：

$$h_i' = \text{MLP}\left[(1 + \varepsilon) \cdot h_i + \sum_{j \in N_i} h_j\right]$$

其中，$\varepsilon$ 是一个可学习的参数或固定标量，代表目标节点的嵌入与其邻居节点的嵌入相比的重要性。论文作者还强调，多层感知器（MLP）必须有更多层（超过一层）来区分特定的图结构。

现在我们有了一个与 WL 测试一样具有表达能力的图神经网络。还能做得更好吗？答案是肯定的。WL 测试可以推广到称为 k-WL 的更高级别测试的分层结构。k-WL 测试不考虑单个节点，而是查看节点的 $k$ 元组。这意味着它们不是局部的，因为它们可以查看远处的节点。这也是为什么在 $k \geqslant 2$ 的情况下，$(k + 1)$ -WL 测试可以比 $k$-WL 测试区分更多的图结构。

目前研究人员已经提出了若干种基于 $k$-WL 测试的架构，例如 Morris 等人发布的 k-GNN（参见 9.6 节"延伸阅读"[3]）。虽然这些架构可以帮助我们更好地理解图神经网络的工作原理，但与表达能力较差的模型（例如图神经网络或图注意力网络）相比，它们在实践中往往表现不佳（参见 9.6 节"延伸阅读"[4]）。但这并不是说它们不可取，相反，它们在图分类的特定应用场景中仍有其优势或潜力，接下来就让我们仔细看看。

## 9.4　使用 GIN 对图进行分类

我们可以直接实现图同构网络模型来进行节点分类，但这种架构对于执行图分类更有优势。本节将介绍如何使用全局池化（global pooling）技术将节点嵌入转换为图嵌入，然后将这些技术应用于 PROTEINS 数据集，并比较使用 GIN 和 GCN 模型获得的结果。

### 9.4.1　图分类

图分类基于图神经网络生成的节点嵌入。此操作通常称为全局池化或图级读出（graph-level readout），有以下 3 种简单的实现方法。

❑ 全局平均池化（mean global pooling）：通过平均图中每个节点的嵌入来获得图嵌入，其公式如下。

$$h_G = \frac{1}{N} \sum_{i=0}^{N} h_i$$

❑ 全局最大值池化（max global pooling）：通过为每个节点维度选择最高值来获得

图嵌入，其公式如下。

$$h_G = \max_{i=0}^{N}(h_i)$$

❑　全局求和池化（sum global pooling）：通过对图中每个节点的嵌入求和来获得图嵌入，其公式如下。

$$h_G = \sum_{i=0}^{N} h_i$$

基于我们在 9.2 节"定义表达能力"中的讨论，相信你已经理解，严格来说，全局求和池化要比其他两种技术具有更好的表达能力。GIN 的作者也指出，要考虑所有结构信息，就有必要考虑图神经网络每一层产生的嵌入。总之，我们将连接图神经网络的 $k$ 层中每一层产生的节点嵌入的总和：

$$h_G = \sum_{i=0}^{N} h_i^0 \,\big\|\cdots\big\| \sum_{i=0}^{N} h_i^k$$

该解决方案巧妙地将求和算子的表达能力与连接提供的每层内存结合了起来。

## 9.4.2　实现 GIN

本节将在 PROTEINS 数据集（参见 9.6 节"延伸阅读"[5]、[6]、[7]）上使用之前的图级读出函数实现一个图同构网络（GIN）模型。

PROTEINS 数据集包含 1113 个代表蛋白质的图，其中每个节点表示一个氨基酸。当两个节点的距离小于 0.6nm 时，会有一条边连接两个节点。该数据集的目标是将每种蛋白质分类为酶（enzyme）。酶是一种特殊类型的蛋白质，可充当加速细胞内化学反应的催化剂。例如，称为脂肪酶的酶有助于食物的消化。图 9.4 显示了蛋白质的 3D 图。

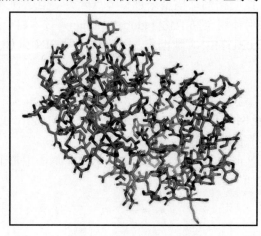

图 9.4　蛋白质 3D 图示例

让我们在 PROTEINS 数据集上实现一个 GIN 模型。

（1）使用 PyTorch Geometric 中的 TUDataset 类导入 PROTEINS 数据集，并打印该数据集的信息：

```
from torch_geometric.datasets import TUDataset

dataset = TUDataset(root='.', name='PROTEINS').shuffle()

print(f'Dataset: {dataset}')
print('-----------------------')
print(f'Number of graphs: {len(dataset)}')
print(f'Number of nodes: {dataset[0].x.shape[0]}')
print(f'Number of features: {dataset.num_features}')
print(f'Number of classes: {dataset.num_classes}')

Dataset: PROTEINS(1113)
-----------------------
Number of graphs: 1113
Number of nodes: 30
Number of features: 0
Number of classes: 2
```

（2）将数据（图）按照 80∶10∶10 的比例拆分为相应的训练集、验证集和测试集：

```
from torch_geometric.loader import DataLoader

train_dataset   = dataset[:int(len(dataset)*0.8)]
val_dataset     = dataset[int(len(dataset)*0.8):int(len(dataset)*0.9)]
test_dataset    = dataset[int(len(dataset)*0.9):]

print(f'Training set   = {len(train_dataset)} graphs')
print(f'Validation set = {len(val_dataset)} graphs')
print(f'Test set       = {len(test_dataset)} graphs')
```

（3）其输出如下：

```
Training set    = 890 graphs
Validation set  = 111 graphs
Test set        = 112 graphs
```

（4）使用 DataLoader 对象将这些拆分数据集转换为小批量，批量大小为 64。这意味着每个批次最多包含 64 个图：

```
train_loader    = DataLoader(train_dataset, batch_size=64, shuffle=True)
```

```
val_loader     = DataLoader(val_dataset, batch_size=64, shuffle=True)
test_loader    = DataLoader(test_dataset, batch_size=64, shuffle=True)
```

（5）可以通过打印每个批次的信息来验证这一点，如下所示：

```
print('\nTrain loader:')
for i, batch in enumerate(train_loader):
    print(f' - Batch {i}: {batch}')

print('\nValidation loader:')
for i, batch in enumerate(val_loader):
    print(f' - Batch {i}: {batch}')

print('\nTest loader:')
for i, batch in enumerate(test_loader):
    print(f' - Batch {i}: {batch}')

Train loader:
    - Batch 0: DataBatch(edge_index=[2, 8622], x=[2365, 0],
y=[64], batch=[2365], ptr=[65])
    - Batch 1: DataBatch(edge_index=[2, 6692], x=[1768, 0],
y=[64], batch=[1768], ptr=[65])
...
    - Batch 13: DataBatch(edge_index=[2, 7864], x=[2102, 0],
y=[58], batch=[2102], ptr=[59])

Validation loader:
    - Batch 0: DataBatch(edge_index=[2, 8724], x=[2275, 0],
y=[64], batch=[2275], ptr=[65])
    - Batch 1: DataBatch(edge_index=[2, 8388], x=[2257, 0],
y=[47], batch=[2257], ptr=[48])

Test loader:
    - Batch 0: DataBatch(edge_index=[2, 7906], x=[2187, 0],
y=[64], batch=[2187], ptr=[65])
    - Batch 1: DataBatch(edge_index=[2, 9442], x=[2518, 0],
y=[48], batch=[2518], ptr=[49])
```

要实现一个 GIN 模型，首先要回答的问题是 GIN 层的组成。我们需要一个至少有两层的 MLP。遵循论文作者的指导方针，还可以引入批次归一化（BatchNorm）来标准化每个隐藏层的输入，从而稳定并加速训练。

总而言之，我们的 GIN 层有以下组成：

$$\text{Linear} \rightarrow \text{BatchNorm} \rightarrow \text{ReLU} \rightarrow \text{Linear} \rightarrow \text{ReLU}$$

在代码中，它的定义如下：

```python
import torch
torch.manual_seed(0)
import torch.nn.functional as F
from torch.nn import Linear, Sequential, BatchNorm1d, ReLU, Dropout
from torch_geometric.nn import GINConv
from torch_geometric.nn import global_add_pool

class GIN(torch.nn.Module):
    def __init__(self, dim_h):
        super(GIN, self).__init__()
        self.conv1 = GINConv(
            Sequential(Linear(dataset.num_node_features, dim_h),
BatchNorm1d(dim_h), ReLU(), Linear(dim_h, dim_h), ReLU()))
        self.conv2 = GINConv(
            Sequential(Linear(dim_h, dim_h), BatchNorm1d(dim_h),
ReLU(), Linear(dim_h, dim_h),ReLU()))
        self.conv3 = GINConv(
            Sequential(Linear(dim_h, dim_h), BatchNorm1d(dim_h),
ReLU(), Linear(dim_h, dim_h),ReLU()))
```

📝 **注意：**

PyTorch Geometric 还提供了 GINE 层，这是 GIN 层的修改版本。Hu 等人于 2019 年在《预训练图神经网络的策略》（"Strategies for Pre-training Graph Neural Networks"）论文（参见 9.6 节"延伸阅读"[8]）中详细介绍了这一点。

与之前的 GIN 版本相比，GINE 的主要改进是能够在聚合过程中考虑边的特征。但是，PROTEINS 数据集中没有边的特征，这就是本示例将实现经典的 GIN 模型的原因。

（6）由于要执行的任务是图分类，因此到目前为止模型尚未完成。它需要每一层图中的每个节点嵌入的总和。换句话说，我们需要在每层存储一个 dim_h 大小的向量（在本示例中为 3 个）。这就是为什么在二元分类（data.num_classes = 2）的最终线性层之前添加一个 dim_h*3 大小的线性层：

```python
self.lin1 = Linear(dim_h*3, dim_h*3)
self.lin2 = Linear(dim_h*3, dataset.num_classes)
```

（7）我们必须实现连接初始化层的逻辑。每层都会产生不同的嵌入张量——h1、h2 和 h3。可以使用 global_add_pool()函数对它们求和，然后使用 torch.cat()将它们连接起来。

这为我们提供了分类器的输入，后者是带有 dropout 层的常规神经网络：

```python
def forward(self, x, edge_index, batch):
    # 节点嵌入
    h1 = self.conv1(x, edge_index)
    h2 = self.conv2(h1, edge_index)
    h3 = self.conv3(h2, edge_index)

    # 图级读出
    h1 = global_add_pool(h1, batch)
    h2 = global_add_pool(h2, batch)
    h3 = global_add_pool(h3, batch)

    # 连接图嵌入
    h = torch.cat((h1, h2, h3), dim=1)

    # 分类器
    h = self.lin1(h)
    h = h.relu()
    h = F.dropout(h, p=0.5, training=self.training)
    h = self.lin2(h)

    return F.log_softmax(h, dim=1)
```

（8）现在可以实现一个常规训练循环，使用小批量训练 100 个 epoch：

```python
def train(model, loader):
    criterion = torch.nn.CrossEntropyLoss()
    optimizer = torch.optim.Adam(model.parameters(), lr=0.01)
    epochs = 100

    model.train()
    for epoch in range(epochs+1):
        total_loss = 0
        acc = 0
        val_loss = 0
        val_acc = 0

        # 训练批次
        for data in loader:
            optimizer.zero_grad()
            out = model(data.x, data.edge_index, data.batch)
            loss = criterion(out, data.y)
```

```
        total_loss += loss / len(loader)
        acc += accuracy(out.argmax(dim=1), data.y) / len(loader)
        loss.backward()
        optimizer.step()

        # 验证
        val_loss, val_acc = test(model, val_loader)
```

（9）每 20 个 epoch 打印一次训练和验证准确率，并返回训练后的模型：

```
    # 每 20 个 epoch 打印一次指标
    if(epoch % 20 == 0):
        print(f'Epoch {epoch:>3} | Train Loss:
{total_loss:.2f} | Train Acc: {acc*100:>5.2f}% | Val
Loss: {val_loss:.2f} | Val Acc: {val_acc*100:.2f}%')

return model
```

（10）与上一章的 test()函数不同，现在这个函数还必须包含小批量，因为验证和测试加载器包含多个批次：

```
@torch.no_grad()
def test(model, loader):
    criterion = torch.nn.CrossEntropyLoss()
    model.eval()
    loss = 0
    acc = 0

    for data in loader:
        out = model(data.x, data.edge_index, data.batch)
        loss += criterion(out, data.y) / len(loader)
        acc += accuracy(out.argmax(dim=1), data.y) / len(loader)

    return loss, acc
```

（11）定义用于计算准确率分数的函数：

```
def accuracy(pred_y, y):
    return ((pred_y == y).sum() / len(y)).item()
```

（12）实例化并训练 GIN 模型：

```
gin = GIN(dim_h=32)
gin = train(gin, train_loader)
```

```
Epoch 0 | Train Loss: 1.33 | Train Acc: 58.04% | Val
Loss: 0.70 | Val Acc: 59.97%
Epoch 20 | Train Loss: 0.54 | Train Acc: 74.50% | Val
Loss: 0.55 | Val Acc: 76.86%
Epoch 40 | Train Loss: 0.50 | Train Acc: 76.28% | Val
Loss: 0.56 | Val Acc: 74.73%
Epoch 60 | Train Loss: 0.50 | Train Acc: 76.77% | Val
Loss: 0.54 | Val Acc: 72.04%
Epoch 80 | Train Loss: 0.49 | Train Acc: 76.95% | Val
Loss: 0.57 | Val Acc: 73.67%
Epoch 100 | Train Loss: 0.50 | Train Acc: 76.04% | Val
Loss: 0.53 | Val Acc: 69.55%
```

（13）使用测试加载器来测试它：

```
test_loss, test_acc = test(gin, test_loader)
print(f'Test Loss: {test_loss:.2f} | Test Acc: {test_acc*100:.2f}%')

Test Loss: 0.44 | Test Acc: 81.77%
```

### 9.4.3  验证假设

为了更好地理解最终的测试分数，我们可以实现一个 GCN，它通过简单的全局平均池化（PyTorch Geometric 中的 global_mean_pool()）执行图分类。在完全相同的设置下，它在 100 次实验中获得了 53.72% (±0.73%)的平均准确率分数。这远低于 GIN 模型获得的 76.56% (±1.77%)的平均准确率分数。

由此我们可以得出结论，整个 GIN 架构比 GCN 更适合这个图分类任务。根据前文阐释的理论框架，这是因为 GCN 的表达能力严格来说不如 GIN。换句话说，GIN 比 GCN 可以区分更多的图结构，这就是它们更准确的原因。

我们可以通过可视化两个模型所犯的错误来验证这个假设。

（1）导入 matplotlib 和 networkx 库来绘制 4×4 的蛋白质图：

```
import numpy as np
import networkx as nx
import matplotlib.pyplot as plt
from torch_geometric.utils import to_networkx

fig, ax = plt.subplots(4, 4)
```

（2）对于每种蛋白质，可以从图神经网络（本例中为 GIN）获得最终分类。如果预测正确，则显示为绿色（否则为红色）：

```
for i, data in enumerate(dataset[-16:]):
    out = gcn(data.x, data.edge_index, data.batch)
    color = "green" if out.argmax(dim=1) == data.y else "red"
```

（3）为了方便起见，可以将蛋白质转换为 networkx 图，然后使用 nx.draw_networkx()
函数绘制它：

```
ix = np.unravel_index(i, ax.shape)
ax[ix].axis('off')
G = to_networkx(dataset[i], to_undirected=True)
nx.draw_networkx(G,
                 pos=nx.spring_layout(G, seed=0),
                 with_labels=False,
                 node_size=10,
                 node_color=color,
                 width=0.8,
                 ax=ax[ix]
                 )
```

（4）GIN 模型获得的绘图结果如图 9.5 所示。

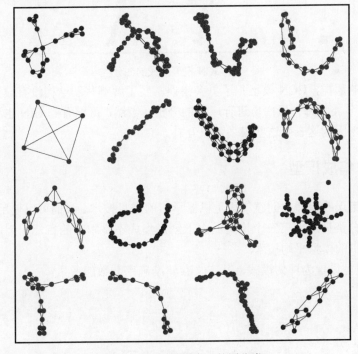

图 9.5 GIN 模型生成的图分类

（5）对 GCN 重复此过程可得到如图 9.6 所示的可视化结果。

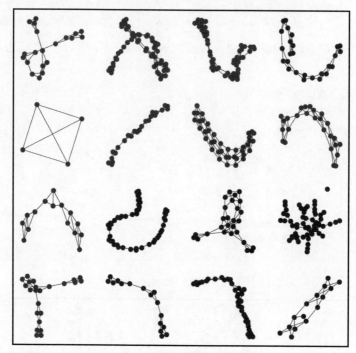

图 9.6 GCN 模型生成的图分类

正如预期的那样，GCN 模型犯了更多错误。要了解哪些图结构没有被充分捕获，需要对 GIN 正确分类的每种蛋白质进行广泛的分析。当然，可以看到 GIN 也犯了不同的错误。这很有趣，因为这表明这些模型可以互补。

## 9.4.4 简单集成模型

从犯不同错误的模型中创建集成是机器学习的常见技术。我们可以使用不同的方法，例如根据最终分类训练的第三个模型。由于创建集成不是本章的目标，因此在这里我们将实现一种简单的模型平均技术。

（1）将模型设置为评估模式，并定义存储准确率分数的变量：

```
gcn.eval()
gin.eval()
acc_gcn = 0
acc_gin = 0
acc_ens = 0
```

（2）获得每个模型的最终分类并将它们组合起来以获得整体的预测：

```
for data in test_loader:
    out_gcn = gcn(data.x, data.edge_index, data.batch)
    out_gin = gin(data.x, data.edge_index, data.batch)
    out_ens = (out_gcn + out_gin)/2
```

（3）计算 3 组预测的准确率分数：

```
acc_gcn += accuracy(out_gcn.argmax(dim=1), data.y) / len(test_loader)
acc_gin += accuracy(out_gin.argmax(dim=1), data.y) / len(test_loader)
acc_ens += accuracy(out_ens.argmax(dim=1), data.y) / len(test_loader)
```

（4）打印结果：

```
print(f'GCN accuracy:       {acc_gcn*100:.2f}%')
print(f'GIN accuracy:       {acc_gin*100:.2f}%')
print(f'GCN+GIN accuracy:   {acc_ens*100:.2f}%')

GCN accuracy: 72.14%
GIN accuracy: 80.99%
GCN+GIN accuracy: 81.25%
```

可以看到，在此示例中，集成的结果优于两个模型，准确率得分为 81.25%（相比之下，GCN 准确率为 72.14%，GIN 准确率为 80.99%）。这个结果很重要，因为它显示了这种技术提供的可能性。当然，一般情况下不一定如此，即使在这个例子中，集成模型的性能也并不总是优于 GIN。你也可以考虑使用其他架构（如 Node2Vec）的嵌入来丰富它，并看看是否会提高最终的准确率。

# 9.5　小　　结

本章定义了图神经网络的表达能力。该定义基于一种算法，即 WL 测试，该算法可以输出图的规范形式。虽然该算法并不完美，但它可以区分大多数图结构。它启发了 GIN 架构，该架构旨在与 WL 测试一样具有表达能力，因此严格来说，GIN 比 GCN、GAT 或 GraphSAGE 更具表达能力。

本章实现了 GIN 架构来进行图分类。我们探索了将节点嵌入组合到图嵌入中的不同方法。GIN 提供了一种新技术，它结合了求和算子以及每个 GIN 层生成的图嵌入的连接。它显著优于使用 GCN 层获得的经典全局平均池化。最后，我们还将两个模型的预测组合成一个简单的集合，这进一步提高了准确率分数。

在第 10 章"使用图神经网络预测链接"中，将探索图神经网络的另一个流行任务——链接预测。事实上，这并不是全新的内容，因为我们之前已经介绍过，DeepWalk 和 Node2Vec 等技术也基于这个思想。我们将解释原因并介绍两个新的图神经网络框架——图（变分）自动编码器和 SEAL。最后，我们将实现这些网络以在 Cora 数据集上执行链接预测任务，并比较它们的结果。

# 9.6  延 伸 阅 读

[1] Weisfeiler and Lehman, A.A. (1968) A Reduction of a Graph to a Canonical Form and an Algebra Arising during This Reduction. Nauchno-Technicheskaya Informatsia, 9.

[2] K. Xu, W. Hu, J. Leskovec, and S. Jegelka, How Powerful are Graph Neural Networks? arXiv, 2018. doi: 10.48550/ARXIV.1810.00826.

[3] C. Morris et al., Weisfeiler and Leman Go Neural: Higher-order Graph Neural Networks. arXiv, 2018. doi: 10.48550/ARXIV.1810.02244.

[4] V. P. Dwivedi et al. Benchmarking graph neural networks. arXiv, 2020. doi: 10.48550/ARXIV.2003.00982.

[5] K. M. Borgwardt, C. S. Ong, S. Schoenauer, S. V. N. Vishwanathan, A. J. Smola, and H. P. Kriegel. Protein function prediction via graph kernels. Bioinformatics, 21(Suppl 1):i47–i56, Jun 2005.

[6] P. D. Dobson and A. J. Doig. Distinguishing enzyme structures from non-enzymes without alignments. J. Mol. Biol., 330(4):771–783, Jul 2003.

[7] Christopher Morris and Nils M. Kriege and Franka Bause and Kristian Kersting and Petra Mutzel and Marion Neumann. TUDataset: A collection of benchmark datasets for learning with graphs. In ICML 2020 Workshop on Graph Representation Learning and Beyond.

[8] W. Hu et al., Strategies for Pre-training Graph Neural Networks. arXiv, 2019. doi: 10.48550/ARXIV.1905.12265.

# 第 10 章　使用图神经网络预测链接

链接预测（link prediction）是使用图执行的最流行的任务之一。它被定义为预测两个节点之间是否存在链接的问题。这种能力是社交网络和推荐系统的核心。一个很好的例子是社交媒体网络如何显示你与其他人共同的好友和关注者。从直观上来说，如果这个数字很大，那么你就更有可能与这些人建立联系。这种可能性正是链接预测试图估计的。

本章将首先介绍如何在没有任何机器学习的情况下执行链接预测。这些传统技术对于理解图神经网络的学习内容至关重要。然后我们将参考之前有关 DeepWalk 和 Node2Vec 的章节，通过矩阵分解（matrix factorization）来执行链接预测。遗憾的是，这些技术有很大的局限性，因此研究人员将目光投向了基于图神经网络的方法。

本章将探索两个不同系列的 3 种方法。第一个系列基于节点嵌入并执行基于图神经网络的矩阵分解。第二个系列侧重于子图的表示。每个链接（假链接或真实链接）周围的邻居被视为预测链接概率的输入。最后，我们将在 PyTorch Geometric 中实现每个系列的模型。

到本章结束时，你将能够实现各种链接预测技术。给定一个链接预测问题，你将知道哪种技术最适合解决该问题——启发式、矩阵分解、基于图神经网络的嵌入或基于子图的技术。

本章包含以下主题：

❑　使用传统方法预测链接
❑　使用节点嵌入预测链接
❑　使用 SEAL 预测链接

## 10.1　技术要求

本章所有代码示例都可以在本书配套 GitHub 存储库中找到，其网址如下：

https://github.com/PacktPublishing/Hands-On-Graph-Neural-Networks-Using-Python/tree/main/Chapter10

在本地计算机上运行代码所需的安装步骤可以在本书的前言中找到。

## 10.2　使用传统方法预测链接

链接预测问题已经存在很长时间了，因此人们提出了许多技术来解决它。首先，我们将介绍基于局部和全局邻域的流行启发法。然后，我们将介绍矩阵分解及其与DeepWalk 和 Node2Vec 的联系。

### 10.2.1　启发式技术

启发式技术是预测节点之间链接的一种简单实用的方法。它们易于实施，并为此任务提供了强有力的基线。我们可以根据它们执行的跳数对它们进行分类（见图 10.1）。其中一些技术仅需要与目标节点相邻的 1 跳邻居，更复杂的技术可能还要考虑 2 跳邻居甚至整个图。本节将它们分为两类：局部（1 跳和 2 跳）启发法和全局启发法。

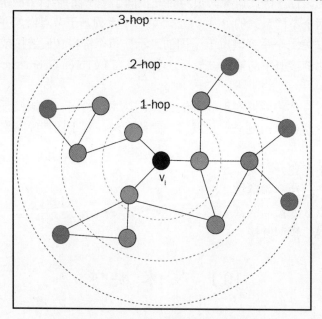

图 10.1　具有 1 跳、2 跳和 3 跳邻居的图

| 原　　文 | 译　　文 | 原　　文 | 译　　文 |
| --- | --- | --- | --- |
| 1-hop | 1 跳 | 3-hop | 3 跳 |
| 2-hop | 2 跳 | | |

局部启发法（local heuristic）通过考虑两个节点的局部邻域来测量两个节点之间的相似性。

我们用 $\mathcal{N}(u)$ 来表示节点 $u$ 的邻居。以下是流行的局部启发法的 3 个示例。

❏ 公共邻居（common neighbor）：只是计算两个节点共有的邻居（1 跳邻居）的数量。这个思路与我们之前提及的社交网络示例类似——共同的邻居越多，你们就越有可能建立联系。

$$f(u,v) = \left| \mathcal{N}(u) \bigcap \mathcal{N}(v) \right|$$

❏ 杰卡德系数（Jaccard's coefficient）：衡量两个节点的共有邻居（1 跳邻居）的比例。它依赖于与公共邻居相同的想法，但通过邻居总数对结果进行归一化。这会奖励互连邻居很少的节点，而不是度数较高的节点。

$$f(u,v) = \frac{\left| \mathcal{N}(u) \bigcap \mathcal{N}(v) \right|}{\left| \mathcal{N}(u) \bigcup \mathcal{N}(v) \right|}$$

❏ 亚当-阿达尔指标（Adamic-Adar index）：对两个目标节点共同的邻居（2 跳邻居）的度数计算对数的倒数并进行求和。其思想是，节点的度数越大，与其相关的信息共享越普遍，因此共同邻居的度数越大，其对相似度的贡献就应该越小。这就是它们在最终得分中的重要性应该较低的原因。

$$f(u,v) = \sum_{x \in N(u) \bigcap N(v)} \frac{1}{\log \left| \mathcal{N}(x) \right|}$$

上述技术都依赖于邻居的节点度，无论是直接的（公共邻居或杰卡德系数），还是间接的（亚当-阿达尔指标）。这有利于速度和可解释性，但也限制了它们可以捕获的关系的复杂性。

全局启发法通过考虑整个网络而不是局部邻居来预测链接。以下是两个著名的例子。

❏ Katz 指标（Katz index）计算两个节点之间每个可能路径的加权和。其权重对应于折扣因子 $\beta \in [0,1]$（通常在 0.8 和 0.9 之间），以惩罚较长的路径。根据这个定义，如果两个节点之间有很多路径（最好是短路径），那么它们更有可能连接。任何长度的路径都可以使用邻接矩阵幂 $A^n$ 来计算，这就是 Katz 指标定义如下的原因：

$$f(u,v) = \sum_{i=1}^{\infty} \beta^i \boldsymbol{A}^i$$

❏ 带重启的随机游走（random walk with restart）（参见 10.6 节"延伸阅读"[1]）从目标节点开始执行随机游走。每次游走后，都会增加当前节点的访问计数。借助于 $\alpha$ 概率，它将在目标节点重新开始游走。其他情况下，它将继续随机游走。经过预定的迭代次数后，算法停止，并且可以提出目标节点和访问次数最高的节点之间的链接。这个思想在 DeepWalk 和 Node2Vec 算法中也是必不可少的。

全局启发法通常更准确，但需要了解整个图。当然，它们并不是使用这些知识预测链接的唯一方法。

## 10.2.2　矩阵分解

用于链接预测的矩阵分解受到先前推荐系统工作原理的启发（参见 10.6 节 "延伸阅读" [2]）。使用这种技术时，可以通过预测整个邻接矩阵 $\tilde{A}$ 来间接预测链接。这是使用节点嵌入来执行的。其思想是：相似的节点 $u$ 和 $v$ 应该具有相似的嵌入 $z_u$ 和 $z_v$。使用点积时，可以将其写成如下形式：

❑　　如果这些节点是相似的，则 $z_v^T z_u$ 应该是最大的。

❑　　如果这些节点是不同的，则 $z_v^T z_u$ 应该是最小的。

到目前为止，我们假设应该连接相似的节点。这就是为什么我们可以使用这个点积来近似邻接矩阵 $A$ 的每个元素（链接）：

$$A_{uv} \approx z_v^T z_u$$

在矩阵乘法方面，则有：

$$A \approx Z^T Z$$

其中，$Z$ 是节点嵌入矩阵。图 10.2 直观地解释了矩阵分解的工作原理。

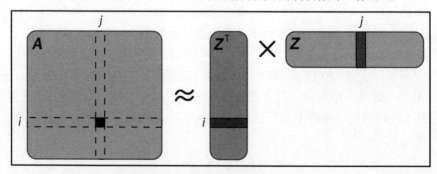

图 10.2　使用节点嵌入的矩阵乘法

该技术称为矩阵分解（matrix factorization），因为邻接矩阵 $A$ 被分解为两个矩阵的乘积。对于图 $G = (V, E)$ 来说，其目标是在真实元素和预测元素 $A_{uv}$ 之间学习最小化 L2 范数（L2 norm）的相关节点嵌入：

$$\underset{z}{\mathrm{min\,imize}} \sum_{i \in V, j \in V} \left( A_{uv} - z_v^T z_u \right)^2$$

矩阵分解还有更高级的变体，包括拉普拉斯矩阵（Laplacian matrix）和 $A$ 的幂。另一种解决方案包括使用 DeepWalk 和 Node2Vec 之类的模型。它们将生成可以配对以创建链接表示的节点嵌入。据 Qiu 等人的介绍（参见 10.6 节"延伸阅读"[3]），这些算法可以隐式近似和分解复杂矩阵。例如，下面是 DeepWalk 计算的矩阵：

$$\log \left[ \sum_{i=1}^{|V|} \sum_{j=1}^{|V|} A_{ij} \left( \frac{1}{T} \sum_{r=1}^{T} \left( D^{-1} A \right)^r \right) D^{-1} \right] - \log b$$

其中，$b$ 是负采样的参数。这对于类似的算法（如 LINE 和 PTE）来说也是一样的。

尽管它们可以捕获更复杂的关系，但它们也受到我们在第 3 章"使用 DeepWalk 创建节点表示"和第 4 章"在 Node2Vec 中使用有偏随机游走改进嵌入"中介绍过的相同限制：

❑　它们不能使用节点特征，只能使用拓扑信息来创建嵌入。

❑　它们没有归纳能力，无法推广到不在训练集中的节点。

❑　它们无法捕获结构相似性，图中结构相似的节点可以获得截然不同的嵌入。

这些限制激发了对基于图神经网络的技术的需求，这也是下一节我们将要讨论的内容。

## 10.3　使用节点嵌入预测链接

在前面的章节中，我们了解了如何使用图神经网络来生成节点嵌入。流行的链接预测技术包括使用这些嵌入来执行矩阵分解。本节将详细讨论两种用于链接预测的图神经网络架构——图自动编码器（graph autoencoder，GAE）和变分图自动编码器（variational graph autoencoder，VGAE）。

### 10.3.1　GAE 简介

GAE 和 VGAE 均由 Kipf 和 Welling 于 2016 年在一篇 3 页纸的论文中提出（参见 10.6 节"延伸阅读"[4]）。它们代表了两种流行的神经网络架构（自动编码器和变分自动编码器）的图神经网络对应物。如果你已经熟悉或了解这些架构，那么对本节的学习会有所帮助，但这并不是必需的。为了便于理解，我们首先关注 GAE。

GAE 由两个模块组成：

❑　编码器（encoder）是经典的两层 GCN，可计算节点嵌入如下：

$$Z = \mathrm{GCN}(X, A)$$

❑ 解码器（decoder）使用矩阵分解和 sigmoid 函数 $\sigma$ 来近似邻接矩阵 $\tilde{A}$，以输出概率。其计算公式如下：

$$\tilde{A} = \sigma(Z^T Z)$$

请注意，我们并不是要对节点或图进行分类。这里的目标是对邻接矩阵 $\tilde{A}$ 的每个元素预测概率（介于 0 和 1 之间）。这就是为什么要使用两个邻接矩阵元素之间的二元交叉熵损失（负对数似然）来训练 GAE：

$$\mathcal{L}_{\text{BCE}} = \sum_{i \in V, j \in V} -A_{ij} \log\left(\hat{A}_{ij}\right) - (1 - A_{ij}) \log\left(1 - \hat{A}_{ij}\right)$$

但是，邻接矩阵通常非常稀疏，这使得 GAE 倾向于预测零值。有两种简单的技术可以修正这种偏差。首先，可以在前面的损失函数中添加一个权重 $A_{ij} = 1$。其次，可以在训练期间采样更少的零值，从而使标签更加平衡。后一种技术是由 Kipf 和 Welling 实现的。

这种架构非常灵活——编码器可以替换为另一种类型的 GNN（如 GraphSAGE），并且多层感知器（MLP）可以充当解码器的角色。另一个可能的改进则是将 GAE 转换为概率变体——变分 GAE。

## 10.3.2　VGAE 简介

GAE 和 VGAE 之间的区别与自动编码器和变分自动编码器之间的区别是一样的。VGAE 不是直接学习节点嵌入，而是学习正态分布，然后对其进行采样以生成嵌入。它们也分为以下两个模块：

❑ 编码器：由两个共享第一层的 GCN 组成。目标是学习每个潜在正态分布的参数。对于均值来说，是 $\mu_i$（通过 $\text{GCN}_\mu$ 学习）；对于方差来说，是 $\sigma_i^2$（实际上，就是通过 $\text{GCN}_\sigma$ 学习到的对数 $\sigma$）。

❑ 解码器：使用重新参数化技巧，通过学习到的分布 $\mathcal{N}(\mu_i, \sigma_i^2)$ 对嵌入 $z_i$ 进行采样（参见 10.6 节"延伸阅读"[5]），然后使用潜在变量之间相同的内积来近似邻接矩阵 $\tilde{A} = \sigma(Z^T Z)$。

对于 VGAE 来说，确保编码器的输出遵循正态分布非常重要。这是要在损失函数中添加一个新项的原因。这个新项是 Kullback-Leibler（KL）散度，它可以衡量两个分布之间的散度。我们将获得以下损失，也称为证据下界（evidence lower bound，ELBO）：

$$\mathcal{L}_{\text{ELBO}} = \mathcal{L}_{\text{BCE}} - \text{KL}\left[q(Z|X, A) \| p(Z)\right]$$

其中，$q(Z|X, A)$ 代表编码器，$p(Z)$ 是 $Z$ 的先验分布。

该模型的性能通常使用两个指标进行评估，其中一个是 ROC 曲线下的面积（AUROC），另一个是平均精确率（average precision，AP）。

接下来，让我们看看如何使用 PyTorch Geometric 实现 VGAE。

## 10.3.3　实现 VGAE

VGAE 的实现与之前的图神经网络的实现有两个主要区别：

❑　我们将对数据集进行预处理以删除链接并进行随机预测。

❑　我们将创建一个编码器模型，将其提供给 VGAE 类，而不是直接从头开始实现
　　VGAE。

以下代码的灵感来自 PyTorch Geometric 的 VGAE 示例。

（1）导入需要的库：

```
import numpy as np
np.random.seed(0)
import torch
torch.manual_seed(0)
import matplotlib.pyplot as plt
import torch_geometric.transforms as T
from torch_geometric.datasets import Planetoid
```

（2）尝试使用 GPU（如果有的话）：

```
device = torch.device('cuda' if torch.cuda.is_available()else 'cpu')
```

（3）创建一个 transform 对象，对输入特征进行归一化，直接执行张量 device 转换，并随机拆分链接。本示例中的划分为 85：5：10。

将 add_negative_train_samples 参数设置为 False，因为该模型已经执行负采样，所以在数据集中不需要该操作：

```
transform = T.Compose([
    T.NormalizeFeatures(),
    T.ToDevice(device),
    T.RandomLinkSplit(num_val=0.05, num_test=0.1, is_undirected=True,
split_labels=True, add_negative_train_samples=False),
])
```

（4）使用之前的 transform 对象加载 Cora 数据集：

```
dataset = Planetoid('.', name='Cora', transform=transform)
```

（5）RandomLinkSplit 按设计生成训练集、验证集、测试集拆分。将这些拆分的数据集按以下方式存储：

```
train_data, val_data, test_data = dataset[0]
```

（6）现在可以实现编码器。首先导入 GCNConv 和 VGAE：

```
from torch_geometric.nn import GCNConv, VGAE
```

（7）声明一个新类。在该类中，需要 3 个 GCN 层，其中一个是共享层，第 2 个层将近似平均值 $\mu_i$，第 3 个层近似方差值（实际上是对数标准差 $\log\sigma$）：

```
class Encoder(torch.nn.Module):
    def __init__(self, dim_in, dim_out):
        super().__init__()
        self.conv1 = GCNConv(dim_in, 2 * dim_out)
        self.conv_mu = GCNConv(2 * dim_out, dim_out)
        self.conv_logstd = GCNConv(2 * dim_out, dim_out)

    def forward(self, x, edge_index):
        x = self.conv1(x, edge_index).relu()
        return self.conv_mu(x,edge_index),self.conv_logstd(x,edge_index)
```

（8）初始化 VGAE 并将编码器作为输入。默认情况下，它将使用内积作为解码器：

```
model = VGAE(Encoder(dataset.num_features, 16)).to(device)
optimizer = torch.optim.Adam(model.parameters(), lr=0.01)
```

（9）执行 train()函数包括两个重要的步骤。

首先，使用 model.encode()计算嵌入矩阵 **Z**。这个名字可能违反直觉，但该函数确实将从已经学习的分布中采样嵌入。

然后，使用 model.recon_loss()（二元交叉熵损失）和 model.kl_loss()（KL 散度）计算 ELBO 损失。隐式调用解码器来计算交叉熵损失：

```
def train():
    model.train()
    optimizer.zero_grad()
    z = model.encode(train_data.x, train_data.edge_index)
    loss = model.recon_loss(z, train_data.pos_edge_label_index)
+ (1 / train_data.num_nodes) * model.kl_loss()
    loss.backward()
    optimizer.step()
    return float(loss)
```

（10）test()函数非常简单，就是调用 VGAE 的专用方法：

```
@torch.no_grad()
def test(data):
```

```
    model.eval()
    z = model.encode(data.x, data.edge_index)
    return model.test(z, data.pos_edge_label_index, data.
neg_edge_label_index)
```

（11）训练该模型 301 个 epoch，并打印两个内置指标——AUC 和 AP：

```
for epoch in range(301):
    loss = train()
    val_auc, val_ap = test(val_data)
    if epoch % 50 == 0:
        print(f'Epoch {epoch:>2} | Loss: {loss:.4f} | Val
AUC: {val_auc:.4f} | Val AP: {val_ap:.4f}')
```

（12）其输出如下所示：

```
Epoch 0 | Loss: 3.4210 | Val AUC: 0.6772 | Val AP: 0.7110
Epoch 50 | Loss: 1.3324 | Val AUC: 0.6593 | Val AP: 0.6922
Epoch 100 | Loss: 1.1675 | Val AUC: 0.7366 | Val AP: 0.7298
Epoch 150 | Loss: 1.1166 | Val AUC: 0.7480 | Val AP: 0.7514
Epoch 200 | Loss: 1.0074 | Val AUC: 0.8390 | Val AP: 0.8395
Epoch 250 | Loss: 0.9541 | Val AUC: 0.8794 | Val AP: 0.8797
Epoch 300 | Loss: 0.9509 | Val AUC: 0.8833 | Val AP: 0.8845
```

（13）在测试集上评估模型：

```
test_auc, test_ap = test(test_data)
print(f'Test AUC: {test_auc:.4f} | Test AP {test_ap:.4f}')

Test AUC: 0.8833 | Test AP 0.8845
```

（14）手动计算近似的邻接矩阵 $\tilde{A}$：

```
z = model.encode(test_data.x, test_data.edge_index)
Ahat = torch.sigmoid(z @ z.T)

tensor([    [0.8846, 0.5068, ..., 0.5160, 0.8309, 0.8378],
            [0.5068, 0.8741, ..., 0.3900, 0.5367, 0.5495],
            [0.7074, 0.7878, ..., 0.4318, 0.7806, 0.7602],
            ...,
            [0.5160, 0.3900, ..., 0.5855, 0.5350, 0.5176],
            [0.8309, 0.5367, ..., 0.5350, 0.8443, 0.8275],
            [0.8378, 0.5495, ..., 0.5176, 0.8275, 0.8200]
    ], device='cuda:0', grad_fn=<SigmoidBackward0>)
```

训练 VGAE 的速度很快，并且输出结果易于理解。但是，我们发现 GCN 并不是最具表现力的算子。为了提高模型的表达能力，还需要结合更好的技术。

# 10.4　使用 SEAL 预测链接

上一节介绍了基于节点的方法，它可以学习相关的节点嵌入来计算链接的可能性。另一种方法则是查看目标节点周围的局部邻域。这些技术被称为基于子图的算法，并以 SEAL 的名称得以推广。SEAL 可以说是代表用于链接预测的子图、嵌入和属性（subgraphs, embeddings, and attributes for link prediction），当然也有不一样的说法。本节将介绍 SEAL 框架并使用 PyTorch Geometric 实现。

## 10.4.1　SEAL 框架简介

SEAL 由 Zhang 和 Chen 于 2018 年提出（参见 10.6 节"延伸阅读"[6]），是一个学习图结构特征的用于链接预测的框架。它将目标节点$(x, y)$及其 $k$ 跳邻居形成的子图定义为封闭子图（enclosing subgraph）。每个封闭子图（而不是整个图）用作输入，以预测链接可能性。另一种看待它的方式是 SEAL 将自动学习本地启发式的链接预测。

该框架涉及以下 3 个步骤：

（1）封闭子图提取（enclosing subgraph extraction）：包括采用一组真实链接和一组假链接（负采样）来形成训练数据。

（2）节点信息矩阵（node information matrix）构建：涉及 3 个组成部分——节点标签、节点嵌入和节点特征。

（3）图神经网络训练（GNN training）：以节点信息矩阵作为输入，输出链接概率。

图 10.3 总结了上述步骤。

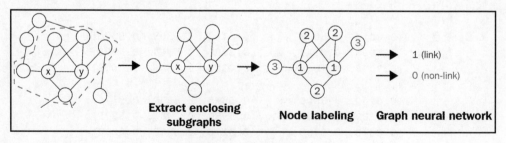

图 10.3　SEAL 框架

| 原　　文 | 译　　文 | 原　　文 | 译　　文 |
|---|---|---|---|
| Extract enclosing subgraphs | 提取封闭子图 | Graph neural network | 图神经网络 |
| Node labeling | 节点标记 | | |

封闭子图提取是一个简单的过程。它包括列出目标节点及其 $k$ 跳邻居以提取它们的边和特征。较高的 $k$ 跳数会提高 SEAL 可以学习的启发式的质量，但它也会创建更大的子图，使得计算成本更高。

节点信息矩阵构建的第一个组成部分是节点标记。此过程为每个节点分配一个特定的编号。如果没有它，GNN 将无法区分目标节点和上下文节点（它们的邻居）。它还嵌入了距离，以描述节点的相对位置和结构重要性。

实际上，目标节点 $x$ 和 $y$ 必须共享唯一的标签以将它们标识为目标节点。

对于上下文节点 $i$ 和 $j$，如果它们与目标节点具有相同的距离，即：

$$d(i, x) = d(j, x)$$

且

$$d(i, y) = d(j, y)$$

那么它们必须共享相同的标签。我们将此距离称为双半径（double radius），记为：

$$(d(i, x), d(j, y))$$

对于该问题有不同的解决方案，SEAL 的作者提出了双半径节点标记（double-radius node labeling，DRNL）算法。其工作原理如下：

（1）将标签 1 分配给 $x$ 和 $y$。

（2）将标签 2 分配给半径为(1,1)的节点。

（3）将标签 3 分配给半径为(1,2)或(2,1)的节点。

（4）将标签 4 分配给半径为(1,3)或(3,1)的节点。依此类推。

DRNL 函数可以写成如下形式：

$$f(i) = 1 + \min\big(d(i,x), d(i,y)\big) + (d/2)\big[(d/2) + (d\%2) - 1\big]$$

其中，$d = d(i, x) + d(i, y)$ 且$(d/2)$是 $d$ 除以 2 的整数商，$(d\%2)$是 $d$ 除以 2 的余数。最后，这些节点标签被进行独热编码。

📋 **注意：**

另外两个组件更容易获得。节点嵌入是可选的，但可以使用另一种算法（例如 Node2Verc）来计算。然后，将它们与节点特征和独热编码标签连接起来，以构建最终的节点信息矩阵。

最后，使用封闭子图的信息和邻接矩阵来训练图神经网络，以预测链接。对于这项任务，SEAL 的作者选择了深度图卷积神经网络（deep graph convolutional neural network，

DGCNN）（参见 10.6 节"延伸阅读"[7]）。该架构将执行以下 3 个步骤：

（1）由若干个 GCN 层计算节点嵌入，然后将其连接起来（这和 GIN 类似）。

（2）全局排序池层（global sort pooling layer）在将这些嵌入输入卷积层之前以一致的顺序对它们进行排序，而卷积层并不是置换不变（permutation-invariant）的。

（3）将传统的卷积层和密集层应用于排序后的图表示并输出链接概率。

DGCNN 模型使用二元交叉熵损失进行训练，并输出 0 和 1 之间的概率。

## 10.4.2　实现 SEAL 框架

SEAL 框架需要大量的预处理来提取和标记封闭子图。让我们使用 PyTorch Geometric 来实现它。

（1）导入所有必需的库：

```
import numpy as np
from sklearn.metrics import roc_auc_score, average_precision_score
from scipy.sparse.csgraph import shortest_path

import torch
import torch.nn.functional as F
from torch.nn import Conv1d, MaxPool1d, Linear, Dropout,
BCEWithLogitsLoss

from torch_geometric.datasets import Planetoid
from torch_geometric.transforms import RandomLinkSplit
from torch_geometric.data import Data
from torch_geometric.loader import DataLoader
from torch_geometric.nn import GCNConv, aggr
from torch_geometric.utils import k_hop_subgraph, to_scipy_sparse_matrix
```

（2）加载 Cora 数据集并应用链接级随机拆分，这和上一节是类似的：

```
transform = RandomLinkSplit(num_val=0.05, num_test=0.1,
is_undirected=True, split_labels=True)
dataset = Planetoid('.', name='Cora', transform=transform)
train_data, val_data, test_data = dataset[0]
```

（3）链接级随机拆分将在 Data 对象中创建新字段来存储每个正（实际）边和负（假）边的标签和索引：

```
train_data
```

```
Data(x=[2708, 1433], edge_index=[2, 8976], y=[2708],
train_mask=[2708], val_mask=[2708], test_mask=[2708],
pos_edge_label=[4488], pos_edge_label_index=[2, 4488],
neg_edge_label=[4488], neg_edge_label_index=[2, 4488])
```

（4）创建一个函数来处理每个拆分并获得具有独热编码节点标签和节点特征的封闭子图。声明一个列表来存储这些子图：

```
def seal_processing(dataset, edge_label_index, y):
    data_list = []
```

（5）对于数据集中的每个（源和目标）对，提取 $k$ 跳邻居（此处 $k = 2$）：

```
for src, dst in edge_label_index.t().tolist():
    sub_nodes, sub_edge_index, mapping, _ = k_hop_
subgraph([src, dst], 2, dataset.edge_index, relabel_nodes=True)
    src, dst = mapping.tolist()
```

（6）使用 DRNL 函数计算距离。首先从子图中删除目标节点：

```
mask1 = (sub_edge_index[0] != src) | (sub_edge_index[1] != dst)
mask2 = (sub_edge_index[0] != dst) | (sub_edge_index[1] != src)
sub_edge_index = sub_edge_index[:, mask1 & mask2]
```

（7）根据前面的子图计算源节点和目标节点的邻接矩阵：

```
    src, dst = (dst, src) if src > dst else (src, dst)
    adj = to_scipy_sparse_matrix(sub_edge_index, num_
nodes=sub_nodes.size(0)).tocsr()

    idx = list(range(src)) + list(range(src + 1, adj.shape[0]))
    adj_wo_src = adj[idx, :][:, idx]

    idx = list(range(dst)) + list(range(dst + 1, adj.shape[0]))
    adj_wo_dst = adj[idx, :][:, idx]
```

（8）计算每个节点与源/目标节点之间的距离：

```
    d_src = shortest_path(adj_wo_dst, directed=False,
unweighted=True, indices=src)
    d_src = np.insert(d_src, dst, 0, axis=0)
    d_src = torch.from_numpy(d_src)
    d_dst = shortest_path(adj_wo_src, directed=False,
unweighted=True, indices=dst-1)
    d_dst = np.insert(d_dst, src, 0, axis=0)
    d_dst = torch.from_numpy(d_dst)
```

（9）计算子图中每个节点的节点标签 z：

```
dist = d_src + d_dst
z = 1 + torch.min(d_src, d_dst) + dist // 2 * (dist // 2 + dist % 2 - 1)
z[src], z[dst], z[torch.isnan(z)] = 1., 1., 0.
z = z.to(torch.long)
```

（10）在本例中，我们不会使用节点嵌入，但仍将连接特征和独热编码标签来构建节点信息矩阵：

```
node_labels = F.one_hot(z, num_classes=200).to(torch.float)
node_emb = dataset.x[sub_nodes]
node_x = torch.cat([node_emb, node_labels],dim=1)
```

（11）创建一个 Data 对象并将其附加到列表中，这是该函数的最终输出：

```
    data = Data(x=node_x, z=z, edge_index=sub_edge_index, y=y)
    data_list.append(data)

return data_list
```

（12）让我们用它来提取每个数据集的封闭子图。我们将正例和负例分开以获得正确的标签来进行预测：

```
train_pos_data_list = seal_processing(train_data, train_
data.pos_edge_label_index, 1)
train_neg_data_list = seal_processing(train_data, train_
data.neg_edge_label_index, 0)

val_pos_data_list = seal_processing(val_data, val_data.
pos_edge_label_index, 1)
val_neg_data_list = seal_processing(val_data, val_data.
neg_edge_label_index, 0)

test_pos_data_list = seal_processing(test_data, test_
data.pos_edge_label_index, 1)
test_neg_data_list = seal_processing(test_data, test_
data.neg_edge_label_index, 0)
```

（13）合并正负数据列表以重建训练、验证和测试数据集：

```
train_dataset = train_pos_data_list + train_neg_data_list
val_dataset = val_pos_data_list + val_neg_data_list
test_dataset = test_pos_data_list + test_neg_data_list
```

（14）创建数据加载器来使用批次训练 GNN：

```
train_loader = DataLoader(train_dataset, batch_size=32, shuffle=True)
val_loader = DataLoader(val_dataset, batch_size=32)
test_loader = DataLoader(test_dataset, batch_size=32)
```

（15）为 DGCNN 模型创建一个新类。参数 k 表示每个子图保存的节点数：

```
class DGCNN(torch.nn.Module):
    def __init__(self, dim_in, k=30):
        super().__init__()
```

（16）创建 4 个 GCN 层，隐藏维度固定为 32：

```
self.gcn1 = GCNConv(dim_in, 32)
self.gcn2 = GCNConv(32, 32)
self.gcn3 = GCNConv(32, 32)
self.gcn4 = GCNConv(32, 1)
```

（17）实例化 DGCNN 架构核心的全局排序池：

```
self.global_pool = aggr.SortAggregation(k=k)
```

（18）全局池提供的节点排序允许使用传统的卷积层：

```
self.conv1 = Conv1d(1, 16, 97, 97)
self.conv2 = Conv1d(16, 32, 5, 1)
self.maxpool = MaxPool1d(2, 2)
```

（19）预测由 MLP 管理：

```
self.linear1 = Linear(352, 128)
self.dropout = Dropout(0.5)
self.linear2 = Linear(128, 1)
```

（20）在 forward()函数中，计算每个 GCN 的节点嵌入并将结果连接起来：

```
def forward(self, x, edge_index, batch):
    h1 = self.gcn1(x, edge_index).tanh()
    h2 = self.gcn2(h1, edge_index).tanh()
    h3 = self.gcn3(h2, edge_index).tanh()
    h4 = self.gcn4(h3, edge_index).tanh()
    h = torch.cat([h1, h2, h3, h4], dim=-1)
```

（21）全局排序池、卷积层和密集层依次应用于此结果：

```
h = self.global_pool(h, batch)
h = h.view(h.size(0), 1, h.size(-1))
h = self.conv1(h).relu()
h = self.maxpool(h)
```

```
h = self.conv2(h).relu()
h = h.view(h.size(0), -1)
h = self.linear1(h).relu()
h = self.dropout(h)
h = self.linear2(h).sigmoid()
return h
```

（22）在 GPU 上实例化模型（如果有 GPU 的话），并使用 Adam 优化器和二元交叉熵损失对其进行训练：

```
device = torch.device('cuda' if torch.cuda.is_available()else 'cpu')
model = DGCNN(train_dataset[0].num_features).to(device)
optimizer = torch.optim.Adam(params=model.parameters(), lr=0.0001)
criterion = BCEWithLogitsLoss()
```

（23）创建一个传统的 train()函数用于批量训练：

```
def train():
    model.train()
    total_loss = 0

    for data in train_loader:
        data = data.to(device)
        optimizer.zero_grad()
        out = model(data.x, data.edge_index, data.batch)
        loss = criterion(out.view(-1), data.y.to(torch.float))
        loss.backward()
        optimizer.step()
        total_loss += float(loss) * data.num_graphs

    return total_loss / len(train_dataset)
```

（24）在 test()函数中，计算 ROC AUC 分数和平均精确率指标的分数，以比较 SEAL 与 VGAE 的性能：

```
@torch.no_grad()
def test(loader):
    model.eval()
    y_pred, y_true = [], []

    for data in loader:
        data = data.to(device)
        out = model(data.x, data.edge_index, data.batch)
        y_pred.append(out.view(-1).cpu())
```

```
        y_true.append(data.y.view(-1).cpu().to(torch.float))

    auc = roc_auc_score(torch.cat(y_true), torch.cat(y_pred))
    ap = average_precision_score(torch.cat(y_true), torch.cat(y_pred))

    return auc, ap
```

（25）训练 DGCNN 模型 31 个 epoch：

```
for epoch in range(31):
    loss = train()
    val_auc, val_ap = test(val_loader)
    print(f'Epoch {epoch:>2} | Loss: {loss:.4f} | Val
AUC: {val_auc:.4f} | Val AP: {val_ap:.4f}')

Epoch 0 | Loss: 0.6925 | Val AUC: 0.8215 | Val AP: 0.8357
Epoch 1 | Loss: 0.6203 | Val AUC: 0.8543 | Val AP: 0.8712
Epoch 2 | Loss: 0.5888 | Val AUC: 0.8783 | Val AP: 0.8877...

Epoch 29 | Loss: 0.5461 | Val AUC: 0.8991 | Val AP: 0.8973
Epoch 30 | Loss: 0.5460 | Val AUC: 0.9005 | Val AP: 0.8992
```

（26）在测试数据集上进行测试：

```
test_auc, test_ap = test(test_loader)
print(f'Test AUC: {test_auc:.4f} | Test AP {test_ap:.4f}')

Test AUC: 0.8808 | Test AP 0.8863
```

可以看到，使用 SEAL 获得的结果与使用 VGAE 观察到的结果类似（后者在测试集上的 AUC 分数为 0.8833，测试集上的 AP 分数为 0.8845）。

理论上，基于子图的方法（如 SEAL）比基于节点的方法（如 VGAE）更具表现力。它们通过显式考虑目标节点周围的整个邻域来捕获更多信息。因此，SEAL 的准确率还可以通过增加 $k$ 参数考虑的邻居数量来提高。

# 10.5　小　　结

本章探索了链接预测这一新任务。我们解释了这一领域传统的启发式技术和矩阵分解技术。启发式技术可以根据它们考虑的 $k$ 跳邻居进行分类。$k$ 跳邻居可以是 1 跳的局部邻居，也可以是具有全部知识的全局图。相形之下，矩阵分解技术则使用节点嵌入来近似邻接矩阵。我们还解释了该技术如何与前面章节中描述的算法（DeepWalk 和 Node2Vec）

联系起来。

在介绍了链接预测之后，本章还探讨了如何使用图神经网络来实现它。我们阐释了两种基于节点嵌入的技术（GAE 和 VGAE）和基于子图表示的技术（SEAL）。

最后，我们在 Cora 数据集上实现了 VGAE 和 SEAL，使用了链接级随机拆分和负采样。两种模型获得了差不多的性能，尽管 SEAL 严格来说更具表现力。

在第 11 章"使用图神经网络生成图"中，我们将探讨生成真实图的不同策略。首先，我们将使用流行的 Erdős–Rényi 模型来描述传统技术；然后，将通过重用 GVAE 并引入新的架构——图循环神经网络（graph recurrent neural network，GraphRNN）来了解深度生成方法的工作原理。

# 10.6　延　伸　阅　读

[1] H. Tong, C. Faloutsos and J. -y. Pan. "Fast Random Walk with Restart and Its Applications" in Sixth International Conference on Data Mining (ICDM'06), 2006, pp. 613-622, doi: 10.1109/ICDM.2006.70.

[2] Yehuda Koren, Robert Bell, and Chris Volinsky. 2009. Matrix Factorization Techniques for Recommender Systems. Computer 42, 8 (August 2009), 30-37.

https://doi.org/10.1109/MC.2009.263

[3] J. Qiu, Y. Dong, H. Ma, J. Li, K. Wang, and J. Tang. Network Embedding as Matrix Factorization. Feb. 2018. doi: 10.1145/3159652.3159706.

[4] T. N. Kipf and M. Welling. Variational Graph Auto-Encoders. arXiv, 2016. doi: 10.48550/ARXIV.1611.07308.

[5] D. P. Kingma and M. Welling. Auto-Encoding Variational Bayes. arXiv, 2013. doi: 10.48550/ARXIV.1312.6114.

[6] M. Zhang and Y. Chen. Link Prediction Based on Graph Neural Networks. arXiv, 2018. doi: 10.48550/ARXIV.1802.09691.

[7] Muhan Zhang, Zhicheng Cui, Marion Neumann, and Yixin Chen. 2018. An end-to-end deep learning architecture for graph classification. In Proceedings of the Thirty-Second AAAI Conference on Artificial Intelligence and Thirtieth Innovative Applications of Artificial Intelligence Conference and Eighth AAAI Symposium on Educational Advances in Artificial Intelligence (AAAI'18/IAAI'18/EAAI'18). AAAI Press, Article 544, 4438-4445.

# 第 11 章　使用图神经网络生成图

图生成包括寻找创建新图的方法。作为一个研究领域，它提供了理解图如何工作和演变的见解。它还在数据增强、异常检测、药物发现等方面有直接应用。

我们可以区分两种类型的生成：

❑ 现实图生成（realistic graph generation），它将模仿给定的图。例如，在数据增强中应用的就是这一类型。

❑ 目标导向图生成（goal-directed graph generation），它将创建优化特定指标的图。例如，在分子生成中应用的就是这一类型。

本章将探索传统技术来理解图生成的工作原理。我们将重点关注两种流行的算法：Erdős–Rényi 和小世界（small-world）模型。它们呈现出有趣的特性，但也激发了基于 GNN 的图生成需求。

本章还将描述 3 类解决方案：基于变分自动编码器（variational autoencoder，VAE）的模型、自回归模型和基于 GAN 的模型。

最后，我们将通过强化学习（reinforcement learning，RL）实现基于 GAN 的框架来生成新的化合物。我们将使用 DeepChem 库（需要搭配 TensorFlow），而不是 PyTorch Geometric。

到本章结束时，你将能够使用传统方法和基于 GNN 的技术生成图。你将对这个领域以及可以用它构建的不同应用有一个很好的了解。你将掌握如何实现一个混合架构来指导生成具有所需特性的有效分子。

本章包含以下主题：

❑ 使用传统技术生成图

❑ 使用图神经网络生成图

❑ 使用 MolGAN 生成分子

## 11.1　技 术 要 求

本章所有代码示例都可以在本书配套 GitHub 存储库中找到，其网址如下：

https://github.com/PacktPublishing/Hands-On-Graph-Neural-Networks-Using-Python/tree/main/Chapter11

在本地计算机上运行代码所需的安装步骤可以在本书的前言中找到。

# 11.2　使用传统技术生成图

传统的图生成技术已被研究了几十年，所以它们很容易理解并且可以用作各种应用程序的基线。但是，它们可以生成的图类型通常受到限制。它们中的大多数专门用于输出某些拓扑，也就是说，它们不能简单地模仿给定的网络。

本节将介绍两种传统技术：Erdős–Rényi 和小世界模型。

## 11.2.1　Erdős–Rényi 模型

Erdős–Rényi 模型是最简单且最流行的随机图模型。它是由匈牙利数学家 Paul Erdős 和 Alfréd Rényi 于 1959 年提出的（参见 11.6 节“延伸阅读”[1]），同年，Edgar Gilbert 也曾经独立提出（参见 11.6 节“延伸阅读”[2]）。该模型有两个变体：$G(n, p)$ 和 $G(n, M)$。

$G(n, p)$ 模型很简单：给定 $n$ 个节点和连接一对节点的概率 $p$，尝试将每个节点随机连接起来以创建最终的图。它意味着存在 $\binom{n}{2}$ 个可能的链接。理解概率 $p$ 的另一种方法是将其视为改变网络密度的参数。

networkx 库有 $G(n, p)$ 模型的直接实现：

（1）导入 networkx 库：

```
import networkx as nx
import matplotlib.pyplot as plt
```

（2）使用 nx.erdos_renyi_graph() 函数生成一个具有 10 个节点（$n = 10$）的图 G，边创建的概率为 0.5（$p = 0.5$）：

```
G = nx.erdos_renyi_graph(10, 0.5, seed=0)
```

（3）使用 nx.circular_layout() 函数定位结果节点。你也可以使用其他布局，但这个布局可以方便地比较 $p$ 的不同值：

```
pos = nx.circular_layout(G)
```

（4）使用 nx.draw() 绘制具有 pos 布局的图 G。全局启发式通常更准确，但需要了解整个图。当然，它并不是使用这些知识预测链接的唯一方法：

```
nx.draw(G, pos=pos, with_labels=True)
```

其输出如图 11.1 所示。

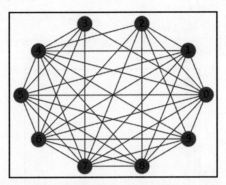

图 11.1　具有 10 个节点且 $p = 0.5$ 的 Erdős–Rényi 图

可以使用 0.1 和 0.9 的概率重复这个过程，得到如图 11.2 所示的结果。

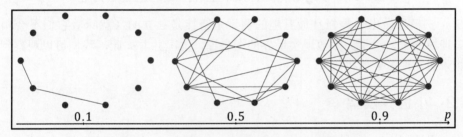

图 11.2　具有不同的边创建概率的 Erdős–Rényi 图

可以看到，当 $p$ 值很小时，许多节点是孤立的；而当 $p$ 值很大时，图是高度互连的。

在 $G(n, M)$ 模型中，我们从所有具有 $n$ 个节点和 $M$ 个链接的图中随机选择一个图。例如，如果 $n = 3$ 且 $M = 2$，则存在 3 种可能的图（见图 11.3）。

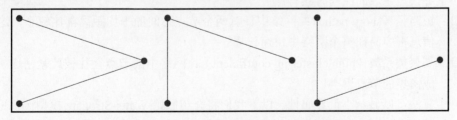

图 11.3　一组具有 3 个节点和 2 个链接的图

$G(n, M)$ 模型将随机选择这些图之一。这是解决同一问题的不同方法，但它不像 $G(n, p)$ 模型那么流行，因为一般来说它分析起来更具挑战性。

可以使用 nx.gnm_random_graph() 函数在 Python 中实现 $G(n, M)$ 模型：

```
G = nx.gnm_random_graph(3, 2, seed=0)
pos = nx.circular_layout(G)
nx.draw(G, pos=pos, with_labels=True)
```

其输出如图 11.4 所示。

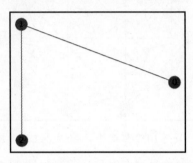

图 11.4　从具有 3 个节点和 2 个链接的图集中随机采样的图

$G(n, p)$ 模型做出的最强且最有趣的假设是链接是独立的（意味着它们不会相互干扰）。遗憾的是，对于大多数现实世界的图来说，情况并非如此，我们可以观察到与此规则相矛盾的许多聚类和社区。

## 11.2.2　小世界模型

小世界模型由 Duncan Watts 和 Steven Strogatz 于 1998 年提出（参见 11.6 节 "延伸阅读" [3]），它试图模仿生物、技术和社交网络的行为。其主要概念是，现实世界的网络并不是完全随机的（Erdős–Rényi 模型是完全随机的），但也不是完全规则的（网格就是完全规则的）。这种拓扑介于两者之间，这就是为什么我们可以使用系数对其进行插值。

小世界模型生成的图同时具有：

❑　短路径（short path）：网络中任意两个节点之间的平均距离都比较小，这使得信息很容易在整个网络中快速传播。

❑　高聚类系数（high clustering coefficient）：网络中的节点往往彼此紧密连接，形成密集的节点聚类。

许多算法可以显示小世界属性。以下我们将介绍原始 Watts-Strogatz 模型（参见 11.6 节 "延伸阅读" [3]）。这可以通过以下步骤来实现：

（1）初始化一个包含 $n$ 个节点的图。

（2）每个节点都连接到其最近的 $k$ 个邻居（如果 $k$ 是奇数，则连接到 $k-1$ 个邻居）。

（3）节点 $i$ 和 $j$ 之间的每个链接都有概率 $p$ 的可能在节点 $i$ 和 $k$ 之间重新连接，其中

$k$ 是另一个随机节点。

在 Python 中，可以通过调用 nx.watts_strogatz_graph()函数来实现：

```
G = nx.watts_strogatz_graph(10, 4, 0.5, seed=0)
pos = nx.circular_layout(G)
nx.draw(G, pos=pos)
```

这会产生如图 11.5 所示的结果。

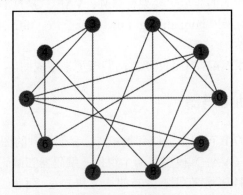

图 11.5　使用 Watts-Strogatz 模型获得的小世界网络

与 Erdős–Rényi 模型一样，我们可以用不同的概率 $p$ 值重复相同的过程，这将获得如图 11.6 所示的结果。

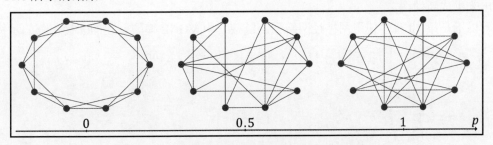

图 11.6　具有不同的重新连接概率的小世界模型

可以看到，当 $p=0$ 时，图是完全规则的。而在另一个极端，当 $p=1$ 时，图则是完全随机的，因为每个链接都已重新连接。在这两个极端图之间的则是一个既有中心又有局部聚类的图（$p=0.5$）。

尽管如此，Watts-Strogatz 模型并没有产生真实的度分布。它还需要固定数量的节点，这意味着它不能用于网络增长。一般来说，经典方法无法捕捉现实世界图的全部多样性和复杂性。这激发了一系列新技术的创建，通常称为深度图生成（deep graph generation）。

## 11.3　使用图神经网络生成图

深度图生成模型是基于 GNN 的架构，比传统技术更具表现力。当然，这也是有代价的：它们通常过于复杂，无法像传统方法一样进行分析和理解。

本节将介绍深度图生成的 3 个主要架构系列：VAE、GAN 和自回归模型。虽然还存在其他技术，例如归一化流（normalizing flows）或扩散（diffusion）模型，但它们都不如这 3 种技术流行和成熟。

本节将介绍如何使用 VAE、GAN 和自回归模型来生成图。

### 11.3.1　图变分自动编码器

正如上一章所见，VAE 可用于近似邻接矩阵。我们看到的图变分自动编码器（graph variational autoencoder，GVAE）模型有两个组件：编码器和解码器。编码器使用两个共享第一层的 GCN 来学习每个潜在正态分布的均值和方差，而解码器则可以对学习到的分布进行采样以计算潜在变量 $Z$ 之间的内积。最终得到了近似的邻接矩阵 $\tilde{A} = \sigma(Z^T Z)$。

在上一章中，我们使用了 $\tilde{A}$ 来预测链接，但这并不是它唯一的应用：它直接为我们提供了模仿训练期间看到的图的网络的邻接矩阵，因此，除了预测链接，也可以使用该输出来生成新的图。

以下是第 10 章"使用图神经网络预测链接"中 VGAE 模型创建的邻接矩阵的示例：

```
z = model.encode(test_data.x, test_data.edge_index)
adj = torch.where((z @ z.T) > 0.9, 1, 0)
adj

tensor([[1, 0, 0, ..., 0, 1, 1],
        [0, 1, 1, ..., 0, 0, 0],
        [0, 1, 1, ..., 0, 1, 1],
        ...,
        [0, 0, 0, ..., 1, 0, 0],
        [1, 0, 1, ..., 0, 1, 1],
        [1, 0, 1, ..., 0, 1, 1]])
```

自 2016 年以来，该技术已扩展到 GVAE 模型之外，还可以输出节点和边特征。一个很好的例子是目前极为流行的基于 VAE 的图生成模型之一：GraphVAE（参见 11.6 节"延伸阅读"[4]）。它由 Simonovsky 和 Komodakis 于 2018 年推出，旨在生成真实的分子。

该任务需要能够区分节点（原子）和边（化学键）。

GraphVAE 考虑的图可以表示为：

$$G = (A, E, F)$$

其中，$A$ 是邻接矩阵，$E$ 是边属性张量，$F$ 是节点属性矩阵。

它将学习具有预定义的节点数的图的概率版本：

$$\tilde{G} = (\tilde{A}, \tilde{E}, \tilde{F})$$

在这个概率版本中，$\tilde{A}$ 包含节点($\tilde{A}_{a,a}$)和边($\tilde{A}_{a,b}$)概率，$\tilde{E}$ 表示边的类别概率，而 $\tilde{F}$ 则包含节点的类别概率。

与 GVAE 相比，GraphVAE 的编码器是一个带有边条件图卷积（edge-conditional graph convolutions，ECC）的前馈网络，其解码器是具有 3 个输出的多层感知器（MLP）。整个架构总结如图 11.7 所示。

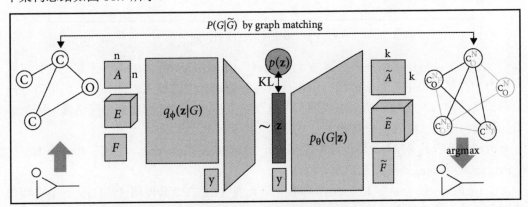

图 11.7　GraphVAE 的推理过程

| 原　文 | 译　文 |
| --- | --- |
| by graph matching | 通过图匹配算法将概率全连接图与真实图对齐 |

还有许多其他基于 VAE 的图生成架构。当然，它们的作用不仅限于模仿图，还可以嵌入约束来指导它们生成的图类型。

添加这些约束的一种流行方法是在解码阶段检查它们，例如约束图变分自动编码器（constrained graph variational autoencoder，CGVAE）（参见 11.6 节 "延伸阅读" [5]）。在该架构中，编码器是门控图卷积网络（gated graph convolutional network，GGCN），解码器是自回归模型。自回归解码器特别适合此任务，因为它们可以验证过程每个步骤的每个约束。

最后，还有一种添加约束的技术是使用基于拉格朗日的正则化器，其计算速度更快，但在生成方面不太严格（参见 11.6 节"延伸阅读"[6]）。

## 11.3.2　自回归模型

自回归模型也可以单独使用。它与其他模型的区别在于，过去的输出成为当前输入的一部分。在该框架中，图生成成为一个考虑数据和过去决策的顺序决策过程。例如，在每个步骤中，自回归模型可以创建一个新节点或新链接。然后，将生成的图输入模型以进行下一步生成，直到被停止。图 11.8 说明了这个过程。

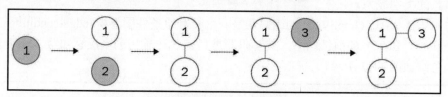

图 11.8　图生成的自回归过程

在实践中，常使用循环神经网络（recurrent neural network，RNN）来实现这种自回归能力。在此架构中，先前的输出用作计算当前隐藏状态的输入。此外，它们可以处理任意长度的输入，这对于迭代生成图至关重要。当然，这种计算比前馈网络慢，因为必须处理整个序列才能获得最终输出。

两种最流行的 RNN 类型是门控循环单元（gated recurrent unit，GRU）和长短期记忆（long short-term memory，LSTM）网络。

GraphRNN 由 You 等人于 2018 年推出（参见 11.6 节"延伸阅读"[7]），是这些深度图生成技术的直接实现。该架构使用以下两个 RNN：

❑　用于生成节点序列（包括初始状态）的图级 RNN。

❑　用于预测每个新添加节点的连接的边级 RNN。

边级 RNN 将图级 RNN 的隐藏状态作为输入，然后为其提供自己的输出。图 11.9 说明了该架构在推理时的机制。

两个 RNN 实际上都在完成一个邻接矩阵：图级 RNN 创建的每个新节点都会添加一行和一列，并由边级 RNN 填充 0 和 1。

总而言之，GraphRNN 执行以下步骤：

（1）添加新节点：图级 RNN 会初始化图及其输出（如果馈送到边级 RNN）。

（2）添加新连接：边级 RNN 预测新节点是否与之前的每个节点相连。

（3）停止图生成：重复前两个步骤，直到边级 RNN 输出 EOS 令牌，标志着过程结束。

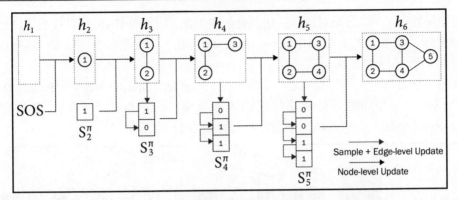

图 11.9　推理时的 GraphRNN 架构

| 原　　文 | 译　　文 | 原　　文 | 译　　文 |
|---|---|---|---|
| Sample + Edge-level Update | 样本+边级更新 | Node-level Update | 节点级更新 |

GraphRNN 可以学习不同类型的图（网格、社交网络、蛋白质等），并且完全优于传统技术。它是模仿给定图的一种架构选择，应该优先于 GraphVAE。

## 11.3.3　生成对抗网络

与 VAE 一样，生成对抗网络（generative adversarial network，GAN）是机器学习中众所周知的生成模型。在该框架中，两个神经网络以两个不同的目标进行零和博弈。第一个神经网络是创建新数据的生成器（generator），第二个神经网络是鉴别器（discriminator），用于将每个样本分类为真样本（来自训练集）或假样本（由生成器生成）。生成器就像是假币制造者，它不断生产假币并努力改进，以让假币更加逼真，而鉴别器则像是警察，它的任务就是准确地识别出假币。

多年来，人们对原始架构提出了两项主要改进。第一项改进称为 Wasserstein GAN（WGAN）。它通过最小化两个概率分布之间的 Wasserstein 距离（或 Earth Mover 距离）来提高学习稳定性。第二项改进则是引入了梯度惩罚而不是原始的梯度裁剪方案，这使其变体获得了进一步完善。

目前有多项研究成果将该框架应用于深度图生成。与之前的技术一样，GAN 可以模仿图或生成优化某些约束的网络，后者在寻找具有特定性质的新化合物等应用中非常方便。但它的问题是，由于其离散性质，网络将变得异常庞大（超过 $10^{60}$ 种可能的组合）且极为复杂。

De Cao 和 Kipf 在 2018 年提出了分子 GAN（molecular GAN，MolGAN）（参见 11.6

节"延伸阅读"[8]），这是对此问题的流行解决方案。它将 WGAN 与直接处理图结构数据的梯度惩罚和强化学习（reinforcement learning，RL）目标相结合，以生成具有所需化学性质的分子。

该强化学习目标基于深度确定性策略梯度（deep deterministic policy gradient，DDPG）算法，这是一种使用确定性策略梯度的脱离策略（off-policy）行为者-批评者模型（actor-critic model）。MolGAN 推理时的架构如图 11.10 所示。

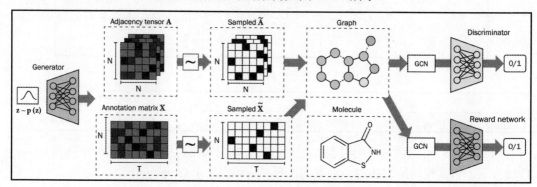

图 11.10　MolGAN 推理时的架构

| 原　　文 | 译　　文 | 原　　文 | 译　　文 |
|---|---|---|---|
| Generator | 生成器 | Graph | 图 |
| Adjacency tensor | 邻接张量 | Molecule | 分子 |
| Annotation matrix | 注解矩阵 | GCN | 图卷积网络 |
| Sampled $\tilde{A}$ | 采样获得 $\tilde{A}$ | Discriminator | 鉴别器 |
| Sampled $\tilde{X}$ | 采样获得 $\tilde{X}$ | Reward network | 奖励网络 |

该框架分为以下 3 个主要组成部分。

❑　生成器（generator）：这是一个多层感知器，它输出一个包含原子类型的节点矩阵 $X$ 和一个邻接矩阵 $A$，它实际上是一个包含边和键类型的张量。使用 WGAN 和 RL 损失的线性组合来训练生成器。我们通过分类采样将这些密度表示转化为稀疏对象（$\tilde{X}$ 和 $\tilde{A}$）。

❑　鉴别器（discriminator）：接收来自生成器和数据集的图并学习区分它们。它仅使用 WGAN 损失进行训练。

❑　奖励网络（reward network）：对每个图进行评分。它使用基于外部系统（本例中为 RDKit）提供的真实分数的 MSE 损失进行训练。

鉴别器和奖励网络使用 GNN 模式：关系图卷积网络（relational-GCN），这是一种支持多种边类型的 GCN 变体。经过若干层图卷积后，节点嵌入被聚合成图级向量输出：

$$h_G = \tanh\left(\sum_{i \in V} \sigma\big(\text{MLP}_1(h_i, x_i)\big) \odot \tanh\big(\text{MLP}_2(h_i, x_i)\big)\right)$$

其中，$\sigma$ 表示 logistic sigmoid 函数，$\text{MLP}_1$ 和 $\text{MLP}_2$ 是两个具有线性输出的多层感知器，$\odot$ 表示逐元素乘法。第三个 MLP 进一步处理该图嵌入，为奖励网络生成一个介于 0 和 1 之间的值，为鉴别器生成一个介于负无穷大（$-\infty$）和正无穷大（$+\infty$）之间的值。

MolGAN 产生有效的化合物，可以优化药物的可能性、可合成性和溶解度等特性。接下来，我们将实现这个架构来生成新分子。

# 11.4　使用 MolGAN 生成分子

PyTorch Geometric 没有很好地涵盖深度图生成。药物发现是该子领域的主要应用，这就是为什么可以在一些专门的库中找到其生成模型。更具体地说，有两个流行的 Python 库可用于基于机器学习的药物发现：DeepChem 和 torchdrug。本节将使用 DeepChem，因为它更成熟并且可以直接实现 MolGAN。

现在让我们看看如何将 DeepChem 和 Tensorflow 搭配使用。以下操作过程基于 DeepChem 的示例。

（1）安装 DeepChem，它需要 tensorflow、joblib、NumPy、pandas、scikit-learn、SciPy 和 rdkit 库。DeepChem 的网址如下：

https://deepchem.io

具体安装命令如下：

```
!pip install deepchem==2.7.1
```

（2）导入所需的包：

```
import numpy as np
import tensorflow as tf

import pandas as pd
from tensorflow import one_hot

import deepchem as dc
from deepchem.models.optimizers import ExponentialDecay
from deepchem.models import BasicMolGANModel as MolGAN
```

```
from deepchem.feat.molecule_featurizers.molgan_featurizer
import GraphMatrix

from rdkit import Chem
from rdkit.Chem import Draw
from rdkit.Chem import rdmolfiles
from rdkit.Chem import rdmolops
from rdkit.Chem.Draw import IpythonConsole
```

（3）我们下载了 tox21（21 世纪毒理学）数据集，其中包含 6000 多种化合物，以分析其毒性。在本示例中只需要其简化分子输入行输入系统（simplified molecular-input line-entry system，SMILES）表示：

```
_, datasets, _ = dc.molnet.load_tox21()
df = pd.DataFrame(datasets[0].ids, columns=['smiles'])
```

（4）以下是这些 smiles 字符串的输出：

```
0    CC(O)(P(=O)(O)O)P(=O)(O)O
1    CC(C)(C)OOC(C)(C)CCC(C)(C)OOC(C)(C)C
2    OC[C@H](O)[C@@H](O)[C@H](O)CO
3    CCCCCCCC(=O)[O-].CCCCCCCC(=O)[O-].[Zn+2]
... ...
6260 Cc1cc(CCCOc2c(C)cc(-c3noc(C(F)(F)F)n3)cc2C)on1
6261 O=C1OC(OC(=O)c2cccnc2Nc2cccc(C(F)(F)F)c2)c2ccc...
6262 CC(=O)C1(C)CC2=C(CCCC2(C)C)CC1C
6263 CC(C)CCC[C@@H](C)[C@H]1CC(=O)C2=C3CC[C@H]4C[C@...
```

（5）我们只考虑最多含有 15 个原子的分子。过滤数据集并创建一个 featurizer，以便将 smiles 字符串转换为输入特征：

```
max_atom = 15
molecules = [x for x in df['smiles'].values if Chem.
MolFromSmiles(x).GetNumAtoms() < max_atom]

featurizer = dc.feat.MolGanFeaturizer(max_atom_count=max_atom)
```

（6）手动循环遍历数据集以转换 smiles 字符串：

```
features = []
for x in molecules:
    mol = Chem.MolFromSmiles(x)
    new_order = rdmolfiles.CanonicalRankAtoms(mol)
    mol = rdmolops.RenumberAtoms(mol, new_order)
```

```
feature = featurizer.featurize(mol)
if feature.size != 0:
    features.append(feature[0])
```

（7）从数据集中删除无效分子：

```
features = [x for x in features if type(x) is GraphMatrix]
```

（8）现在创建 MolGAN 模型。它将使用具有指数延迟（exponential delay）调度的学习率进行训练：

```
gan = MolGAN(learning_rate=ExponentialDecay(0.001, 0.9,
5000), vertices=max_atom)
```

（9）创建数据集以 DeepChem 的格式提供给 MolGAN：

```
dataset = dc.data.NumpyDataset(X=[x.adjacency_matrix for
x in features], y=[x.node_features for x in features])
```

（10）MolGAN 使用批量训练，这就是我们需要定义一个迭代的原因，如下所示：

```
def iterbatches(epochs):
    for i in range(epochs):
        for batch in dataset.iterbatches(batch_size=gan.batch_size,
pad_batches=True):
            adjacency_tensor = one_hot(batch[0], gan.edges)
            node_tensor = one_hot(batch[1], gan.nodes)
            yield {gan.data_inputs[0]: adjacency_tensor,
gan.data_inputs[1]: node_tensor}
```

（11）训练模型 25 个 epoch：

```
gan.fit_gan(iterbatches(25), generator_steps=0.2)
```

（12）生成 1000 个分子：

```
generated_data = gan.predict_gan_generator(1000)
nmols = feat.defeaturize(generated_data)
```

（13）检查这些分子是否有效：

```
valid_mols = [x for x in generated_mols if x is not None]
print (f'{len(valid_mols)} valid molecules (out of
{len((generated_mols))} generated molecules)')

31 valid molecules (out of 1000 generated molecules)
```

（14）比较一下，看看有多少分子是唯一的：

```
generated_smiles = [Chem.MolToSmiles(x) for x in valid_mols]
generated_smiles_viz = [Chem.MolFromSmiles(x) for x in
set(generated_smiles)]
print(f'{len(generated_smiles_viz)} unique valid
molecules ({len(generated_smiles)-len(generated_smiles_viz)}
redundant molecules)')

24 unique valid molecules (7 redundant molecules)
```

（15）在网格中打印已生成的分子：

```
img = Draw.MolsToGridImage(generated_smiles_viz,
molsPerRow=6, subImgSize=(200, 200), returnPNG=False)
```

其结果如图 11.11 所示。

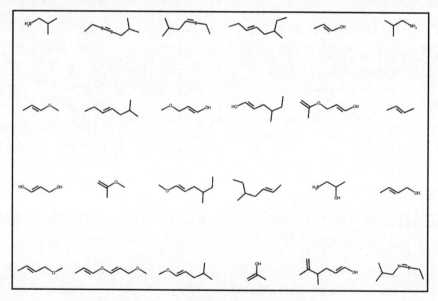

图 11.11　使用 MolGAN 生成的分子

尽管 GAN 有所改进，但这个训练过程相当不稳定，可能无法产生任何有意义的结果。我们提供的代码对超参数更改很敏感，并且不能很好地推广到其他数据集，包括原始论文中使用的 QM9 数据集。

尽管如此，MolGAN 混合强化学习和 GAN 的概念仍可以应用于药物发现之外，以优化任何类型的图，例如计算机网络、社交网络和推荐系统等。

## 11.5　小　　结

本章探讨了生成图的不同技术。首先，我们介绍了基于包含数学特性的概率的传统方法。但是，由于它们缺乏表达能力，因此我们转向了使用更加灵活的基于 GNN 的技术。本章介绍了 3 个深度生成模型系列：基于 VAE 的模型、自回归模型和基于 GAN 的模型。我们介绍了每个系列的模型以帮助你了解它们在现实生活中的工作方式。

最后，本章还实现了一个基于 GAN 的模型，该模型结合了生成器、鉴别器和强化学习的奖励网络。该架构不是简单地模仿训练期间看到的图，还可以优化所需的属性，例如溶解度。我们使用 DeepChem 和 TensorFlow 创建了 24 种独特且有效的分子。如今，这种流程在药物发现行业很常见，机器学习可以大大加快药物研发速度。

在第 12 章 "从异构图学习" 中，我们将探索之前在推荐系统和分子中遇到的一种新型图——异构图。这些异构图包含多种类型的节点和链接，需要进行特定的处理。它们比我们讨论的规则图更通用，并且在知识图等应用程序中特别有用。

## 11.6　延 伸 阅 读

[1] P. Erdös and A. Rényi. On random graphs I, Publicationes Mathematicae Debrecen, vol. 6, p. 290, 1959.

https://snap.stanford.edu/class/cs224w-readings/erdos59random.pdf

[2] E. N. Gilbert, Random Graphs, The Annals of Mathematical Statistics, vol. 30, no. 4, pp. 1141–1144, 1959, DOI: 10.1214/aoms/1177706098.

https://projecteuclid.org/journals/annals-of-mathematical-statistics/volume-30/issue-4/Random-Graphs/10.1214/aoms/1177706098.full

[3] Duncan J. Watts and Steven H. Strogatz. Collective dynamics of small-world networks, Nature, 393, pp. 440–442, 1998.

http://snap.stanford.edu/class/cs224wreadings/watts98smallworld.pdf

[4] M. Simonovsky and N. Komodakis. GraphVAE: Towards Generation of Small Graphs Using Variational Autoencoders CoRR, vol. abs/1802.03480, 2018, [Online].

http://arxiv.org/abs/1802.03480

[5] Q. Liu, M. Allamanis, M. Brockschmidt, and A. L. Gaunt. Constrained Graph Variational Autoencoders for Molecule Design. arXiv, 2018. DOI: 10.48550/ARXIV. 1805. 09076.

https://arxiv.org/abs/1805.09076

[6] T. Ma, J. Chen, and C. Xiao, Constrained Generation of Semantically Valid Graphs via Regularizing Variational Autoencoders. arXiv, 2018. DOI: 10.48550/ARXIV.1809.02630.

https://arxiv.org/abs/1809.02630

[7] J. You, R. Ying, X. Ren, W. L. Hamilton, and J. Leskovec. GraphRNN: Generating Realistic Graphs with Deep Auto-regressive Models. arXiv, 2018. DOI: 10.48550/ARXIV. 1802.08773.

https://arxiv.org/abs/1802.08773

[8] N. De Cao and T. Kipf. MolGAN: An implicit generative model for small molecular graphs. arXiv, 2018. DOI: 10.48550/ARXIV.1805.11973.

https://arxiv.org/abs/1805.11973

# 第 12 章 从异构图学习

在上一章中，我们尝试生成包含不同类型的节点（原子）和边（键）的真实分子。在其他应用中也可以观察到这种行为，例如推荐系统（用户和项目）、社交网络（关注者和被关注者）或网络安全（路由器和服务器）等。我们将这类图称为异构图（heterogeneous graph），其与仅涉及一种类型的节点和一种类型的边的同构图（homogeneous graph）是不一样的。

本章将回顾我们所知道的关于同构 GNN 的一切。我们将介绍消息传递神经网络框架，以概括迄今为止所看到的架构。这个总结将使你更清晰地了解如何将框架扩展到异构网络。我们将从创建异构数据集开始，然后将同构架构转变为异构架构。

在最后一节中，将采取不同的方法并讨论专门为处理异构网络而设计的架构。我们将阐释其工作原理，以帮助你更好地理解该架构与经典图注意力网络（GAT）之间的区别。最后，我们还将在 PyTorch Geometric 中实现它，并将其结果与之前的技术进行比较。

学习完本章内容后，你将对同构图和异构图之间的差异有深入的了解，能够创建自己的异构数据集并转换传统模型以在这种情况下使用它们，还可以实现专门设计的架构，以充分利用异构网络。

本章包含以下主题：
- ❏ 消息传递神经网络框架
- ❏ 引入异构图
- ❏ 将同构图神经网络转换为异构图神经网络
- ❏ 实现分层自注意力网络

# 12.1 技 术 要 求

本章所有代码示例都可以在本书配套 GitHub 存储库中找到，其网址如下：

https://github.com/PacktPublishing/Hands-On-Graph-Neural-Networks-Using-Python/tree/main/Chapter12

在本地计算机上运行代码所需的安装步骤可以在本书的前言中找到。

# 12.2　消息传递神经网络框架

在探索异构图之前，让我们先回顾一下对同构图神经网络的理解。在前面的章节中，我们讨论了用于聚合和组合来自不同节点的特征的不同函数。如第 5 章 "使用普通神经网络包含节点特征" 中所讲，最简单的图神经网络层其实就是将相邻节点（包括目标节点本身）的特征线性组合通过权重矩阵相加求和，然后使用求和的结果替换先前的目标节点嵌入。

节点级算子可以写成如下形式：

$$h'_i = \sum_{j \in \mathcal{N}_i} h_j W^T$$

其中，$\mathcal{N}_i$ 是节点 $i$（包括其自身）的邻居节点的集合，$h_i$ 是节点 $i$ 的嵌入，而 $W$ 则是一个权重矩阵。

图卷积网络（GCN）和图注意力网络（GAT）层为节点特征添加了固定和动态权重，但保留了相同的思想。即使 GraphSAGE 的 LSTM 算子或图同构网络（GIN）的最大聚合器也没有改变图神经网络层的主要概念。如果深入研究所有这些变体，则可以将图神经网络层概括为一个称为消息传递神经网络（message passing neural network，MPNN 或 MP-GNN）的通用框架。Gilmer 等人于 2017 年提出了该框架（参见 12.7 节 "延伸阅读" [1]）。

该框架由以下 3 个主要操作组成：

❑　消息（message）：每个节点使用一个函数为每个邻居创建一条消息。它可以简单地由自己的特征组成（如前面的示例所示），也可以考虑相邻节点的特征和边特征。

❑　聚合（aggregate）：每个节点使用置换同变性（permutation-equivariant）函数聚合来自其邻居的消息，例如前面示例中的求和。

❑　更新（update）：每个节点使用一个函数来更新其特征，以结合其当前特征和聚合的消息。在前面的示例中，引入了自循环来聚合节点 $i$ 的当前特征，例如邻居。

这些步骤可以汇总到一个公式中：

$$h'_i = \gamma\left(h_i, \oplus_{j \in N_i} \phi(h_i, h_j, e_{j,i})\right)$$

其中，$h_i$ 是节点 $i$ 的节点嵌入，$e_{j,i}$ 是 $j \rightarrow i$ 链接的边嵌入，$\phi$ 是消息函数，$\oplus$ 是聚合函数，$\gamma$ 是更新函数。

你可以找到该框架的图解版本，如图 12.1 所示。

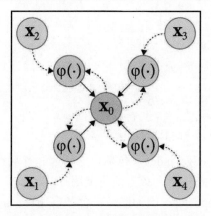

图 12.1 MPNN 框架

PyTorch Geometric 可以使用 MessagePassing 类直接实现该框架。现在就让我们看看如何使用此类实现 GCN 层。

请按以下步骤操作。

（1）导入需要的库：

```
import torch
from torch.nn import Linear
from torch_geometric.nn import MessagePassing
from torch_geometric.utils import add_self_loops, degree
```

（2）声明继承自 MessagePassing 的 GCN 类：

```
class GCNConv(MessagePassing):
```

（3）这里需要两个参数——输入维度和输出（隐藏）维度。MessagePassing 使用 add 聚合进行初始化。可以定义一个没有偏差的 PyTorch 线性层：

```
def __init__(self, dim_in, dim_h):
    super().__init__(aggr='add')
    self.linear = Linear(dim_in, dim_h, bias=False)
```

（4）forward()函数包含逻辑。首先，将自循环添加到邻接矩阵中以考虑目标节点：

```
def forward(self, x, edge_index):
    edge_index, _ = add_self_loops(edge_index, num_nodes=x.size(0))
```

（5）使用之前定义的线性层应用线性变换：

```
x = self.linear(x)
```

（6）计算归一化因子 $\dfrac{1}{\sqrt{\deg(i)} \cdot \sqrt{\deg(j)}}$ :

```
row, col = edge_index
deg = degree(col, x.size(0), dtype=x.dtype)
deg_inv_sqrt = deg.pow(-0.5)
deg_inv_sqrt[deg_inv_sqrt == float('inf')] = 0
norm = deg_inv_sqrt[row] * deg_inv_sqrt[col]
```

（7）使用更新之后的 edge_index（包括自循环）和存储在 norm 张量中的归一化因子来调用 propagate()方法。在内部，该方法将调用 message()、aggregate()和 update()。

这里不需要重新定义 update()，因为已经包含了自循环。aggregate()函数已在步骤（3）中使用 aggr='add'指定：

```
out = self.propagate(edge_index, x=x, norm=norm)
return out
```

（8）重新定义 message()函数，用 norm 对邻居节点特征 x 进行归一化：

```
def message(self, x, norm):
    return norm.view(-1, 1) * x
```

（9）现在可以初始化该对象并将其用作 GCN 层：

```
conv = GCNConv(16, 32)
```

此示例展示了如何在 PyTorch Geometric 中创建自己的图神经网络层。可以阅读文档以了解 GCN 或 GAT 层是如何在源代码中实现的。

MPNN 框架是一个重要的概念，它有助于将图神经网络转变为异构模型。

# 12.3　引入异构图

异构图是表示不同实体之间一般关系的强大工具。不同类型的节点和边会创建更复杂也更难学习的图结构。特别是，异构网络的主要问题之一是来自不同类型节点或边的特征不一定具有相同的含义或维度。

因此，合并不同的特征会破坏大量信息。但同质图的情况并非如此，因为同质图的每个维度对于每个节点或边都具有完全相同的含义。

异构图是一种更通用的网络，可以表示不同类型的节点和边。形式上，它被定义为一个图 $G = (V, E)$，其中，$V$ 是一组节点，$E$ 是一组边。

在异构设置中，图关联着节点类型映射函数 $\phi$：$V{\rightarrow}A$（其中，$A$ 表示节点类型的集合）和链接类型映射函数 $\psi$：$E{\rightarrow}R$（其中，$R$ 表示边类型的集合）。

图 12.2 显示了一个异构图的示例。

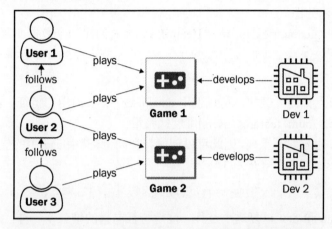

图 12.2　具有 3 种类型的节点和 3 种类型的边的异构图示例

| 原　　文 | 译　　文 | 原　　文 | 译　　文 |
|---|---|---|---|
| User1 | 用户 1 | Game1 | 游戏 1 |
| User2 | 用户 2 | Game2 | 游戏 2 |
| User3 | 用户 3 | develops | 开发（游戏） |
| follows | 关注 | Dev 1 | 开发人员 1 |
| plays | 玩（游戏） | Dev 2 | 开发人员 2 |

在此图中，我们看到 3 种类型的节点（用户、游戏和开发人员）和 3 种类型的边（关注、玩游戏和开发游戏）。它代表了一个涉及人员（用户和开发人员）和游戏的网络，可用于各种应用，例如推荐游戏的系统。如果该图包含数百万个元素，那么它完全可以用作图结构的知识数据库或知识图谱（knowledge graph）。谷歌（Google）和必应（Bing）就使用了知识图谱来回答诸如"谁玩 Dev 1 开发的游戏"之类的查询。

类似的查询可以提取有用的同构图。例如，你可能只想考虑玩 Game 1 的用户，那么其输出结果就是 User 1 和 User 2。你也可以创建更复杂的查询，例如"谁是玩 Dev 1 开发的游戏的用户？"其输出结果也是 User 1 和 User 2，但不同的是这一次遍历了两个关系来获取用户。这一类查询称为元路径（meta-path）。

在第一个示例中，元路径是 User→Game→User（通常表示为 UGU），在第二个示例中，元路径是 User→Game→Dev→Game→User（或表示为 UGDGU）。请注意，此类查询的起始节点类型和结束节点类型相同。元路径是异构图中的一个基本概念，通常用于衡量不同节点的相似性。

现在让我们看看如何使用 PyTorch Geometric 实现上面的图。

本示例将使用一个名为 HeteroData 的特殊数据对象。以下步骤将创建一个数据对象来存储图 12.2 所示的图。

（1）从 torch_geometric.data 导入 HeteroData 类并创建一个数据变量：

```
from torch_geometric.data import HeteroData
data = HeteroData()
```

（2）存储节点特征。例如，可以使用 data['user']. x 访问用户特征。我们将向其提供一个具 [num_users, num_features_users]维度的张量。

在此示例中，内容并不重要，因此可以创建特征向量，其中 user 1 的值填充为 1，user 2 的值填充为 2，user 3 的值填充为 3：

```
data['user'].x = torch.Tensor([[1, 1, 1, 1], [2, 2, 2, 2], [3, 3, 3, 3]])
```

（3）对 game 和 dev 重复这个过程。注意特征向量的维数不一样，这是处理不同表示时异构图的一个重要好处：

```
data['game'].x = torch.Tensor([[1, 1], [2, 2]])
data['dev'].x = torch.Tensor([[1], [2]])
```

（4）在节点之间创建连接。本示例中的链接具有不同的含义，这就是要创建 3 组边的索引的原因。可以使用三元组(源节点类型, 边类型, 目标节点类型)声明每个集合，例如 data['user', 'follows', 'user'].edge_index。然后，将连接存储在具有[2, 边数]维度的张量中。具体示例如下：

```
data['user', 'follows', 'user'].edge_index = torch.
Tensor([[0, 1], [1, 2]]) # [2, num_edges_follows]
data['user', 'plays', 'game'].edge_index = torch.
Tensor([[0, 1, 1, 2], [0, 0, 1, 1]])
data['dev', 'develops', 'game'].edge_index = torch.
Tensor([[0, 1], [0, 1]])
```

（5）边还可以具有特征，例如，plays 边可以包括用户玩相应游戏的小时数。以下代码假设 user 1 玩 game 1 花了 2h，user 2 玩 game 1 花了 0.5h，玩 game 2 花了 10h，user 3 玩 game 2 花了 12h：

```
data['user', 'plays', 'game'].edge_attr = torch.
Tensor([[2], [0.5], [10], [12]])
```

（6）打印 data 对象来查看结果：

```
HeteroData(
    user={ x=[3, 4] },
    game={ x=[2, 2] },
    dev={ x=[2, 1] },
    (user, follows, user)={ edge_index=[2, 2] },
    (user, plays, game)={
        edge_index=[2, 4],
        edge_attr=[4, 1]
    },
    (dev, develops, game)={ edge_index=[2, 2] }
)
```

正如你在此实现中所看到的，不同类型的节点和边不共享相同的张量。事实上，这是不可能的，因为它们也不具有相同的维度。这就提出了一个新问题——如何使用图神经网络聚合来自多个张量的信息？

到目前为止，我们的讨论重点仍然是在单一类型上。在实践中，权重矩阵具有正确的大小，可以与预定义的维度相乘。但是，当我们获得不同维度的输入时，又该如何实现图神经网络呢？

## 12.4　将同构图神经网络转换为异构图神经网络

为了更好地理解上一节最后提出的问题，我们以一个真实的数据集为例。

### 12.4.1　使用 DBLP 数据集

DBLP 计算机科学参考书目提供了一个数据集（参见 12.7 节“延伸阅读”[2]、[3]），其中包含 4 种类型的节点：paper（论文）、term（术语）、author（作者）和 conference（会议）。该数据集的目标是将作者正确分类为 4 个类别：数据库（database）、数据挖掘（data mining）、人工智能（artificial intelligence）和信息检索（information retrieval）。

author（作者）节点的特征是他们可能在其出版物中使用的 334 个关键字的词袋（0 或 1）。

图 12.3 总结了不同节点类型之间的关系。

这些节点类型不具有相同的维度和语义关系。在异构图中，节点之间的关系至关重要，这就是我们要考虑节点对的原因。例如，我们不会单独将 author（作者）节点提供给图神经网络层，而是考虑一对节点，如(author, paper)。这意味着现在每个关系都需要一个图神经网络层。在本示例中，to 关系是双向的，因此将得到 6 个层。

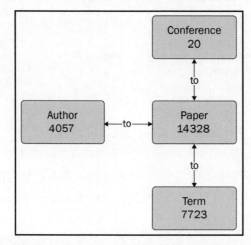

图 12.3　DBLP 数据集中节点类型之间的关系

| 原　　　文 | 译　　　文 | 原　　　文 | 译　　　文 |
|---|---|---|---|
| Conference | 会议 | Paper | 论文 |
| Author | 作者 | Term | 术语 |

　　这些新层具有独立的权重矩阵，其大小适合每种节点类型。遗憾的是，到这里只解决了一半问题。事实上，现在有了 6 个不同的层，但它们不共享任何信息。可以通过引入跳跃连接（skip-connection）、共享层（shared layer）和跳跃知识（jumping knowledge）等来解决这个问题（参见 12.7 节"延伸阅读"[4]）。

## 12.4.2　实现图注意力网络作为基线

　　在将同构模型转换为异构模型之前，让我们在 DBLP 数据集上实现一个传统的 GAT。GAT 无法考虑不同的关系，因此我们必须给它一个独特的邻接矩阵，将作者彼此连接起来。幸运的是，现在有一种技术可以轻松生成这个邻接矩阵——我们可以创建一个元路径，例如 author-paper-author，它将连接来自同一论文的作者。

　　注意：

　　也可以通过随机游走来建立一个很好的邻接矩阵。即使图是异构的，也可以对其进行探索，并连接经常出现在相同序列中的节点。

　　代码有点冗长，但我们可以实现一个常规的 GAT，具体步骤如下。

（1）导入所需的库：

```
from torch import nn
import torch.nn.functional as F

import torch_geometric.transforms as T
from torch_geometric.datasets import DBLP
from torch_geometric.nn import GAT
```

（2）使用以下特定语法定义将使用的元路径：

```
metapaths = [[('author', 'paper'), ('paper', 'author')]]
```

（3）使用 AddMetaPaths 转换函数来自动计算元路径。

注意，可以使用 drop_orig_edge_types=True 从数据集中删除其他关系（GAT 只能考虑一个关系）：

```
transform = T.AddMetaPaths(metapaths=metapaths, drop_
orig_edge_types=True)
```

（4）加载 DBLP 数据集并打印它：

```
dataset = DBLP('.', transform=transform)
data = dataset[0]
print(data)
```

（5）其输出结果如下。可以看到使用 transform 函数创建的(author, metapath_0,author)关系：

```
HeteroData(
    metapath_dict={ (author, metapath_0, author)=[2] },
    author={
        x=[4057, 334],
        y=[4057],
        train_mask=[4057],
        val_mask=[4057],
        test_mask=[4057]
    },
    paper={ x=[14328, 4231] },
    term={ x=[7723, 50] },
    conference={ num_nodes=20 },
    (author, metapath_0, author)={ edge_index=[2, 11113] }
)
```

（6）直接创建一层 GAT 模型，使用 in_channels=-1 进行延迟初始化（模型会自动计算值），另外还要设置 out_channels=4，因为我们需要将 author 节点分为 4 类：

```
model = GAT(in_channels=-1, hidden_channels=64, out_channels=4,
num_layers=1)
```

（7）实现 Adam 优化器，并在可能的情况下将模型和数据存储在 GPU 上：

```
optimizer = torch.optim.Adam(model.parameters(),
lr=0.001, weight_decay=0.001)
device = torch.device('cuda' if torch.cuda.is_available() else 'cpu')
data, model = data.to(device), model.to(device)
```

（8）test()函数将衡量预测的准确率：

```
@torch.no_grad()
def test(mask):
    model.eval()
    pred = model(data.x_dict['author'], data.edge_index_
dict[('author', 'metapath_0', 'author')]).argmax(dim=-1)
    acc = (pred[mask] == data['author'].y[mask]).sum() / mask.sum()
    return float(acc)
```

（9）创建一个传统的训练循环，其中节点特征（author）和边索引（author、metapath_0 和 author）都是经过仔细选择的：

```
for epoch in range(101):
    model.train()
    optimizer.zero_grad()
    out = model(data.x_dict['author'], data.edge_index_
dict[('author', 'metapath_0', 'author')])
    mask = data['author'].train_mask
    loss = F.cross_entropy(out[mask],
data['author'].y[mask])
    loss.backward()
    optimizer.step()

    if epoch % 20 == 0:
        train_acc = test(data['author'].train_mask)
        val_acc = test(data['author'].val_mask)
        print(f'Epoch: {epoch:>3} | Train Loss:
{loss:.4f} | Train Acc: {train_acc*100:.2f}% | Val Acc:
{val_acc*100:.2f}%')
```

（10）在测试集上对其进行测试，输出结果如下：

```
test_acc = test(data['author'].test_mask)
print(f'Test accuracy: {test_acc*100:.2f}%')
```

**Test accuracy: 73.29%**

上述示例使用元路径将异构数据集简化为同质数据集，并应用传统的 GAT，获得了 73.29%的测试准确率，这为与其他技术进行比较提供了良好的基线。

### 12.4.3 创建图注意力网络的异构版本

现在让我们创建此 GAT 模型的异构版本。

按照之前描述的方法，我们需要 6 个 GAT 层而不是一层。我们不必手动执行此操作，因为 PyTorch Geometric 可以使用 to_hetero()或 to_hetero_bases()函数自动执行此操作。

to_hetero()函数需要以下 3 个重要参数：

❑ module：要转换的同构模型。

❑ metadata：有关图的异构性质的信息，由元组(node_types, edge_types)表示。

❑ aggr：聚合器，用于组合由不同关系（例如 sum、max 或 mean）生成的节点嵌入。

图 12.4 显示了我们的同构图注意力网络（左）及其异构版本（右），后者是通过 to_hetero()函数获得的。

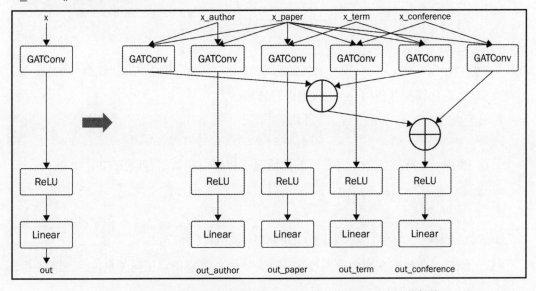

图 12.4 DBLP 数据集上同构 GAT（左）和异构 GAT（右）的架构

异构 GAT 的实现步骤和同构 GAT 的实现类似。

（1）从 PyTorch Geometric 导入图神经网络层：

```
from torch_geometric.nn import GATConv, Linear, to_hetero
```

（2）加载 DBLP 数据集：

```
dataset = DBLP(root='.')
data = dataset[0]
```

（3）在打印有关此数据集的信息时，你可能已经注意到 conference 节点没有任何特征。这是一个问题，因为在我们的架构中，假设每种节点类型都有自己的特征。可以通过生成零值作为特征来解决这个问题，具体示例如下：

```
data['conference'].x = torch.zeros(20, 1)
```

（4）使用 GAT 和线性层创建自己的 GAT 类。请注意，我们将再次对(-1, -1)元组使用延迟初始化：

```
class GAT(torch.nn.Module):
    def __init__(self, dim_h, dim_out):
        super().__init__()
        self.conv = GATConv((-1, -1), dim_h, add_self_loops=False)
        self.linear = nn.Linear(dim_h, dim_out)

    def forward(self, x, edge_index):
        h = self.conv(x, edge_index).relu()
        h = self.linear(h)
        return h
```

（5）实例化模型并使用 to_hetero()进行转换：

```
model = GAT(dim_h=64, dim_out=4)
model = to_hetero(model, data.metadata(), aggr='sum')
```

（6）实现 Adam 优化器，并在可能的情况下将模型和数据存储在 GPU 上：

```
optimizer = torch.optim.Adam(model.parameters(),
lr=0.001, weight_decay=0.001)
device = torch.device('cuda' if torch.cuda.is_available() else 'cpu')
data, model = data.to(device), model.to(device)
```

（7）测试过程也非常相似。不过这一次，我们不需要指定任何关系，因为模型考虑了所有关系：

```
@torch.no_grad()
def test(mask):
```

```
    model.eval()
    pred = model(data.x_dict, data.edge_index_dict)
['author'].argmax(dim=-1)
    acc = (pred[mask] == data['author'].y[mask]).sum() / mask.sum()
    return float(acc)
```

（8）训练循环也是一样的：

```
for epoch in range(101):
    model.train()
    optimizer.zero_grad()
    out = model(data.x_dict, data.edge_index_dict)
['author']
    mask = data['author'].train_mask
    loss = F.cross_entropy(out[mask], data['author'].y[mask])
    loss.backward()
    optimizer.step()

    if epoch % 20 == 0:
        train_acc = test(data['author'].train_mask)
        val_acc = test(data['author'].val_mask)
        print(f'Epoch: {epoch:>3} | Train Loss:
{loss:.4f} | Train Acc: {train_acc*100:.2f}% | Val Acc:
{val_acc*100:.2f}%')
```

（9）获得的测试准确率分数如下所示：

```
test_acc = test(data['author'].test_mask)
print(f'Test accuracy: {test_acc*100:.2f}%')

Test accuracy: 78.42%
```

可以看到，异构 GAT 获得了 78.42%的测试准确率。与同构版本相比，这是一个很不错的改进（+5.13%）。我们还可以做得更好吗？为了寻找这一问题的答案，我们不妨来探索一下专门为处理异构网络而设计的架构。

# 12.5　实现分层自注意力网络

本节将实现一个旨在处理异构图的图神经网络模型——分层自注意力网络（hierarchical self-attention network，HAN）。该架构由 Liu 等人于 2021 年提出（参见 12.7 节"延伸阅读"[5]）。HAN 在两个不同的级别上使用自注意力：

❑ 节点级注意力（node-level attention）：用于了解给定元路径（例如同构设置中的 GAT）中相邻节点的重要性。

❑ 语义级注意力（semantic-level attention）：学习每个元路径的重要性。这是 HAN 的主要功能，允许自动为给定任务选择最佳元路径。

在某些任务中，元路径 game-user-game 可能比 game-dev-game 更相关，例如，在预测玩家数量时就是如此。

接下来，我们将详细介绍 3 个主要组成部分——节点级注意力、语义级注意力和预测模块。HAN 的架构如图 12.5 所示。

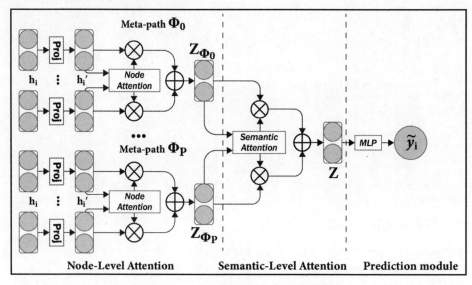

图 12.5　HAN 的架构及其 3 个主要模块

| 原　　文 | 译　　文 | 原　　文 | 译　　文 |
| --- | --- | --- | --- |
| Meta-path | 元路径 | MLP | 多层感知器 |
| Proj | 投射 | Node-Level Attention | 节点级注意力 |
| Node Attention | 节点注意力 | Semantic-Level Attention | 语义级注意力 |
| Semantic Attention | 语义注意力 | Prediction module | 预测模块 |

与图注意力网络架构一样，HAN 的第一步是将节点投射到每个元路径的统一特征空间中，然后使用第二个权重矩阵计算同一元路径中节点对（两个投影节点的连接）的权重。对该结果应用非线性函数，然后使用 softmax 函数对其进行归一化。

节点 $j$ 对节点 $i$ 的归一化之后的注意力得分（重要性）计算如下：

$$\alpha_{ij}^{\Phi} = \frac{\exp\left(\sigma\left(\boldsymbol{a}_{\Phi}^{T}\left[\boldsymbol{W}_{\Phi}\boldsymbol{h}_i\|\boldsymbol{W}_{\Phi}\boldsymbol{h}_j\right]\right)\right)}{\sum_{k\in N_i^{\Phi}}\exp\left(\sigma\left(\boldsymbol{a}_{\Phi}^{T}\left[\boldsymbol{W}_{\Phi}\boldsymbol{h}_i\|\boldsymbol{W}_{\Phi}\boldsymbol{h}_k\right]\right)\right)}$$

其中，$\boldsymbol{h}_i$ 表示节点 $i$ 的特征，$\boldsymbol{W}_{\Phi}$ 是 $\Phi$ 元路径的共享权重矩阵，$\boldsymbol{a}_{\Phi}$ 是 $\Phi$ 元路径的注意力权重矩阵，$\sigma$ 是非线性激活函数（例如 LeakyReLU），$\mathcal{N}_i^{\Phi}$ 是 $\Phi$ 元路径中节点 $i$ 的邻居的集合（包括其自身）。

还需要计算多头注意力以获得最终的嵌入：

$$\boldsymbol{Z}_i = \Big\|_{k=1}^{K}\,\sigma\left(\sum_{j\in N_i}\alpha_{ij}^{\Phi}\cdot\boldsymbol{W}_{\Phi}\boldsymbol{h}_j\right)$$

通过语义级注意力，可以对每个元路径的注意力分数（表示为 $\beta_{\Phi 1}, \beta_{\Phi 2}, ..., \beta_{\Phi P}$）重复类似的过程。给定元路径中的每个节点嵌入（表示为 $\boldsymbol{Z}_{\Phi P}$）都被馈送到应用非线性变换的多层感知器。将此结果与新的注意力向量 $\boldsymbol{q}$ 进行比较，作为相似性度量。最后对这个结果进行平均来计算给定元路径的重要性：

$$\boldsymbol{W}_{\Phi_p} = \frac{1}{|V|}\sum_{i\in V}\boldsymbol{q}^{T}\cdot\tanh\left(\boldsymbol{W}\cdot z_i^{\Phi_p}+b\right)$$

其中，$\boldsymbol{W}$（多层感知器的权重矩阵）、$b$（多层感知器的偏差）和 $\boldsymbol{q}$（语义级注意力向量）在元路径之间共享。

我们必须归一化这个结果来比较不同语义级别的注意力分数。使用 softmax 函数来获得最终的权重：

$$\beta_{\Phi_p} = \frac{\exp\left(\boldsymbol{w}_{\Phi_p}\right)}{\sum_{k=1}^{P}\exp\left(\boldsymbol{w}_{\Phi_k}\right)}$$

最终的嵌入 $\boldsymbol{Z}$ 结合了节点级和语义级注意力，使用以下公式计算获得：

$$\boldsymbol{Z} = \sum_{p=1}^{P}\beta_{\Phi_p}\cdot\boldsymbol{Z}_{\Phi_p}$$

最后一层（如 MLP）用于针对特定下游任务（例如，节点分类或链接预测）微调模型。要使用 PyTorch Geometric 在 DBLP 数据集上实现此架构，可按以下步骤操作。

（1）导入 HAN 层：

```
from torch_geometric.nn import HANConv
```

（2）加载 DBLP 数据集并为 conference 节点引入虚拟特征：

```
dataset = DBLP('.')
```

```
data = dataset[0]
data['conference'].x = torch.zeros(20, 1)
```

（3）创建包含两个层的 HAN 类。其中一个是使用 HANConv 的 HAN 卷积层，另一个是 linear 层，用于最终分类：

```
class HAN(nn.Module):
    def __init__(self, dim_in, dim_out, dim_h=128, heads=8):
        super().__init__()
        self.han = HANConv(dim_in, dim_h, heads=heads,
dropout=0.6, metadata=data.metadata())
        self.linear = nn.Linear(dim_h, dim_out)
```

（4）在 forward()函数中，必须指定对 author 感兴趣：

```
def forward(self, x_dict, edge_index_dict):
    out = self.han(x_dict, edge_index_dict)
    out = self.linear(out['author'])
    return out
```

（5）使用延迟初始化（dim_in=-1）来初始化模型，因此 PyTorch Geometric 将自动计算每个节点类型的输入大小：

```
model = HAN(dim_in=-1, dim_out=4)
```

（6）选择 Adam 优化器，如果可能的话，将数据和模型传输到 GPU：

```
optimizer = torch.optim.Adam(model.parameters(),
lr=0.001, weight_decay=0.001)
device = torch.device('cuda' if torch.cuda.is_available() else 'cpu')
data, model = data.to(device), model.to(device)
```

（7）test()函数将计算分类任务的准确率：

```
@torch.no_grad()
def test(mask):
    model.eval()
    pred = model(data.x_dict, data.edge_index_dict).argmax(dim=-1)
    acc = (pred[mask] == data['author'].y[mask]).sum() / mask.sum()
    return float(acc)
```

（8）训练模型 100 个 epoch。本示例与同构图神经网络训练循环的唯一区别是，需要指定对 author 节点类型感兴趣：

```
for epoch in range(101):
    model.train()
```

```
optimizer.zero_grad()
out = model(data.x_dict, data.edge_index_dict)
mask = data['author'].train_mask
loss = F.cross_entropy(out[mask], data['author'].y[mask])
loss.backward()
optimizer.step()

if epoch % 20 == 0:
    train_acc = test(data['author'].train_mask)
    val_acc = test(data['author'].val_mask)
    print(f'Epoch: {epoch:>3} | Train Loss:
{loss:.4f} | Train Acc: {train_acc*100:.2f}% | Val Acc:
{val_acc*100:.2f}%')
```

（9）训练输出结果如下：

```
Epoch: 0 | Train Loss: 1.3829 | Train Acc: 49.75% | Val Acc: 37.75%
Epoch: 20 | Train Loss: 1.1551 | Train Acc: 86.50% | Val Acc: 60.75%
Epoch: 40 | Train Loss: 0.7695 | Train Acc: 94.00% | Val Acc: 67.50%
Epoch: 60 | Train Loss: 0.4750 | Train Acc: 97.75% | Val Acc: 73.75%
Epoch: 80 | Train Loss: 0.3008 | Train Acc: 99.25% | Val Acc: 78.25%
Epoch: 100 | Train Loss: 0.2247 | Train Acc: 99.50% | Val Acc: 78.75%
```

（10）在测试集上测试解决方案：

```
test_acc = test(data['author'].test_mask)
print(f'Test accuracy: {test_acc*100:.2f}%')
```

```
Test accuracy: 81.58%
```

可以看到，HAN 获得了 81.58%的测试准确率，高于异构 GAT 的测试准确率（78.42%）和传统 GAT 的测试准确率（73.29%）。这显示了构建聚合不同类型的节点和关系的良好表示的重要性。

异构图的技术高度依赖于应用，但它值得你尝试，特别是当网络中描述的关系有意义时。

# 12.6　小　　结

本章简要介绍了 MPNN 框架，它使用了 3 个步骤（消息、聚合和更新）来概括图神经网络层。在本章的其余部分中，扩展了该框架以考虑由不同类型的节点和边组成的异构网络。这种特殊类型的图允许表示实体之间的各种关系，这实际上比单一类型的连接能提供更多关于数据的见解。

此外，本章还探讨了如何借助 PyTorch Geometric 将同质 GNN 转换为异构 GNN。我们描述了异构 GAT 中的不同层，它们以节点对作为输入来建模。

最后，我们使用 HAN 实现了异构特定架构，并在 DBLP 数据集上比较了 3 种技术的结果，证明了利用这种网络中所代表的异构信息的重要性。

在第 13 章 "时序图神经网络" 中，将介绍如何在图神经网络中考虑时间。借助于时间图，本章将解锁许多新应用，例如流量预测。本章还将介绍 PyG 的扩展库 PyTorch Geometric Temporal，它将帮助我们实现专门为处理时间而设计的新模型。

# 12.7　延　伸　阅　读

[1] J. Gilmer, S. S. Schoenholz, P. F. Riley, O. Vinyals, and G. E. Dahl. Neural Message Passing for Quantum Chemistry. arXiv, 2017. DOI: 10.48550/ARXIV.1704.01212.

https://arxiv.org/abs/1704.01212

[2] Jie Tang, Jing Zhang, Limin Yao, Juanzi Li, Li Zhang, and Zhong Su. ArnetMiner: Extraction and Mining of Academic Social Networks. In Proceedings of the Fourteenth ACM SIGKDD International Conference on Knowledge Discovery and Data Mining (SIGKDD'2008). pp.990– 998.

https://dl.acm.org/doi/abs/10.1145/1401890.1402008

[3] X. Fu, J. Zhang, Z. Meng, and I. King. MAGNN: Metapath Aggregated Graph Neural Network for Heterogeneous Graph Embedding. Apr. 2020. DOI: 10.1145/3366423.3380297.

https://arxiv.org/abs/2002.01680

[4] M. Schlichtkrull, T. N. Kipf, P. Bloem, R. van den Berg, I. Titov, and M. Welling. Modeling Relational Data with Graph Convolutional Networks. arXiv, 2017. DOI: 10.48550/ARXIV.1703.06103.

https://arxiv.org/abs/1703.06103

[5] J. Liu, Y. Wang, S. Xiang, and C. Pan. HAN: An Efficient Hierarchical Self-Attention Network for Skeleton-Based Gesture Recognition. arXiv, 2021. DOI: 10.48550/ARXIV. 2106.13391.

https://arxiv.org/abs/2106.13391

# 第 13 章 时序图神经网络

在前面的章节中，我们只考虑了边和特征不变的图。然而，在现实世界中，有许多应用并非如此。例如，在社交网络中，人们会关注和取消关注其他用户，帖子会像病毒一样传播，个人资料会随着时间的推移而变化。这种动态性无法使用之前描述的图神经网络架构来表示。我们必须嵌入一个新的时间维度来将静态图转换为动态图。然后，这些动态网络将用作新的图神经网络系列的输入。这个新的图神经网络系列即称为时序图神经网络（temporal graph neural network，T-GNN），也称为时空图神经网络（spatio-temporal GNN）。

本章将介绍两种包含时空信息的动态图（dynamic graph）。我们将列出不同的应用，并重点关注时间序列预测，其中主要应用的就是时序图神经网络。

本章还将专门介绍我们之前研究过的一个应用：网络流量预测。这次，我们将利用时间信息来改进结果并获得可靠的预测。

最后，本章将描述另一种为动态图设计的时序图神经网络架构。我们将把它应用到流行病预测中，预测英格兰不同地区的 COVID-19 病例数。

到本章结束时，你将了解两种主要类型的动态图之间的区别。这对于将数据建模为正确类型的图特别有用。此外，你还将了解两个时序图神经网络的设计和架构，以及如何使用 PyTorch Geometric Temporal 来实现它们。这也是使用时间信息创建你自己的应用程序的重要步骤。

本章包含以下主题：
- ❑ 动态图简介
- ❑ 预测网络流量
- ❑ 预测 COVID-19 病例

## 13.1 技 术 要 求

本章所有代码示例都可以在本书配套 GitHub 存储库中找到，其网址如下：

https://github.com/PacktPublishing/Hands-On-Graph-Neural-Networks-Using-Python/tree/main/Chapter13

在本地计算机上运行代码所需的安装步骤可以在本书的前言中找到。

## 13.2　动态图简介

动态图和时序图神经网络开启了各种新应用，例如交通和网络流量预测、运动分类、流行病学预测、链接预测、电力系统预测等。时间序列预测在这种图中特别受欢迎，因为它可以使用历史数据来预测系统的未来行为。

本章将重点关注具有时间成分的图。它们可以分为以下两类：

- ❑　具有时间信号的静态图：底层图不会改变，但特征和标签随着时间的推移而变化。
- ❑　具有时间信号的动态图：图的拓扑（节点和边的存在）、特征和标签将随着时间的推移而演变。

对于第一类图来说，图的拓扑是静态的。例如，它可以代表一个国家/地区内的城市网络以进行流量预测：功能随时间变化，但连接保持不变。

对于第二类图来说，节点和/或连接是动态的。它对于表示一个社交网络很有用，因为社交网络中用户之间的链接可以随着时间的推移出现或消失。这种变体更通用，但学习其如何实现更难。

接下来，就让我们看看如何使用 PyTorch Geometric Temporal 处理这两种带有时间信号的图。

## 13.3　预测网络流量

本节将使用时序图神经网络来预测维基百科文章的流量（维基百科文章作为带有时序信号的静态图的示例）。这个回归任务已经在第 6 章"图卷积网络"中介绍过。但是，在之前的任务中，使用了没有时间信号的静态数据集执行流量预测：模型没有使用有关先前实例的任何信息。这是一个问题，因为它无法了解流量当前是在增加还是在减少。现在我们可以改进这个模型以包含有关过去实例的信息。

本节将首先介绍时序图神经网络架构及其两个变体，然后使用 PyTorch Geometric Temporal 实现。

### 13.3.1　EvolveGCN 简介

EvolveGCN 架构由 Pareja 等人于 2019 年发布（参见 13.6 节"延伸阅读"[1]），它

提出了图神经网络和循环神经网络（recurrent neural network，RNN）的自然结合。以前的方法（例如图卷积循环网络）是应用带有图卷积算子的 RNN 来计算节点嵌入。相比之下，EvolveGCN 将 RNN 应用于 GCN 参数本身。

Evolve 的中文意思是"演变"，因此，顾名思义，EvolveGCN 就是指 GCN 将随着时间的推移而演变，产生相关的时间节点嵌入。

图 13.1 显示了此过程的高级视图。

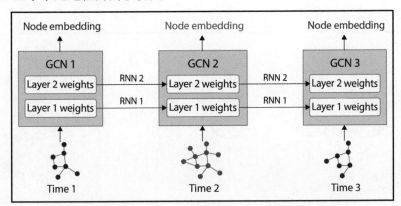

图 13.1　EvolveGCN 架构，用于为具有时间信号的静态图或动态图生成节点嵌入

| 原　　文 | 译　　文 | 原　　文 | 译　　文 |
|---|---|---|---|
| Node embedding | 节点嵌入 | Time 1 | 时间 1 |
| Layer 2 weights | Layer 2 层权重 | Time 2 | 时间 2 |
| Layer 1 weights | Layer 1 层权重 | Time 3 | 时间 3 |

该架构有两种变体：

❑ EvolveGCN-H，其中的循环神经网络将同时考虑先前的图神经网络参数和当前的节点嵌入。

❑ EvolveGCN-O，其中的循环神经网络仅考虑之前的图卷积网络参数。

EvolveGCN-H 通常使用门控循环单元（gated recurrent unit，GRU），而不是普通 RNN。GRU 是长短期记忆（long short-term memory，LSTM）单元的简化版本，可以用更少的参数实现相当的性能。它由重置门、更新门和单元状态组成。在该架构中，GRU 将在时间 $t$ 更新层 $l$ 的 GCN 权重矩阵，具体如下所示：

$$\boldsymbol{W}_t^{(l)} = \mathrm{GRU}\left(\boldsymbol{H}_t^{(l)}, \boldsymbol{W}_{t-1}^{(l)}\right)$$

其中，$\boldsymbol{H}_t^{(l)}$ 表示在层 $l$ 和时间 $t$ 产生的节点嵌入，而 $\boldsymbol{W}_{t-1}^{(l)}$ 则是层 $l$ 在上一个时间步的

权重矩阵。

然后使用生成的 GCN 权重矩阵来计算下一层的节点嵌入：

$$H_t^{(l+1)} = \text{GCN}\left(A_t, H_t^{(l)}, W_t^{(t)}\right)$$

$$= \tilde{D}^{-\frac{1}{2}} \tilde{A}^T \tilde{D}^{-\frac{1}{2}} H_t^{(l)} W_t^{(t)^T}$$

其中，$\tilde{A}$ 是邻接矩阵，包括自循环，而 $\tilde{D}$ 则是包括自循环的度矩阵。

图 13.2 总结了这些步骤。

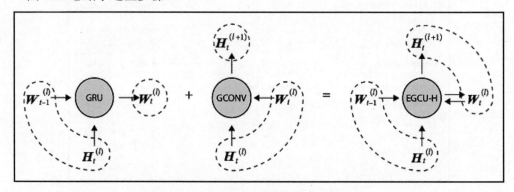

图 13.2　EvolveGCN-H 的 GRU 和 GNN 架构

EvolveGCN-H 可以通过接收两个扩展的 GRU 来实现：

❑　输入和隐藏状态是矩阵而不是向量，以正确存储 GCN 权重矩阵。

❑　输入的列维度必须与隐藏状态的列维度匹配，这需要汇总节点嵌入矩阵 $H_t^{(l)}$ 以仅保留适当数量的列。

EvolveGCN-O 变体不需要这些扩展。事实上，EvolveGCN-O 基于 LSTM 网络来建模输入/输出关系。我们不需要向 LSTM 提供隐藏状态，因为它已经包含一个记住先前值的单元。这种机制简化了更新步骤，它可以写成如下形式：

$$W_t^{(l)} = \text{LSTM}(W_{t-1}^{(l)})$$

生成的 GCN 权重矩阵以相同的方式生成下一层的节点嵌入：

$$H_t^{(l+1)} = \text{GCN}\left(A_t, H_t^{(l)}, W_t^{(t)}\right)$$

$$= \tilde{D}^{-\frac{1}{2}} \tilde{A}^T \tilde{D}^{-\frac{1}{2}} H_t^{(l)} W_t^{(t)^T}$$

这种实现更简单，因为时间维度完全依赖于普通 LSTM 网络。

图 13.3 显示了 EvolveGCN-O 如何更新权重矩阵 $W_{t-1}^{(l)}$ 并计算节点嵌入 $H_t^{(l+1)}$。

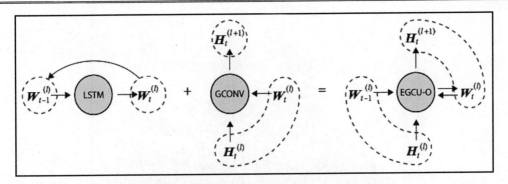

图 13.3　EvolveGCN-O 的 LSTM 和 GCN 架构

那么我们究竟应该使用哪个变体呢？正如机器学习中常见的情况那样，这里的最佳解决方案依赖于数据：

❑ 当节点特征很重要时，EvolveGCN-H 效果更好，因为它的循环神经网络显式地合并了节点嵌入。

❑ 当图结构发挥重要作用时，EvolveGCN-O 效果更好，因为它更关注拓扑变化。

请注意，这些评价主要是理论上的，它们在你使用这两种变体进行应用测试时也许会有所帮助。接下来，我们将通过实现这些网络流量预测模型来看看实际效果。

## 13.3.2　实现 EvolveGCN

本小节希望使用时间信号预测静态图上的网络流量。WikiMaths 数据集由 1068 篇以节点表示的文章组成。节点特征对应于过去每天的访问次数（默认为 8 个特征）。边已经加权，权重代表从源页面到目标页面的链接数量。我们希望预测 2019 年 3 月 16 日至 2021 年 3 月 15 日期间用户对这些维基百科页面的每日访问量，这会产生 731 个快照。每个快照都是描述系统在特定时间的状态的图。

图 13.4 显示了用 Gephi 制作的 WikiMaths 数据集的表示，其中节点的大小和颜色与其连接数成正比。

PyTorch Geometric 本身不支持具有时间信号的静态或动态图。幸运的是，一个名为 PyTorch Geometric Temporal（参见 13.6 节"延伸阅读"[2]）的扩展解决了这个问题，甚至实现了各种时序图神经网络层。WikiMaths 数据集也在 PyTorch Geometric Temporal 的开发过程中公开。本章将使用该库来简化代码并专注于其应用。

（1）在包含 PyTorch Geometric 的环境中安装 PyTorch Geometric Temporal 库：

```
pip install torch-geometric-temporal==0.54.0
```

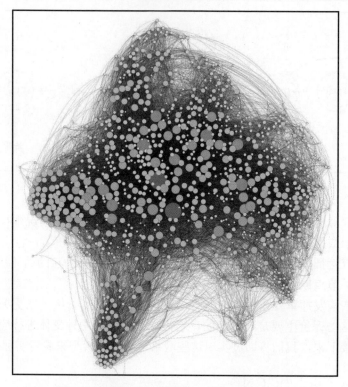

图 13.4　WikiMaths 数据集，未加权图（*t*=0）

（2）导入 WikiMaths 数据集。这除了需要 WikiMathDatasetLoader，还需要一个具有时间感知的训练测试拆分数据集 temporal_signal_split。当然，还需要导入图神经网络层 EvolveGCNH：

```
from torch_geometric_temporal.signal import temporal_signal_split
from torch_geometric_temporal.dataset import
WikiMathsDatasetLoader
from torch_geometric_temporal.nn.recurrent import
EvolveGCNH
```

（3）加载 WikiMaths 数据集，它是一个 StaticGraphTemporalSignal 对象。在该对象中，dataset[0]描述了 *t* = 0 处的图——在此上下文中也称为快照（snapshot）。相应地，dataset[500]描述了 *t* = 500 处的图。我们还将创建比率为 0.5 的训练集和测试集拆分。训练集由早期时间段的快照组成，而测试集则重新组合了后期快照：

```
dataset = WikiMathsDatasetLoader().get_dataset() train_dataset,
test_dataset = temporal_signal_split(dataset,
```

```
train_ratio=0.5)
dataset[0]
Data(x=[1068, 8], edge_index=[2, 27079], edge_attr=[27079], y=[1068])
dataset[500]
Data(x=[1068, 8], edge_index=[2, 27079], edge_attr=[27079], y=[1068])
```

（4）由于图是静态的，因此节点和边的维度不会改变。但是，这些张量中包含的值是不同的。想要可视化 1068 个节点中每个节点的值是很困难的，因此，为了更好地理解该数据集，可以计算每个快照的平均值和标准差。移动平均线也有助于平滑短期波动。

```
import pandas as pd
mean_cases = [snapshot.y.mean().item() for snapshot in dataset]
std_cases = [snapshot.y.std().item() for snapshot in dataset]
df = pd.DataFrame(mean_cases, columns=['mean'])
df['std'] = pd.DataFrame(std_cases, columns=['std'])
df['rolling'] = df['mean'].rolling(7).mean()
```

（5）使用 matplotlib 绘制这些时间序列以可视化任务：

```
plt.figure(figsize=(15,5))
plt.plot(df['mean'], 'k-', label='Mean')
plt.plot(df['rolling'], 'g-', label='Moving average')
plt.grid(linestyle=':')
plt.fill_between(df.index, df['mean']-df['std'],
df['mean']+df['std'], color='r', alpha=0.1)
plt.axvline(x=360, color='b', linestyle='--')
plt.text(360, 1.5, 'Train/test split', rotation=-90, color='b')
plt.xlabel('Time (days)')
plt.ylabel('Normalized number of visits')
plt.legend(loc='upper right')
```

这将产生如图 13.5 所示的结果。

可以看到，该数据呈现时序图神经网络有希望学习的周期性模式。现在可以实现它并看看它的表现如何。

（6）时序图神经网络将两个参数作为输入：节点数（node_count）和输入维度（dim_in）。GNN 只有两层：EvolveGCN-H 层和输出每个节点预测值的线性层。

```
class TemporalGNN(torch.nn.Module):
    def __init__(self, node_count, dim_in):
        super().__init__()
        self.recurrent = EvolveGCNH(node_count, dim_in)
        self.linear = torch.nn.Linear(dim_in, 1)
```

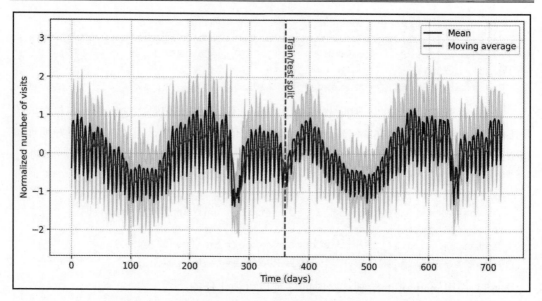

图 13.5　WikiMaths 的归一化平均访问次数与移动平均值

| 原　文 | 译　文 | 原　文 | 译　文 |
|---|---|---|---|
| Normalized number of visits | 归一化访问次数 | Train/test split | 训练/测试分割 |
| Mean | 均值 | Time(days) | 时间（天数） |
| Moving average | 移动平均值 | | |

（7）forward()函数通过 ReLU 激活函数将两个层应用于输入：

```
def forward(self, x, edge_index, edge_weight):
    h = self.recurrent(x, edge_index, edge_weight).relu()
    h = self.linear(h)
    return h
```

（8）创建 TemporalGNN 的实例，并为其提供来自 WikiMaths 数据集的节点数和输入维度。使用 Adam 优化器来训练它：

```
model = TemporalGNN(dataset[0].x.shape[0],
dataset[0].x.shape[1])
optimizer = torch.optim.Adam(model.parameters(), lr=0.01)
model.train()
```

（9）可以打印模型来观察 EvolveGCNH 中包含的层：

```
model
TemporalGNN(
```

```
(recurrent): EvolveGCNH(
    (pooling_layer): TopKPooling(8,
ratio=0.00749063670411985, multiplier=1.0)
    (recurrent_layer): GRU(8, 8)
    (conv_layer): GCNConv_Fixed_W(8, 8)
)
(linear): Linear(in_features=8, out_features=1, bias=True)
)
```

这里可以看到 EvolveGCNH 中有 3 个层：其中一个是 TopKPooling 层，它将输入矩阵汇总为 8 列；另一个是 GRU 层，它更新 GCN 权重矩阵；还有一个是 GCNConv 层，它产生新的节点嵌入。最后，线性层输出图中每个节点的预测值。

（10）创建一个训练循环，在训练集中的每个快照上训练模型。每个快照的损失都会反向传播：

```
for epoch in range(50):
    for i, snapshot in enumerate(train_dataset):
        y_pred = model(snapshot.x, snapshot.edge_index,
snapshot.edge_attr)
        loss = torch.mean((y_pred-snapshot.y)**2)
        loss.backward()
        optimizer.step()
        optimizer.zero_grad()
```

（11）在测试集上评估模型。MSE 对整个测试集进行平均以产生最终分数：

```
model.eval()
loss = 0
for i, snapshot in enumerate(test_dataset):
    y_pred = model(snapshot.x, snapshot.edge_index,
snapshot.edge_attr)
    mse = torch.mean((y_pred-snapshot.y)**2)
    loss += mse
loss = loss / (i+1)
print(f'MSE = {loss.item():.4f}')
MSE = 0.7559
```

可以看到获得的损失值为 0.7559。接下来，我们将在之前的图上绘制模型预测的平均值来解释它。

（12）这个过程很简单：我们必须对预测进行平均并将它们存储在一个列表中。然后，可以将它们添加到之前的图中：

```
y_preds = [model(snapshot.x, snapshot.edge_index,
snapshot.edge_attr).squeeze().detach().numpy().mean() for
snapshot in test_dataset]

plt.figure(figsize=(10,5))
plt.plot(df['mean'], 'k-', label='Mean')
plt.plot(df['rolling'], 'g-', label='Moving average')
plt.plot(range(360,722), y_preds, 'r-', label='Prediction')
plt.grid(linestyle=':')
plt.fill_between(df.index, df['mean']-df['std'],
df['mean']+df['std'], color='r', alpha=0.1)
plt.axvline(x=360, color='b', linestyle='--')
plt.text(360, 1.5, 'Train/test split', rotation=-90, color='b')
plt.xlabel('Time (days)')
plt.ylabel('Normalized number of visits')
plt.legend(loc='upper right')
```

其结果如图 13.6 所示。

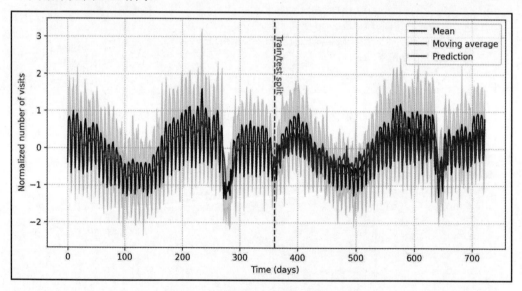

图 13.6　预测的归一化平均访问次数

| 原　　文 | 译　　文 | 原　　文 | 译　　文 |
| --- | --- | --- | --- |
| Normalized number of visits | 归一化访问次数 | Prediction | 预测 |
| Mean | 均值 | Train/test split | 训练/测试分割 |
| Moving average | 移动平均值 | Time(days) | 时间（天数） |

可以看到，预测值基本上遵循了数据的总体趋势。考虑到该数据集的大小有限，这可以说是一个非常好的结果。

（13）创建一个散点图来显示单个快照的预测值和真实值有何不同：

```
import seaborn as sns

y_pred = model(test_dataset[0].x, test_dataset[0].edge_
index, test_dataset[0].edge_attr).detach().squeeze().numpy()
plt.figure(figsize=(10,5))
sns.regplot(x=test_dataset[0].y.numpy(), y=y_pred)
```

其结果如图 13.7 所示。

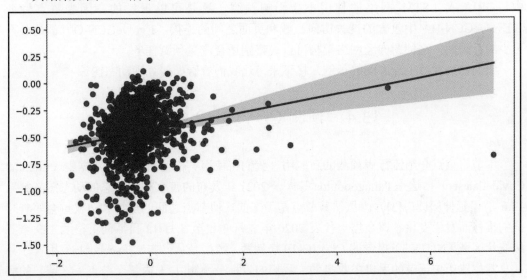

图 13.7　WikiMaths 数据集的预测值与真实值的对比

可以观察到预测值和实际值之间存在适度的正相关。虽然该模型不是非常准确，但图 13.7 表明它很好地理解了数据的周期性性质。

EvolveGCN-O 变体的实现非常类似，只不过它使用的不是 PyTorch Geometric Temporal 中的 EvolveGCNH 层，而是 EvolveGCNO 层。该层不需要节点数量，因此只给它输入的维度即可。其实现方式如下：

```
from torch_geometric_temporal.nn.recurrent import EvolveGCNO

class TemporalGNN(torch.nn.Module):
    def __init__(self, dim_in):
```

```
        super().__init__()
        self.recurrent = EvolveGCNO(dim_in, 1)
        self.linear = torch.nn.Linear(dim_in, 1)

    def forward(self, x, edge_index, edge_weight):
        h = self.recurrent(x, edge_index, edge_weight).relu()
        h = self.linear(h)
        return h

model = TemporalGNN(dataset[0].x.shape[1])
```

平均而言，EvolveGCN-O 模型可以获得类似的结果，平均 MSE 为 0.7524。在本示例中，GRU 或 LSTM 网络的使用不会影响预测。这是可以理解的，因为节点特征（EvolveGCN-H）中包含的过去访问次数和页面之间的连接（EvolveGCN-O）都是必不可少的。因此，这种图神经网络架构可以说特别适合流量预测任务。

我们已经探讨了静态图的示例，接下来，让我们看看如何处理动态图。

## 13.4　预测 COVID-19 病例

本节将重点介绍流行病预测的新应用。我们将使用英格兰新冠疫情数据集（England Covid dataset），这是 Panagopoulos 等人于 2021 年发布的带有时间信息的动态图（参见 13.6 节“延伸阅读”[3]）。虽然其节点是静态的，但节点之间的连接和边权重会随着时间的推移而发生变化。该数据集代表 2020 年 3 月 3 日至 5 月 12 日期间英格兰 129 个三级统计区域（NUTS 3）报告的 COVID-19 病例数。数据是从已安装 Facebook 应用程序并共享其位置历史记录的手机中收集的。我们的目标是预测 1 天内每个节点（区域）的病例数。

地域统计单位命名法（Nomenclature of Territorial Units for Statistics，NUTS）是欧盟为其成员国的行政区划设立的代号标准，各级区域划分基本按其行政区来设置。英国虽然已经脱离欧盟，但是该标准是在其脱欧之前建立的，所以仍然适用[①]。图 13.8 显示了英格兰的三级统计区域（以红色显示）。

England Covid 数据集将英格兰表示为图 $G = (V, E)$。由于该数据集的时间性质，它由与研究期间的每一天相对应的多个图组成，即 $G^{(1)}, ..., G^{(T)}$。在这些图中，节点特征对应于该区域过去 $d$ 天中每一天的病例数。

---

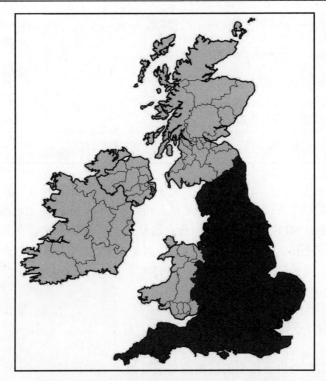

图 13.8 英格兰的三级统计区域（显示为红色）

这些图的边是单向且加权的：边$(v, u)$的权重$w_{v,u}^{(t)}$代表时间 $t$ 从地区 $v$ 转移到另一个地区 $u$ 的人数。这些图还包含与在同一地区移动的人们相对应的自循环。

本节将介绍为此任务设计的新的图神经网络架构，并演示如何逐步实现它。

## 13.4.1 MPNN-LSTM 简介

顾名思义，MPNN-LSTM 架构依赖于 MPNN 和 LSTM 网络。与 England Covid 数据集一样，它也是由 Panagopoulos 等人于 2021 年发布的（参见 13.6 节 "延伸阅读" [3]）。

输入节点特征以及相应的边索引和权重被馈送到 GCN 层。我们将对此输出应用批量归一化层和 dropout 层。这个过程将使用前面的 MPNN 的结果重复 2 次。它产生一个节点嵌入矩阵 $H^{(t)}$。通过在每一个时间步应用这些 MPNN 即可创建节点嵌入表示的序列 $H^{(1)}, ..., H^{(T)}$。该序列被馈送到 2 层 LSTM 网络以捕获来自图的时间信息。最后，对该输出应用线性变换和 ReLU 函数以生成 $t + 1$ 时间的预测。

图 13.9 显示了 MPNN-LSTM 架构的高级视图。

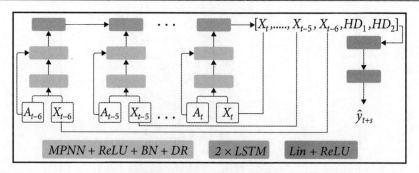

图 13.9　MPNN-LSTM 的架构

　　MPNN-LSTM 的作者指出，它并不是在 England Covid 数据集上表现最好的模型（具有两层图神经网络的 MPNN 才是），但是，这是一种有趣的方法，在其他场景中可以表现得更好。他们还表示，它更适合长期预测，例如未来 14 天的预测，而不是在我们的示例中对数据集的 1 天的预测。尽管存在这个问题，但为方便起见，我们还是进行 1 天的预测，因为这并不影响解决方案的设计。

## 13.4.2　可视化示例数据集

　　首先，可视化我们想要预测的病例数量很重要。与前面的示例一样，我们将通过计算平均值和标准差来汇总构成数据集的 129 个不同时间序列。

　　请按以下步骤操作。

　　（1）导入 pandas、matplotlib 和 England Covid 数据集，从 PyTorch Geometric Temporal 导入 temporal_signal_split 函数：

```
import pandas as pd
import matplotlib.pyplot as plt
from torch_geometric_temporal.dataset import
EnglandCovidDatasetLoader
from torch_geometric_temporal.signal import temporal_signal_split
```

　　（2）加载具有 14 个滞后（lag）的数据集，对应于节点特征的数量：

```
dataset = EnglandCovidDatasetLoader().get_dataset(lags=14)
```

　　（3）以 0.8 的训练集占比进行时间信号拆分：

```
train_dataset, test_dataset = temporal_signal_
split(dataset, train_ratio=0.8)
```

　　（4）绘图显示报告病例的平均归一化数量（大约每天都会报告）。该代码可在本书配套 GitHub 存储库中获取，它只是改编了我们在上一示例中使用的代码片段。

获得的结果如图 13.10 所示。

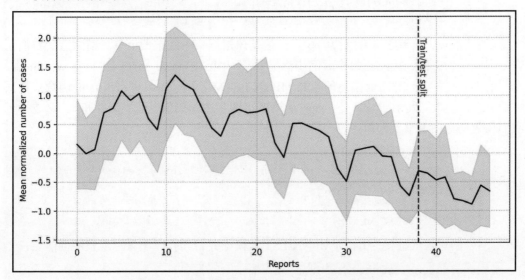

图 13.10 英格兰新冠疫情数据集的平均归一化病例数

| 原　　文 | 译　　文 | 原　　文 | 译　　文 |
| --- | --- | --- | --- |
| Mean normalized number of cases | 平均归一化病例数 | Reports | 报告 |
| Train/test split | 训练/测试分割 | | |

该图显示了很大的波动性和少量的快照。这就是我们在此示例中使用 80/20 训练集/测试集拆分的原因。想要在如此小的数据集上获得良好的性能颇具挑战性。

## 13.4.3　实现 MPNN-LSTM

现在让我们具体实现 MPNN-LSTM 架构。

（1）从 PyTorch Geometric Temporal 导入 MPNNLSTM 层：

```
From torch_geometric_temporal.nn.recurrent import
MPNNLSTM
```

（2）时序图神经网络以 3 个参数作为输入：输入维度、隐藏维度和节点数量。我们将声明 3 个层：MPNN-LSTM 层、dropout 层和具有正确输入维度的线性层。

```
Class TemporalGNN(torch.nn.Module):
    def __init__(self, dim_in, dim_h, num_nodes):
```

```
        super().__init__()
        self.recurrent = MPNNLSTM(dim_in, dim_h, num_nodes, 1, 0.5)
        self.dropout = torch.nn.Dropout(0.5)
        self.linear = torch.nn.Linear(2*dim_h + dim_in, 1)
```

（3）forward()函数将考虑边的权重，这是该数据集中的重要信息。请注意，我们正在处理的是动态图，因此在每个时间步都提供了一组新的 edge_index 和 edge_weight 值。

值得一提的是，与之前描述的原始 MPNN-LSTM 不同，本示例将用 tanh 函数替换最终的 ReLU 函数。其主要动机是，tanh 将输出-1 和 1 之间的值，而不是 0 和 1，这更接近我们在数据集中观察到的值。

```
Def forward(self, x, edge_index, edge_weight):
    h = self.recurrent(x, edge_index, edge_weight).relu()
    h = self.dropout(h)
    h = self.linear(h).tanh()
    return h
```

（4）创建隐藏维度为 64 的 MPNN-LSTM 模型并将其打印出来以观察不同的层：

```
model = TemporalGNN(dataset[0].x.shape[1], 64,
dataset[0].x.shape[0])
print(model)
TemporalGNN(
    (recurrent): MPNNLSTM(
        (_convolution_1): GCNConv(14, 64)
        (_convolution_2): GCNConv(64, 64)
        (_batch_norm_1): BatchNorm1d(64, eps=1e-05,
momentum=0.1, affine=True, track_running_stats=True)
        (_batch_norm_2): BatchNorm1d(64, eps=1e-05,
momentum=0.1, affine=True, track_running_stats=True)
        (_recurrent_1): LSTM(128, 64)
        (_recurrent_2): LSTM(64, 64)
    )
    (dropout): Dropout(p=0.5, inplace=False)
    (linear): Linear(in_features=142, out_features=1, bias=True)
)
```

可以看到 MPNN-LSTM 层包含两个 GCN、两个批归一化和两个 LSTM 层（但没有 dropout 层），这与之前的描述是一致的。

（5）使用 Adam 优化器和 0.001 的学习率训练该模型 100 个 epoch。这一次，我们将在每个快照而不是每个实例之后反向传播损失：

```
optimizer = torch.optim.Adam(model.parameters(), lr=0.001)
model.train()
for epoch in range(100):
    loss = 0
    for i, snapshot in enumerate(train_dataset):
        y_pred = model(snapshot.x, snapshot.edge_index,
snapshot.edge_attr)
        loss = loss + torch.mean((y_pred-snapshot.y)**2)
    loss = loss / (i+1)
    loss.backward()
    optimizer.step()
    optimizer.zero_grad()
```

（6）在测试集上评估训练后的模型并获得以下 MSE 损失：

```
model.eval()
loss = 0
for i, snapshot in enumerate(test_dataset):
    y_pred = model(snapshot.x, snapshot.edge_index,
snapshot.edge_attr)
    mse = torch.mean((y_pred-snapshot.y)**2)
    loss += mse
loss = loss / (i+1)
print(f'MSE: {loss.item():.4f}')
MSE: 1.3722
```

MPNN-LSTM 模型获得的 MSE 损失为 1.3722，看起来相对较高。

我们无法反转应用于该数据集的归一化过程，因此只能使用归一化的病例数。首先，可以绘制模型预测的归一化平均病例数（代码可在本书配套 GitHub 存储库中找到）。其结果如图 13.11 所示。

正如我们所预料的那样，预测值与真实值不太匹配。这可能是由于缺乏数据：模型虽然学习了一个平均值，可以最大限度地减少 MSE 损失，但无法拟合曲线并理解其周期性。

现在来检查一下与测试集的第一个快照相对应的散点图（代码可在本书配套 GitHub 存储库中找到）。其输出如图 13.12 所示。

该散点图显示出弱相关性。我们看到预测（$y$ 轴）值主要集中在 0.35 附近，变化不大。这与在-1.5～0.6 内显示的真实值不对应。根据我们的实验，添加第二个线性层并没有改善 MPNN-LSTM 的预测。

你也可以考虑通过以下多种策略来帮助改进该模型。

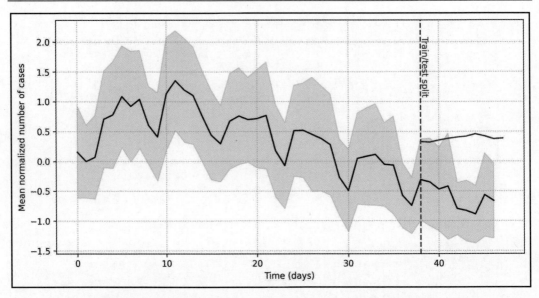

图 13.11　平均归一化病例数（真实值为黑色线，预测值为红色线）

| 原　　文 | 译　　文 |
|---|---|
| Mean normalized number of cases | 平均归一化病例数 |
| Train/test split | 训练/测试分割 |
| Time(days) | 时间（天数） |

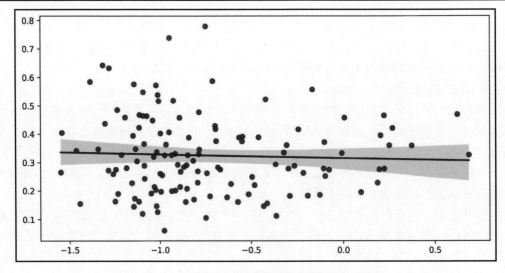

图 13.12　英格兰新冠疫情数据集的预测值与真实值

首先，更多的数据点会有很大帮助，因为本示例使用一个很小的数据集。此外，该时间序列包含两个有趣的特征：趋势（随着时间的推移持续增加或减少）和季节性（可预测的模式）。可以添加一个预处理步骤来消除这些特征，因为这些特征会为想要预测的信号添加噪声。

其次，除了循环神经网络，自注意力是创建时序图神经网络的另一种流行技术（参见 13.6 节"延伸阅读"[4]）。注意力可以局限于时间信息，也可以考虑空间数据，通常由图卷积处理。

最后，时序图神经网络还可以扩展到上一章中描述的异构设置。遗憾的是，这种组合需要更多的数据，目前是一个活跃的研究领域。

# 13.5　小　　结

本章介绍了一种具有时空信息的新型图。该时间分量在许多应用中都很有用，主要与时间序列预测相关。

本章阐释了符合这种描述的两种类型的图：静态图（其中特征随着时间发生变化）和动态图（其中特征和拓扑都可以改变）。它们都由 PyTorch Geometric Temporal 处理，这是 PyG 专用于时序图神经网络的扩展。

此外，本章还介绍了时序图神经网络的两个应用。首先，我们实现了 EvolveGCN 架构，它使用 GRU 或 LSTM 网络来更新 GCN 参数。本章通过再次执行网络流量预测任务来应用它，这是我们在第 6 章"图卷积网络"中遇到过的任务，并在有限的数据集下取得了较为出色的结果。其次，我们使用 MPNN-LSTM 架构进行了英国新冠疫情病例数的预测。我们将带有时间信号的动态图应用于英格兰新冠疫情数据集，但是该数据集的规模较小，使得模型无法获得可比较的结果。

在第 14 章"解释图神经网络"中，将重点讨论如何解释结果。除了到目前为止介绍的不同的数据可视化技术，我们还将介绍如何将可解释人工智能（explainable artificial intelligence，XAI）技术应用于图神经网络。该领域是构建强大的人工智能系统和提高机器学习采用率的关键组成部分。在该章中，我们将介绍事后解释方法和新层，以构建旨在进行解释的模型。

# 13.6　延伸阅读

[1] A. Pareja et al., EvolveGCN: Evolving Graph Convolutional Networks for Dynamic

Graphs. arXiv, 2019. DOI: 10.48550/ARXIV.1902.10191.

https://arxiv.org/abs/1902.10191

[2] B. Rozemberczki et al., PyTorch Geometric Temporal: Spatiotemporal Signal Processing with Neural Machine Learning Models, in Proceedings of the 30th ACM International Conference on Information and Knowledge Management, 2021, pp. 4564-4573.

https://arxiv.org/abs/2104.07788

[3] G. Panagopoulos, G. Nikolentzos, and M. Vazirgiannis. Transfer Graph Neural Networks for Pandemic Forecasting. arXiv, 2020. DOI: 10.48550/ARXIV.2009.08388.

https://arxiv.org/abs/2009.08388

[4] Guo, S., Lin, Y., Feng, N., Song, C., & Wan, H. (2019). Attention Based Spatial-Temporal Graph Convolutional Networks for Traffic Flow Forecasting. Proceedings of the AAAI Conference on Artificial Intelligence, 33(01), 922-929.

https://doi.org/10.1609/aaai.v33i01.3301922

# 第 14 章　解释图神经网络

对神经网络最常见的批评之一是它们的输出难以理解。遗憾的是，图神经网络无法避免这种局限性：除了解释哪些特征很重要，还必须考虑相邻节点和连接。为了解决这个问题，研究人员在可解释性（explainability）方面开发了许多技术来更好地理解预测背后的原因或模型的一般行为，这就是可解释 AI（explainable AI，XAI）的由来。其中一些技术已被转化为图神经网络，而其他技术则利用图结构来提供更精确的解释。

本章将探索一些解释技术来理解为什么模型会做出给定的预测。我们将看到不同的技术系列，并重点关注其中两种流行的技术：GNNExplainer 和积分梯度（integrated gradients）。

我们将通过 MUTAG 数据集将 GNNExplainer 应用于图分类任务，然后引入 Captum，这是一个提供许多解释技术的 Python 库。

此外，本章还将使用 Twitch 社交网络，通过它实现积分梯度来解释模型在节点分类任务上的输出。

到本章结束时，你将能够理解并在图神经网络上实现多种 XAI 技术。更具体地说，你将学习如何使用 GNNExplainer 和 Captum 库（包含积分梯度）来执行与图和节点分类有关的任务。

本章包含以下主题：

❑ 可解释 AI 技术简介
❑ 使用 GNNExplainer 解释图神经网络
❑ 使用 Captum 解释图神经网络

# 14.1　技 术 要 求

本章所有代码示例都可以在本书配套 GitHub 存储库中找到，其网址如下：

https://github.com/PacktPublishing/Hands-On-Graph-Neural-Networks-Using-Python/tree/main/Chapter14

在本地计算机上运行代码所需的安装步骤可以在本书的前言中找到。

## 14.2　可解释 AI 技术简介

图神经网络解释是一个非常新的领域，深受其他可解释 AI（XAI）技术的启发（参见 14.6 节"延伸阅读"[1]）。我们将其分为基于每次预测的局部解释和针对整个模型的全局解释。虽然理解图神经网络模型的行为是可取的，但本章我们将重点关注更流行且对于深入了解预测至关重要的局部解释。

在提及特定的 XAI 技术之前，有必要澄清一下可理解性（interpretability）和可解释性（explainability）之间的区别。interpretability 可以被认为是 explainability 的更强版本，它为模型的预测提供了基于因果关系的理解。而 explainability 用于解释黑盒模型所做的预测，至于为什么做出这些预测则是不可理解的。

特别需要指出的是，XAI 技术可以用来解释模型的预测过程中发生了什么，但它们无法基于因果关系证明和理解为什么做出了某个预测。

本章需要区分"可理解的"（interpretable）和"可解释的"（explainable）模型。如果模型的设计是人类可理解的，例如决策树，则该模型称为"可理解的"；当它充当黑盒时，它就是"可解释的"，其预测只能使用解释技术来追溯理解。这就是神经网络的典型情况：它们的权重和偏差不像决策树那样提供明确的规则，但它们的结果可以间接解释。

局部解释技术主要有以下 4 类：

❑ 基于梯度的方法（gradient-based method）：分析输出的梯度以估计归因分数。例如，积分梯度（integrated gradients）。

❑ 基于扰动的方法（perturbation-based method）：屏蔽或修改输入特征以测量输出的变化。例如，GNNExplainer。

❑ 分解方法（decomposition method）：将模型的预测分解为若干个项目以衡量其重要性。例如，图神经网络逐层相关性传播（graph neural network layer-wise relevance propagation，GNN-LRP）。

❑ 替代方法（surrogate method）：使用简单且可解释的模型来近似原始模型对某个领域的预测。例如，GraphLIME。

这些技术是互补的，它们有时对边和特征的贡献存在分歧，而这可用于进一步完善对预测的解释。传统上，解释技术是使用如下指标进行评估的：

❑ 保真度（fidelity）：比较原始图 $G_i$ 和修改后的图 $\hat{G}_i$ 之间 $y_i$ 的预测概率。修改后的图基于对 $\hat{y}_i$ 的解释只保留了 $\hat{G}_i$ 最重要的特征（节点、边、节点特征）。换句话说，保真度衡量的是被识别为重要的特征足以获得正确预测结果的程度。它的正式定义如下：

$$Fidelity = \frac{1}{N} \sum_{i=1}^{N} \Big[ f(G_i)_{y_i} - f(\hat{G}_i)_{y_i} \Big]$$

❑ 稀疏性（sparsity）：衡量被视为重要的特征（节点、边、节点特征）的比例。太长的解释更难以理解，这就是鼓励稀疏性的原因。其计算方法如下：

$$Sparsity = \frac{1}{N} \sum_{i=1}^{N} \left( 1 - \frac{|m_i|}{|M_i|} \right)$$

其中，$|m_i|$ 是重要输入特征的数量，而 $|M_i|$ 则是特征总数。

除了我们在前几章中看到的传统图，XAI 技术通常是在综合数据集上进行评估的，这些数据集如 BA-Shapes、BA-Community、Tree-Cycles 和 Tree-Grid 等（参见 14.6 节"延伸阅读"[2]）。这些数据集是使用图生成算法生成的，以创建特定的模式。虽然本章不会使用它们，但它们是一个有趣的替代方案，易于实现和理解。

接下来，我们将探讨一些具体的 XAI 技术，包括基于扰动的技术（GNNExplainer）和基于梯度的方法（积分梯度）。

## 14.3　使用 GNNExplainer 解释图神经网络

本节将通过 GNNExplainer 介绍第一个 XAI 技术。我们将使用它来理解图同构网络（GIN）模型在 MUTAG 数据集上产生的预测。

### 14.3.1　GNNExplainer 简介

GNNExplainer 由 Ying 等人于 2019 年提出（参见 14.6 节"延伸阅读"[2]），它是一种图神经网络架构，旨在解释另一个图神经网络模型的预测。对于表格数据，我们想知道哪些特征对于预测最重要。但是，这对于图数据来说还不够：我们还需要知道哪些节点最有影响力。GNNExplainer 通过提供子图 $G_S$ 和节点特征的子集 $X_S$ 来生成包含这两个组件的解释。

图 14.1 说明了 GNNExplainer 对给定节点提供的解释。

为了预测 $G_S$ 和 $X_S$，GNNExplainer 实现了边掩码（以隐藏连接）和特征掩码（以隐藏节点特征）。如果某个连接或某个功能很重要，那么删除它应该会极大地改变预测结果。反过来，如果预测结果没有改变，则意味着该信息是多余的或根本不相关。这一原理正是基于扰动的技术（例如 GNNExplainer）的核心。

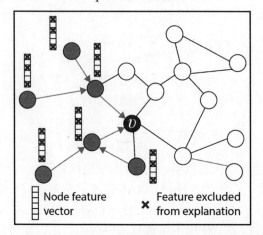

图 14.1　用 $G_S$（以蓝色显示）和 $X_S$（未排除的节点特征的子集）解释节点 $v$ 的标签

| 原　　　文 | 译　　　文 |
|---|---|
| Node feature vector | 节点特征向量 |
| Feature excluded from explanation | 从解释中排除的特征 |

在实践中，必须仔细设计损失函数以找到可能的最佳掩码。GNNExplainer 衡量的是已预测的标签分布 $Y$ 与 $(G_S, X_S)$ 之间的相互依赖性，也称为互信息（mutual information，MI）。目标是最大化 MI，这相当于最小化条件交叉熵。GNNExplainer 经过训练来查找能够最大化预测 $\hat{y}$ 的概率的变量 $G_S$ 和 $X_S$。

除了该优化框架，GNNExplainer 还将学习二元特征掩码并实现若干种正则化技术。最重要的技术是用于最小化解释规模（稀疏性）的项目。它被计算为掩码参数的所有元素的总和并添加到损失函数中。它创建了更加用户友好和简洁的解释，更容易理解和解释。

GNNExplainer 可应用于大多数图神经网络架构和不同的任务，例如节点分类、链接预测或图分类。它还可以生成类标签或整个图的解释。对图进行分类时，该模型会考虑图中所有节点而不是单个节点的邻接矩阵的并集。

接下来，我们将应用它解释图分类。

## 14.3.2　实现 GNNExplainer

本示例将探索 MUTAG 数据集（参见 14.6 节"延伸阅读"[3]）。该数据集有 188 个图，每一个图都代表一种化合物，其中的节点是原子（7 个可能的原子），边是化学键（4

个可能的键）。节点和边特征分别代表原子和边类型的独热编码，目标是根据每种化合物对鼠伤寒沙门氏菌（bacteria Salmonella typhimurium）的诱变作用将化合物分为两类。

我们将重用第 9 章 "定义图分类的表达能力" 中介绍的 GIN 模型进行蛋白质分类。在第 9 章中可视化了模型所做的正确和错误分类，但是无法解释图神经网络所做的预测。这一次，我们将使用 GNNExplainer 来理解最重要的子图和节点特征，并以此来解释分类。在本示例中，为了便于使用，将忽略边特征。

请按以下步骤操作。

（1）从 PyTorch 和 PyTorch Geometric 导入所需的类：

```
import matplotlib.pyplot as plt
import torch.nn.functional as F
from torch.nn import Linear, Sequential, BatchNorm1d, ReLU, Dropout
from torch_geometric.datasets import TUDataset
from torch_geometric.loader import DataLoader
from torch_geometric.nn import GINConv, global_add_pool, GNNExplainer
```

（2）加载 MUTAG 数据集并将其打乱：

```
dataset = TUDataset(root='.', name='MUTAG').shuffle()
```

（3）创建训练集、验证集和测试集：

```
train_dataset   = dataset[:int(len(dataset)*0.8)]
val_dataset     = dataset[int(len(dataset)*0.8):int(len(dataset)*0.9)]
test_dataset    = dataset[int(len(dataset)*0.9):]
```

（4）创建数据加载器以实现小批量：

```
train_loader    = DataLoader(train_dataset, batch_size=64, shuffle=True)
val_loader      = DataLoader(val_dataset, batch_size=64, shuffle=True)
test_loader     = DataLoader(test_dataset, batch_size=64, shuffle=True)
```

（5）使用第 9 章 "定义图分类的表达能力" 中的代码创建一个具有 32 个隐藏维度的图同构网络模型：

```
class GIN(torch.nn.Module):
...
model = GIN(dim_h=32)
```

（6）训练该模型 100 个 epoch，并使用第 9 章 "定义图分类的表达能力" 中的代码对其进行测试：

```
def train(model, loader):
```

```
...
model = train(model, train_loader)
test_loss, test_acc = test(model, test_loader)
print(f'Test Loss: {test_loss:.2f} | Test Acc: {test_acc*100:.2f}%')
Test Loss: 0.48 | Test Acc: 84.21%
```

可以看到，该 GIN 模型经过训练取得了较高的准确率分数（84.21%）。

（7）现在可以使用 PyTorch Geometric 中的 GNNExplainer 类创建一个 GNNExplainer 模型，对其进行 100 个 epoch 的训练：

```
explainer = GNNExplainer(model, epochs=100, num_hops=1)
```

（8）GNNExplainer 可用于解释对节点（.explain_node()）或整个图（.explain_graph()）所做的预测。本示例将在测试集的最后一个图上使用它：

```
data = dataset[-1]
feature_mask, edge_mask = explainer.explain_graph(data.x, data.edge_index)
```

（9）返回特征和边的掩码。可以打印特征掩码来查看最重要的值：

```
feature_mask
tensor([0.7401, 0.7375, 0.7203, 0.2692, 0.2587, 0.7516, 0.2872])
```

这些值是归一化的，取值在 0（不太重要）和 1（非常重要）之间。这 7 个值对应于在数据集中找到的 7 个原子，其顺序如下：碳（carbon，C）、氮（nitrogen，N）、氧（oxygen，O）、氟（fluorine，F）、碘（iodine，I）、氯（chlorine，Cl）和溴（bromine，Br）。

部分特征具有相似的重要性：最有用的是最后一个，代表溴（Br），最不重要的是第 5 个，代表碘（I）。

（10）可以使用.visualize_subgraph()方法将其绘制在图上，而不是打印边的掩码。箭头的不透明度代表每个连接的重要性：

```
ax, G = explainer.visualize_subgraph(-1, data.edge_index,
edge_mask, y=data.y)
plt.show()
```

输出如图 14.2 所示。

图 14.2 显示了对预测贡献最大的连接。在本示例中，GIN 模型正确地对图进行了分类，可以看到节点 6、7 和 8 之间的链接最相关。突出显示的连接对于这种化合物的分类至关重要。你还可以通过打印 data.edge_attr 来获取与化合物的化学键（芳香键、单键、

双键或三键）相关的标签来了解更多关于它们的信息。在此示例中，对应于边 16 至 19，这些边都是单键或双键。

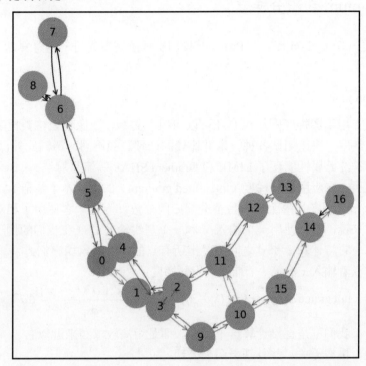

图 14.2　化合物的图表示：箭头的不透明度代表每个连接的重要性

通过打印 data.x，还可以查看节点 6、7 和 8 以获取更多信息。节点 6 代表氮原子，而节点 7 和 8 则是两个氧原子。你应该将这些结果报告给具有正确的专业领域知识的人员，以获得有关模型的反馈。

GNNExplainer 虽然提供了有关图神经网络模型预测的重要节点和边的见解，但没有提供有关决策过程的精确规则。因此，仍然需要人类专业知识来确保这些想法是一致的并且与传统领域知识相对应。

接下来，我们将使用 Captum 来解释新社交网络上的节点分类。

## 14.4　使用 Captum 解释图神经网络

本节将首先介绍 Captum 以及应用于图数据的积分梯度技术，然后在 Twitch 社交网络上使用 PyTorch Geometric 模型来实现它。

## 14.4.1　Captum 和积分梯度

Captum 是一个 Python 库，为 PyTorch 模型实现了许多先进的解释算法。其官方网站的网址如下：

https://captum.ai/

该库并非专用于图神经网络，它还可以应用于文本、图像和表格数据等。它特别有用，因为它允许用户快速测试各种技术并比较同一预测的不同解释。此外，Captum 还针对初级、层和神经元属性实现了 LIME 和 Gradient SHAP 等流行算法。

本节将使用它来应用积分梯度（integrated gradient）的图版本（参见 14.6 节"延伸阅读"[4]）。该技术旨在为每个输入特征分配归因分数。为此，它使用了相对于模型输入的梯度。具体来说，它将使用一个输入 $x$ 和一个基线输入 $x'$（在我们的例子中，所有边的权重为零）。它将计算 $x$ 和 $x'$ 之间路径上所有点的梯度并累积它们。

形式上，沿着输入 $x$ 的第 $i$ 个维度的积分梯度定义如下：

$$\text{IntegratedGrads}_i(x) ::= (x_i - x_i') \times \int_{\alpha=0}^{1} \frac{\partial F(x' + \alpha \times (x - x'))}{\partial x_i} d\alpha$$

在实践中，我们不是直接计算这个积分，而是用离散求和来近似它。

积分梯度与模型无关，并且基于两个公理：

❑ 敏感性（sensitivity）：对预测有贡献的每个输入都必须获得非零归因。

❑ 实现不变性（implementation invariance）：如果两个神经网络的输出对于所有输入都相等（这些网络称为功能等效），那么这两个神经网络必须具有相同的归因。

我们将采用的图的版本略有不同：它考虑节点和边而不是特征。结果就是，你可以看到其输出与 GNNExplainer 不同（GNNExplainer 考虑了节点的特征和边）。这就是为什么这两种方法可以互补。

接下来，让我们实现该技术并可视化结果。

## 14.4.2　实现积分梯度

我们将在一个新的数据集上实现积分梯度，该数据集为 Twitch 社交网络数据集（英文版）（参见 14.6 节"延伸阅读"[5]）。它提供的是一个用户-用户图，其中节点对应于 Twitch 主播（streamer），连接对应于相互的好友关系。128 个节点特征代表主播的习惯、位置和喜欢的游戏等信息。目标是确定主播是否具有明显的语言风格（二元分类）。

本示例将使用 PyTorch Geometric 实现一个简单的两层 GCN 来完成此任务，然后将模型转换为 Captum，以使用积分梯度算法并解释结果。

请按以下步骤操作。

（1）安装 captum 库：

```
!pip install captum
```

（2）导入所需的库：

```
import numpy as np
import matplotlib.pyplot as plt
import torch.nn.functional as F
from captum.attr import IntegratedGradients

import torch_geometric.transforms as T
from torch_geometric.datasets import Twitch
from torch_geometric.nn import Explainer, GCNConv, to_captum
```

（3）修复随机种子以使计算具有确定性：

```
torch.manual_seed(0)
np.random.seed(0)
```

（4）加载 Twitch 玩家网络数据集（英文版）：

```
dataset = Twitch('.', name="EN")
data = dataset[0]
```

（5）使用带有 dropout 的简单两层 GCN：

```
class GCN(torch.nn.Module):
    def __init__(self, dim_h):
        super().__init__()
        self.conv1 = GCNConv(dataset.num_features, dim_h)
        self.conv2 = GCNConv(dim_h, dataset.num_classes)

    def forward(self, x, edge_index):
        h = self.conv1(x, edge_index).relu()
        h = F.dropout(h, p=0.5, training=self.training)
        h = self.conv2(h, edge_index)
        return F.log_softmax(h, dim=1)
```

（6）尝试使用 Adam 优化器在 GPU（如果有的话）上训练模型：

```
device = torch.device('cuda' if torch.cuda.is_available() else 'cpu')
model = GCN(64).to(device)
data = data.to(device)
optimizer = torch.optim.Adam(model.parameters(), lr=0.01,
weight_decay=5e-4)
```

（7）使用负对数似然损失函数训练模型 200 个 epoch：

```
for epoch in range(200):
    model.train()
    optimizer.zero_grad()
    log_logits = model(data.x, data.edge_index)
    loss = F.nll_loss(log_logits, data.y)
    loss.backward()
    optimizer.step()
```

（8）测试经过训练的模型。请注意，我们没有指定任何测试，因此本示例将评估 GCN 在训练集上的准确率：

```
def accuracy(pred_y, y):
    return ((pred_y == y).sum() / len(y)).item()
@torch.no_grad()
def test(model, data):
    model.eval()
    out = model(data.x, data.edge_index)
    acc = accuracy(out.argmax(dim=1), data.y)
    return acc
acc = test(model, data)
print(f'Accuracy: {acc*100:.2f}%')
Accuracy: 79.75%
```

该模型的准确率得分为 79.75%，考虑到它是在训练集上进行评估的，因此可以说该准确率相对较低。

（9）现在可以开始实现我们选择的解释方法：积分梯度。首先，必须指定要解释的节点（本例中为节点 0）并将 PyTorch Geometric 模型转换为 Captum。

值得一提的是，在以下代码中，通过 mask_type=node_and_edge 指定了要使用一个特征和一个边的掩码：

```
node_idx = 0
captum_model = to_captum(model, mask_type='node_and_edge',
```

```
output_idx=node_idx)
```

（10）使用 Captum 创建积分梯度对象。将上一步的结果作为输入：

```
ig = IntegratedGradients(captum_model)
```

（11）现在已经有了需要传递给 Captum(data.x)的节点掩码，但还需要为边的掩码创建一个张量。鉴于本示例要考虑图中的每条边，可以初始化一个大小为 data.num_edges 的全 1 张量：

```
edge_mask = torch.ones(data.num_edges, requires_grad=True,
device=device)
```

（12）.attribute()方法采用特定格式的输入作为节点和边掩码（因此使用.unsqueeze(0)重新格式化这些张量）。目标对应于目标节点的类。最后，传递邻接矩阵（data.edge_index）作为附加的前向参数：

```
attr_node, attr_edge = ig.attribute(
    (data.x.unsqueeze(0), edge_mask.unsqueeze(0)),
    target=int(data.y[node_idx]),
    additional_forward_args=(data.edge_index),
    internal_batch_size=1)
```

（13）将归因分数调整为 0 到 1 之间：

```
attr_node = attr_node.squeeze(0).abs().sum(dim=1)
attr_node /= attr_node.max()
attr_edge = attr_edge.squeeze(0).abs()
attr_edge /= attr_edge.max()
```

（14）使用 PyTorch Geometric 的 Explainer 类可视化这些归因的图表示：

```
explainer = Explainer(model)
ax, G = explainer.visualize_subgraph(node_idx, data.edge_index,
attr_edge, node_alpha=attr_node, y=data.y)
plt.show()
```

其输出如图 14.3 所示。

节点 0 的子图由蓝色节点组成，它们共享同一类。可以看到，节点 82（而非节点 0）是最重要的节点，这两个节点之间的连接是最关键的边。这是一个简单的解释：我们有一组使用明显相同语言风格的 4 位主播，节点 0 和节点 82 之间的相互好友关系是这一预测的一个很好的证明。

现在让我们来看一下如图 14.4 所示的另一张图，即节点 101 分类的解释。

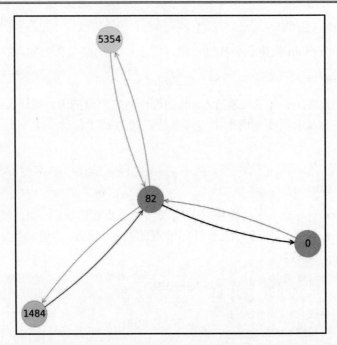

图 14.3　节点 0 的分类说明，其中边和节点归因分数用不同的不透明度值表示

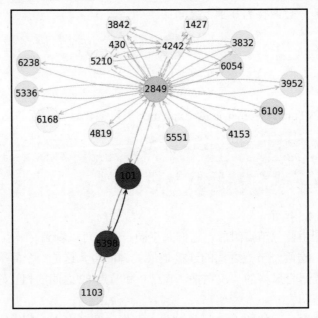

图 14.4　节点 101 的分类说明，其中边和节点归因分数用不同的不透明度值表示

在该示例中，目标节点连接到具有不同类别的邻居（节点 5398 和节点 2849）。积分梯度赋予与节点 101 属于同一类别的节点（节点 5398）以更大的重要性。还可以看到它们的连接是对这一分类贡献最大的连接。这个子图比较丰富，可以看到，即使是两跳邻居也有一些贡献。

当然，这些解释不应被视为放之四海而皆准。人工智能的可解释性是一个内容丰富的话题，通常涉及不同背景的人。因此，沟通结果并获得定期反馈尤为重要。了解边、节点和特征的重要性至关重要，但这应该只是讨论的开始。其他领域的专家可以利用或完善这些解释，甚至发现可能导致架构更改的问题。

## 14.5　小　　结

本章探索了应用于图神经网络的 XAI 领域。可解释性是许多领域的关键组成部分，可以帮助构建更好的模型。本章介绍了提供局部解释的不同技术，并重点阐释了GNNExplainer（一种基于扰动的方法）和积分梯度（一种基于梯度的方法）。

为了获得图和节点分类的解释，本章分别使用 PyTorch Geometric 和 Captum 在两个不同的数据集上实现了 GNNExplainer 和积分梯度技术。最后，我们还可视化并讨论了这些技术的结果。

在第 15 章"使用 A3T-GCN 预测交通"中，我们将重新通过时序图神经网络来预测道路网络上的未来交通。在这个实际应用中，你会看到如何将道路网络转化为图，并应用最新的图神经网络架构来准确预测短期交通。

## 14.6　延　伸　阅　读

[1] H. Yuan, H. Yu, S. Gui, and S. Ji. Explainability in Graph Neural Networks: A Taxonomic Survey. arXiv, 2020. DOI: 10.48550/ARXIV.2012.15445.

https://arxiv.org/abs/2012.15445

[2] R. Ying, D. Bourgeois, J. You, M. Zitnik, and J. Leskovec. GNNExplainer: Generating Explanations for Graph Neural Networks. arXiv, 2019. DOI: 10.48550/ARXIV.1903.03894.

https://arxiv.org/abs/1903.03894

[3] Debnath, A. K., Lopez de Compadre, R. L., Debnath, G., Shusterman, A. J., and

Hansch, C. (1991). Structure-activity relationship of mutagenic aromatic and heteroaromatic nitro compounds. Correlation with molecular orbital energies and hydrophobicity. DOI: 10.1021/ jm00106a046. Journal of Medicinal Chemistry, 34(2), 786–797.

https://doi.org/10.1021/jm00106a046

[4] M. Sundararajan, A. Taly, and Q. Yan. Axiomatic Attribution for Deep Networks. arXiv, 2017. DOI: 10.48550/ARXIV.1703.01365.

https://arxiv.org/abs/1703.01365

[5] B. Rozemberczki, C. Allen, and R. Sarkar. Multi-Scale Attributed Node Embedding. arXiv, 2019. DOI: 10.48550/ARXIV.1909.13021.

https://arxiv.org/pdf/1909.13021.pdf

# 第 4 篇

# 应　用

在本书的第 4 篇（也是最后一篇）中，我们将深入研究利用现实世界数据的综合应用程序的开发。本篇的重点将集中在前面章节中省略的方面，例如探索性数据分析和数据处理。我们的目标是提供从原始数据到模型输出分析的机器学习流程的详尽介绍。我们还将强调所讨论技术的优点和局限性。

本篇中的项目被设计为具有适应性和可定制性，读者能够轻松地将它们应用到其他数据集和任务中，这也将使其成为希望构建应用程序组合并在 GitHub 上展示作品的读者的理想资源。

到本篇结束时，你将了解如何实现图神经网络来进行交通预测、异常检测和开发推荐系统。选择这些项目是为了展示图神经网络在解决现实世界问题方面的多功能性和具备的潜力。从这些项目中获得的知识和技能将为你开发自己的应用程序打下坚实的基础，并且有助于你为图学习领域做出自己的贡献。

本篇包括以下章节：
- ❏　第 15 章，使用 A3T-GCN 预测交通
- ❏　第 16 章，使用异构图神经网络检测异常
- ❏　第 17 章，使用 LightGCN 构建推荐系统
- ❏　第 18 章，释放图神经网络在实际应用中的潜力

# 第 15 章　使用 A3T-GCN 预测交通

我们在第 13 章"时序图神经网络"中详细介绍了时序图神经网络（T-GNN），但没有深入说明其主要应用：交通预测（traffic forecasting）。近年来，"智慧城市"的概念日益深入人心。这个概念指的是使用数据来管理和改进城市的运营和服务。在此背景下，智慧城市吸引力的主要来源之一是智能交通系统的创建。准确的交通预测可以帮助交通管理者优化交通信号、规划基础设施并减少拥堵。然而，由于复杂的空间和时间依赖性，交通预测是一项颇具挑战性的任务。

本章将把时序图神经网络应用到交通预测的特定案例中。首先，我们将探索并处理一个新的数据集，以从原始 CSV 文件创建时间图。然后，应用一种新型的时序图神经网络来预测未来的交通速度。最后，可视化预测结果并将其与基准解决方案进行比较，以验证新的时序图神经网络架构的性能。

到本章结束时，你将了解如何根据表格数据创建时序图数据集。特别是，你将看到如何创建一个加权邻接矩阵，该矩阵可以提供边的权重。你还将学习如何将 T-GNN 应用于交通预测任务并评估结果。

本章包含以下主题：

❑　探索 PeMS-M 数据集

❑　处理数据集

❑　实现时序图神经网络

# 15.1　技　术　要　求

本章所有代码示例都可以在本书配套 GitHub 存储库中找到，其网址如下：

https://github.com/PacktPublishing/Hands-On-Graph-Neural-Networks-Using-Python/tree/main/Chapter15

在本地计算机上运行代码所需的安装步骤可以在本书的前言中找到。

本章内容需要大量 GPU 算力资源，你可以通过缩小代码中的训练集来降低消耗。

## 15.2　探索 PeMS-M 数据集

本节将探索数据集，以查找模式并获得对任务有用的见解。

我们将使用的数据集是 PeMSD7 数据集的中等大小的变体（参见 15.6 节"延伸阅读"[1]）。原始数据集是 2012 年 5 月和 6 月的工作日使用 Caltrans 性能测量系统（performance measurement system，PeMS）从 39000 个传感器站收集的交通速度数据中获得的。在该中等大小的变体中，仅考虑了加利福尼亚州第 7 区的 228 个传感器站。这些传感器站输出 30s 的速度测量值，并在此数据集中聚合为 5min 的间隔。

Caltrans 性能测量系统的网址如下：

pems.dot.ca.gov

图 15.1 显示了具有不同交通速度的 Caltrans PeMS。

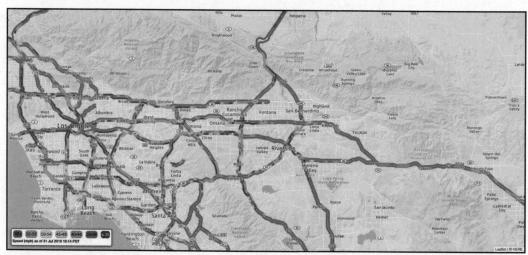

图 15.1　Caltrans PeMS 的交通数据，其中高速（>60mi/h）为绿色，低速（<35mi/h）为红色

可以直接从 GitHub 加载数据集并解压：

```
from io import BytesIO
from urllib.request import urlopen
from zipfile import ZipFile
```

```
url = 'https://github.com/VeritasYin/STGCN_IJCAI-18/raw/master/
data_loader/PeMSD7_Full.zip'
with urlopen(url) as zurl:
    with ZipFile(BytesIO(zurl.read())) as zfile:
        zfile.extractall('.')
```

生成的文件夹包含两个文件：V_228.csv 和 W_228.csv。V_228.csv 文件包含 228 个传感器站收集的交通速度数据，而 W_228.csv 则存储了这些站之间的距离。

可以使用 pandas 加载它们，然后使用 range()重命名列以便于访问：

```
import pandas as pd
speeds = pd.read_csv('PeMSD7_V_228.csv', names=range(0,228))
distances = pd.read_csv('PeMSD7_W_228.csv.csv', names=range(0,228))
```

## 15.2.1  可视化交通速度的变化

我们要对 PeMS-M 数据集做的第一件事是可视化交通速度的演变。这是时间序列预测的传统做法，因为季节性等特征非常有帮助。非平稳时间序列可能需要做进一步的处理才能使用。

让我们使用 matplotlib 绘制随时间变化的交通速度。

（1）导入 NumPy 和 matplotlib：

```
import numpy as np
import matplotlib.pyplot as plt
```

（2）使用 plt.plot()为 DataFrame 中的每一行创建线图：

```
plt.figure(figsize=(10,5))
plt.plot(speeds)
plt.grid(linestyle=':')
plt.xlabel('Time (5 min)')
plt.ylabel('Traffic speed')
```

（3）其结果如图 15.2 所示。

糟糕的是，该数据噪声太大，无法为我们提供任何见解。因此，接下来让我们看看如何解决该问题。

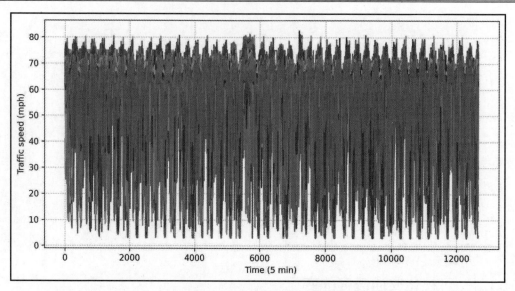

图 15.2　228 个传感器站随时间变化的交通速度

| 原　　文 | 译　　文 | 原　　文 | 译　　文 |
|---|---|---|---|
| Time(5 min) | 时间（5 分钟） | Traffic speed(mph) | 交通速度（英里每小时） |

## 15.2.2　可视化平均交通速度和标准差

　　一般来说，在整体数据噪声太大时，可以仅绘制与若干个传感器站相对应的数据，但缺点是它可能无法代表整个数据集。另一种方法是绘制平均交通速度和标准差，这样就可以可视化数据集的汇总信息。在实践中，这两种方法都可以考虑，本小节将采用第二种方法。

　　请按以下步骤操作。

　　（1）计算每列（时间步长）的平均交通速度及其相应的标准差：

```
mean = speeds.mean(axis=1)
std = speeds.std(axis=1)
```

　　（2）用黑色实线绘制平均值：

```
plt.plot(mean, 'k-')
```

　　（3）使用 plt.fill_between()以浅红色绘制围绕平均值的标准差：

```
plt.fill_between(mean.index, mean-std, mean+std, color='r', alpha=0.1)
plt.grid(linestyle=':')
```

```
plt.xlabel('Time (5 min)')
plt.ylabel('Traffic speed')
```

（4）该代码将生成如图 15.3 所示的结果。

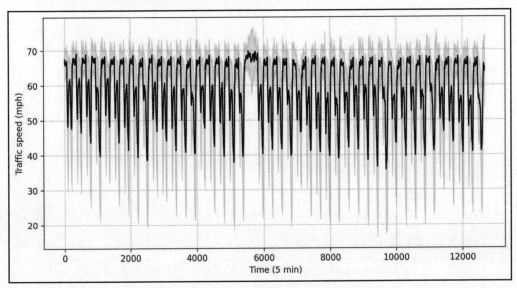

图 15.3　随时间变化的平均交通速度与标准差

| 原　　文 | 译　　文 | 原　　文 | 译　　文 |
| --- | --- | --- | --- |
| Time(5 min) | 时间（5 分钟） | Traffic speed(mph) | 交通速度（英里每小时） |

图 15.3 就容易理解多了。除了第 5800 个数据样本，我们可以在时间序列数据中看到明显的季节性（模式）。

## 15.2.3　可视化速度之间的相关性

交通速度有很大的变化，有重要的峰值，这是可以理解的，因为传感器站遍布加州第 7 区：某些传感器站的交通可能会拥堵，但其他传感器站则不会。

我们可以通过绘制每个传感器的速度值之间的相关性来验证这一点。除此之外，还可以将其与每个站之间的距离进行比较。一般来说，彼此靠近的站点应该比远处的站点更频繁地显示相似的值。

让我们在同一图上比较这两个绘图。

（1）创建一个图，使它包含两个水平子图，在它们之间还有一些填充：

```
fig, (ax1, ax2) = plt.subplots(1, 2, figsize=(8, 8))
fig.tight_layout(pad=3.0)
```

（2）使用 matshow()函数绘制距离矩阵：

```
ax1.matshow(distances)
ax1.set_xlabel("Sensor station")
ax1.set_ylabel("Sensor station")
ax1.title.set_text("Distance matrix")
```

（3）计算每个传感器站的皮尔逊相关系数（Pearson correlation coefficients）。请注意，必须转置速度矩阵，否则我们将得到每个时间步长的相关系数。最后还要反转它们，以便这两个图更容易比较：

```
ax2.matshow(-np.corrcoef(speeds.T))
ax2.set_xlabel("Sensor station")
ax2.set_ylabel("Sensor station")
ax2.title.set_text("Correlation matrix")
```

（4）得到如图 15.4 所示的绘图结果。

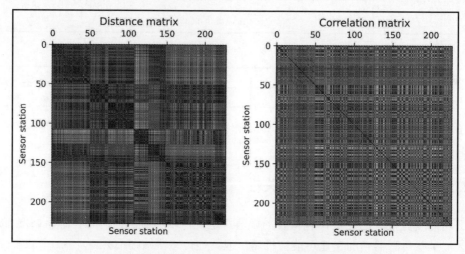

图 15.4　距离矩阵和相关性矩阵，较暗的颜色代表近距离和高相关性，
而较亮的颜色则代表远距离和低相关性

| 原　　文 | 译　　文 | 原　　文 | 译　　文 |
|---|---|---|---|
| Distance matrix | 距离矩阵 | Sensor station | 传感器站 |
| Correlation matrix | 相关性矩阵 | | |

有趣的是，站点之间的距离远并不意味着它们不高度相关（反之亦然）。如果只考虑该数据集的一个子集，这一点尤其重要：附近的站点可能有完全不同的输出，从而使交通预测变得更加困难。本章将考虑数据集中的每个传感器站。

## 15.3　处理数据集

现在我们有了有关该数据集的更多信息，是时候对其进行处理了，因为只有预处理之后才能将其输入 T-GNN。

### 15.3.1　将表格数据转换为图

第一步是将表格数据集转换为时间图。因此，首先需要根据原始数据创建一个图。换句话说，必须以有意义的方式连接不同的传感器站。幸运的是，我们可以访问距离矩阵，这应该是连接传感器站点的好方法。

有多种选项可以根据距离矩阵计算邻接矩阵。例如，当两个站点之间的距离小于平均距离时，可以分配一个链接。或者，可以执行一个更高级的处理（参见 15.6 节"延伸阅读"[2]）来计算加权邻接矩阵。该处理将使用以下公式计算 0（无连接）和 1（强连接）之间的权重，而不使用二进制值：

$$w_{ij} = \exp\left(-\frac{d_{ij}^2}{\sigma^2}\right), i \neq j \text{且} \exp\left(-\frac{d_{ij}^2}{\sigma^2}\right) \geq \epsilon, \text{ 否则为0}$$

其中，$w_{ij}$ 表示从节点 $i$ 到节点 $j$ 的边的权重，$d_{ij}$ 则是这两个节点之间的距离，$\sigma^2$ 和 $\epsilon$ 是控制邻接矩阵分布和稀疏性的两个阈值。该处理的官方实现（参见 15.6 节"延伸阅读"[2]）可以在其 GitHub 存储库中找到，网址如下：

https://github.com/VeritasYin/STGCN_IJCAI-18

本节将重复使用相同的阈值：$\sigma^2 = 0.1$ 和 $\epsilon = 0.5$。

现在让我们用 Python 实现它并绘制生成的邻接矩阵。

（1）创建一个函数来计算邻接矩阵，它采用 3 个参数：距离矩阵和两个阈值（$\sigma^2$ 和 $\epsilon$）。和官方实现一样，我们也可以将距离除以 10000 并计算 $d^2$：

```
def compute_adj(distances, sigma2=0.1, epsilon=0.5):
    d = distances.to_numpy() / 10000.
    d2 = d * d
```

（2）在这里，我们想要权重的值大于或等于 $\epsilon$（否则，它们应该等于零）。在测试权重是否大于或等于 $\epsilon$ 时，结果为 True 或 False 语句。这就是为什么需要一个由 1 组成的掩码（w_mask）将其转换回 0 和 1 值。我们将其第二次相乘，以便仅获得大于或等于 $\epsilon$ 的权重的实际值：

```
n = distances.shape[0]
w_mask = np.ones([n, n]) - np.identity(n)
return np.exp(-d2 / sigma2) * (np.exp(-d2 / sigma2)>= epsilon) * w_mask
```

（3）计算邻接矩阵并打印一行的结果：

```
adj = compute_adj(distances)
adj[0]
array([ 0.        , 0.        , 0.        , 0.        , 0.        ,
        0.        , 0.        , 0.61266012, 0.        , ...
```

可以看到有一个值为 0.61266012，代表从节点 1 到节点 2 的边的权重。

（4）可视化该矩阵的更有效方法是再次使用 matplotlib 的 matshow()：

```
plt.figure(figsize=(8, 8))
cax = plt.matshow(adj, False)
plt.colorbar(cax)
plt.xlabel("Sensor station")
plt.ylabel("Sensor station")
```

其输出如图 15.5 所示。

这是总结第一个处理步骤的好方法。我们可以将其与之前绘制的距离矩阵进行比较，以找到相似之处。

（5）也可以使用 networkx 直接将其绘制为图。在这种情况下，连接是二进制的，因此可以简单地考虑每个大于 0 的权重。我们可以使用边的标签显示这些值，但这样获得的图将非常难以阅读：

```
import networkx as nx

def plot_graph(adj):
    plt.figure(figsize=(10,5))
    rows, cols = np.where(adj > 0)
    edges = zip(rows.tolist(), cols.tolist())
    G = nx.Graph()
    G.add_edges_from(edges)
```

```
nx.draw(G, with_labels=True)
plt.show()
```

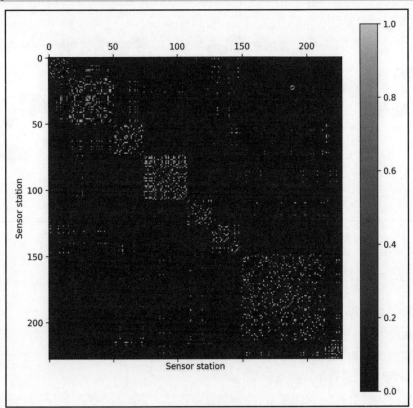

图 15.5　PeMS-M 数据集的加权邻接矩阵

| 原　　文 | 译　　文 |
| --- | --- |
| Sensor station | 传感器站 |

（6）即使没有标签，生成的图也不容易阅读：

```
plot_graph(adj)
```

其输出如图 15.6 所示。

事实上，其中的许多节点是互连的，因为它们彼此非常接近。尽管获得的图较难阅读，我们还是可以区分出几个可以对应于实际道路的分支。

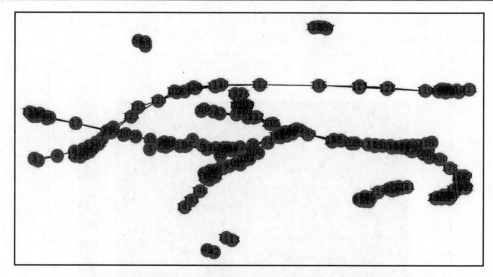

图 15.6　PeMS-M 数据集的图（每个节点代表一个传感器站）

## 15.3.2　归一化速度数据

现在我们有了图，可以关注时间序列方面。首先要做的便是归一化速度值，以便将它们输入神经网络。在交通预测文献中，许多作者选择 z 分数（z-score）归一化（或标准化），其实现步骤如下。

（1）创建一个函数来计算 z 分数：

```
def zscore(x, mean, std):
    return (x - mean) / std
```

（2）将其应用到数据集以创建它的归一化版本：

```
speeds_norm = zscore(speeds, speeds.mean(axis=0), speeds.std(axis=0))
```

（3）检查一下结果：

```
speeds_norm.head(1)
```

其输出如图 15.7 所示。

| 0 | 1 | 2 | 3 | 4 | 5 | 6 | ⋯ |
|---|---|---|---|---|---|---|---|
| 0 | 0.950754 | 0.548255 | 0.502211 | 0.831672 | 0.793696 | 1.193806 | ⋯ |

图 15.7　归一化速度值的示例

可以看到，这些值已正确归一化。

接下来，可以使用它们为每个节点创建时间序列。

## 15.3.3　创建时序图

我们希望每个时间步 $t$ 的 $n$ 个输入数据样本能够预测 $t+h$ 处的速度值。大量输入数据样本也会增加数据集的内存占用。$h$ 代表范围（horizon），其值取决于我们要执行的任务：短期或长期交通预测。

在本例中，我们取较高的值 48 来预测 4h 内的交通速度。

（1）初始化变量，包括 lags 值（输入数据样本数）、horizon、输入矩阵和真实矩阵：

```
lags = 24
horizon = 48
xs = []
ys = []
```

（2）对于每个时间步 $t$，我们将 12 个滞后的先前值存储在 xs 中，并将 $t+h$ 时间步的值存储在 ys 中：

```
for i in range(lags, speeds_norm.shape[0]-horizon):
    xs.append(speeds_norm.to_numpy()[i-lags:i].T)
    ys.append(speeds_norm.to_numpy()[i+horizon-1])
```

（3）使用 PyTorch Geometric Temporal 创建时序图。这需要给出 COO 格式的边索引和加权邻接矩阵的边权重：

```
from torch_geometric_temporal.signal import
StaticGraphTemporalSignal
edge_index = (np.array(adj) > 0).nonzero()
edge_weight = adj[adj > 0]
dataset = StaticGraphTemporalSignal(edge_index, adj[adj >0], xs, ys)
```

（4）打印第一个图的信息，看看是否一切正常：

```
dataset[0]
Data(x=[228, 12], edge_index=[2, 1664], edge_attr=[1664], y=[228])
```

（5）不要忘记训练集/测试集拆分以最终确定数据集：

```
from torch_geometric_temporal.signal import temporal_signal_split
```

```
train_dataset, test_dataset = temporal_signal_
split(dataset, train_ratio=0.8)
```

最终的时序图有 228 个节点（每个节点有 12 个值）和 1664 个连接。

接下来，可以应用 T-GNN 来预测交通。

# 15.4　实现 A3T-GCN 架构

本节将训练一个专为交通预测而设计的注意力时间图卷积网络（attention temporal graph convolutional network）A3T-GCN。简而言之，这种架构使我们能够考虑复杂的空间和时间依赖性：

❑　空间依赖性是指一个位置的交通状况会受到附近位置的交通状况的影响。例如，交通拥堵经常蔓延到邻近的道路。

❑　时间相关性是指某一时刻的交通状况会受到同一地点之前的交通状况的影响。例如，如果道路在早高峰期间拥堵，则很可能会一直拥堵到晚高峰。

## 15.4.1　A3T-GCN 架构简介

A3T-GCN 是对时序图卷积网络（TGCN）架构的改进。TGCN 是图卷积网络（GCN）和门控循环单元（gated recurrent unit，GRU）的组合，它可以从每个输入时间序列生成隐藏向量。这两层的组合将从输入中捕获空间和时间信息，然后使用注意力模型来计算权重并输出上下文向量。最终预测结果基于生成的上下文向量。添加这种注意力模型正是出于了解全局趋势的需要。

图 15.8 为 A3T-GCN 框架的示意图。

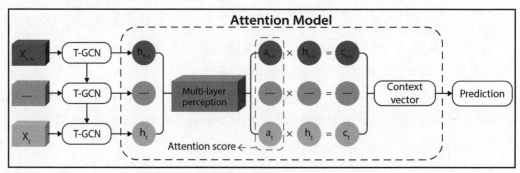

图 15.8　A3T-GCN 框架

| 原　　文 | 译　　文 | 原　　文 | 译　　文 |
| --- | --- | --- | --- |
| Attention Model | 注意力模型 | Context vector | 上下文向量 |
| Multi-layer perception | 多层感知器 | Prediction | 预测 |
| Attention score | 注意力分数 | | |

## 15.4.2　使用 PyTorch Geometric Temporal 库来实现 A3T-GCN 架构

现在可以使用 PyTorch Geometric Temporal 库来实现 A3T-GCN 架构。

（1）导入需要的库：

```
import torch
from torch_geometric_temporal.nn.recurrent import A3TGCN
```

（2）创建一个具有 A3TGCN 层的 T-GNN 网络和具有 32 个隐藏维度的线性层。edge_attr 参数将存储边权重：

```
class TemporalGNN(torch.nn.Module):
    def __init__(self, dim_in, periods):
        super().__init__()
        self.tgnn = A3TGCN(in_channels=dim_in, out_channels=32,
periods=periods)
        self.linear = torch.nn.Linear(32, periods)

    def forward(self, x, edge_index, edge_attr):
        h = self.tgnn(x, edge_index, edge_attr).relu()
        h = self.linear(h)
        return h
```

（3）实例化 T-GNN 和 Adam 优化器，学习率为 0.005。考虑实现细节，我们将使用 CPU 而不是 GPU 来训练该模型，在这种情况下速度更快：

```
model = TemporalGNN(lags, 1).to('cpu')
optimizer = torch.optim.Adam(model.parameters(), lr=0.005)
```

（4）使用均方误差（mean squared error，MSE）作为损失函数，训练模型 30 个 epoch。loss 值在每个 epoch 之后反向传播：

```
model.train()
for epoch in range(30):
    loss = 0
    step = 0
    for i, snapshot in enumerate(train_dataset):
```

```
        y_pred = model(snapshot.x.unsqueeze(2), snapshot.edge_index,
snapshot.edge_attr)
        loss += torch.mean((y_pred-snapshot.y)**2)
        step += 1
    loss = loss / (step + 1)
    loss.backward()
    optimizer.step()
    optimizer.zero_grad()
    if epoch % 10 == 0:
        print(f"Epoch {epoch+1:>2} | Train MSE:
{loss:.4f}")
```

（5）其输出如下所示：

```
Epoch  1    | Train MSE: 1.0209
Epoch 10    | Train MSE: 0.9625
Epoch 20    | Train MSE: 0.9143
Epoch 30    | Train MSE: 0.8905
```

现在我们的模型已经训练完毕，接下来必须对其进行评估。

## 15.4.3　评估模型性能

除了均方根误差（root mean squared error，RMSE）和平均绝对误差（mean absolute error，MAE）等经典指标，将我们的模型与时间序列数据的基线解决方案进行比较特别有帮助。以下我们将介绍两种方法：

❑　使用随机游走（random walk，RW）作为简单预测器。在本示例中，RW 指的是使用最后一个观察值作为预测值。换句话说，在 $t$ 处的值有一个与 $t + h$ 处的值相同。

❑　使用历史平均值（historical average，HA）作为稍微先进一些的解决方案。在本示例中，可以计算 $k$ 个先前样本的平均交通速度作为 $t + h$ 处的值。这里的 $k$ 值既可以使用滞后数，也可以采用整体历史平均值。

让我们首先评估模型在测试集上的预测。

（1）创建一个函数来反转 z 分数并返回到原始值：

```
def inverse_zscore(x, mean, std):
    return x * std + mean
```

（2）重新计算我们想要根据归一化值预测的速度。下面代码的循环效率不是很高，但比更优化的代码更容易理解：

```
y_test = []
for snapshot in test_dataset:
    y_hat = snapshot.y.numpy()
    y_hat = inverse_zscore(y_hat, speeds.mean(axis=0),
speeds.std(axis=0))
    y_test = np.append(y_test, y_hat)
```

（3）对图神经网络的预测应用相同的策略：

```
gnn_pred = []
model.eval()
for snapshot in test_dataset:
    y_hat = model(snapshot.x.unsqueeze(2), snapshot.edge_
index, snapshot.edge_weight).squeeze().detach().numpy()
    y_hat = inverse_zscore(y_hat, speeds.mean(axis=0),
speeds.std(axis=0))
    gnn_pred = np.append(gnn_pred, y_hat)
```

（4）对采用 RW 和 HA 技术的基线解决方案执行同样的操作：

```
rw_pred = []
for snapshot in test_dataset:
    y_hat = snapshot.x[:,-1].squeeze().detach().numpy()
    y_hat = inverse_zscore(y_hat, speeds.mean(axis=0),
speeds.std(axis=0))
    rw_pred = np.append(rw_pred, y_hat)

ha_pred = []
for i in range(lags, speeds_norm.shape[0]-horizon):
    y_hat = speeds_norm.to_numpy()
[i-lags:i].T.mean(axis=1)
    y_hat = inverse_zscore(y_hat, speeds.mean(axis=0),
speeds.std(axis=0))
    ha_pred.append(y_hat)
ha_pred = np.array(ha_pred).flatten()[-len(y_test):]
```

（5）创建函数来计算 MAE、RMSE 和平均绝对百分比误差（mean absolute percentage error，MAPE）：

```
def MAE(real, pred):
    return np.mean(np.abs(pred - real))
```

```
def RMSE(real, pred):
    return np.sqrt(np.mean((pred - real) ** 2))

def MAPE(real, pred):
    return np.mean(np.abs(pred - real) / (real + 1e-5))
```

（6）在以下区块中评估图神经网络的预测，并对每种技术重复此过程：

```
print(f'GNN MAE = {MAE(gnn_pred, y_test):.4f}')
print(f'GNN RMSE = {RMSE(gnn_pred, y_test):.4f}')
print(f'GNN MAPE = {MAPE(gnn_pred, y_test):.4f}')
```

最终得到如图 15.9 所示的结果。

|  | RMSE | MAE | MAPE |
|---|---|---|---|
| A3T-GCN | **11.9396** | **8.3293** | **14.95%** |
| 随机游走 | 17.6501 | 11.0469 | 29.99% |
| 历史平均值 | 17.9009 | 11.7308 | 28.93% |

图 15.9　预测的输出表

可以看到，A3T-GCN 模型在每个指标上都优于基线技术。这是一个重要的结果，因为基线通常很难被打败。将这些指标与由 LSTM 或 GRU 网络提供的预测进行比较以衡量拓扑信息的重要性将会很有趣。

## 15.4.4　可视化平均预测结果

我们可以绘制平均预测以获得类似于图 15.3 的可视化效果。

（1）使用列表推导式来获得平均预测值。列表推导式比之前的方法稍快，缺点是代码更难阅读：

```
y_preds = [inverse_zscore(model(snapshot.x.unsqueeze(2),
snapshot.edge_index, snapshot.edge_weight).squeeze().
detach().numpy(), speeds.mean(axis=0), speeds.
std(axis=0)).mean() for snapshot in test_dataset]
```

（2）计算原始数据集的均值和标准差：

```
mean = speeds.mean(axis=1)
std = speeds.std(axis=1)
```

（3）绘制平均交通速度与标准差，并将其与预测值（$t + 4h$）进行比较：

```
plt.figure(figsize=(10,5), dpi=300)
plt.plot(mean, 'k-', label='Mean')
plt.plot(range(len(speeds)-len(y_preds), len(speeds)), y_preds, 'r-',
label='Prediction')
plt.grid(linestyle=':')
plt.fill_between(mean.index, mean-std, mean+std, color='r', alpha=0.1)
plt.axvline(x=len(speeds)-len(y_preds), color='b', linestyle='--')
plt.xlabel('Time (5 min)')
plt.ylabel('Traffic speed to predict')
plt.legend(loc='upper right')
```

结果如图 15.10 所示。

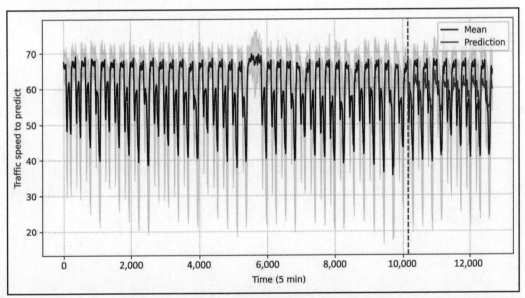

图 15.10　A3T-GCN 模型在测试集上预测的平均交通速度

| 原　　文 | 译　　文 | 原　　文 | 译　　文 |
| --- | --- | --- | --- |
| Time(5 min) | 时间（5 分钟） | Mean | 平均值 |
| Traffic speed to predict | 要预测的交通速度 | Prediction | 预测值 |

可以看到，T-GNN 正确预测了峰值并遵循总体趋势。当然，预测的速度更接近整体
平均值，缘于模型因 MSE 损失而犯严重错误的成本更高。尽管如此，这个图神经网络仍
然相当准确，并且可以对其进行微调以输出更接近真实的值。

# 15.5　小　　结

本章重点介绍了使用 T-GNN 的交通预测任务。首先，我们探索了 PeMS-M 数据集，并将其从表格数据转换为具有时间信号的静态图数据集。其实际操作是，根据输入距离矩阵创建了一个加权邻接矩阵，并将交通速度转换为时间序列。最后，本章还实现了 A3T-GCN 模型，这是一个专为交通预测而设计的 T-GNN。我们将结果与两个基线进行了比较，并验证了模型所做的预测。

在第 16 章 "使用异构图神经网络检测异常" 中，将讨论图神经网络最流行的应用。

# 15.6　延 伸 阅 读

[1] B. Yu, H. Yin, and Z. Zhu. Spatio-Temporal Graph Convolutional Networks: A Deep Learning Framework for Traffic Forecasting. Jul. 2018. doi: 10.24963/ijcai.2018/505.

https://arxiv.org/abs/1709.04875

[2] Y. Li, R. Yu, C. Shahabi, and Y. Liu. Diffusion Convolutional Recurrent Neural Network: Data-Driven Traffic Forecasting. arXiv, 2017. doi: 10.48550/ARXIV.1707.01926.

https://arxiv.org/abs/1707.01926

# 第 16 章 使用异构图神经网络检测异常

在机器学习中，异常检测是一项非常流行的任务，旨在识别数据中偏离预期行为的模式或观察结果。这是许多现实应用中的一个基本问题，例如检测金融交易中的欺诈交易、识别制造过程中的缺陷产品以及检测计算机网络中的网络攻击等。

可以训练图神经网络来学习网络的正常行为，然后识别偏离该行为的节点或模式。事实上，它们理解复杂关系的能力使它们特别适合检测微弱信号。此外，图神经网络可以扩展到大型数据集，使其成为处理海量数据的有效工具。

本章将构建一个用于计算机网络中异常检测的图神经网络应用程序。首先，我们将引入 CIDDS-001 数据集，其中数据既包含计算机网络中的攻击访问，也包括良性正常流量；接下来，需要处理该数据集，为将其输入图神经网络做好准备；然后，实现异构图神经网络来处理不同类型的节点和边；最后，使用处理后的数据集训练网络并评估结果，看看它检测网络流量异常的能力如何。

到本章结束时，你将了解如何实现用于入侵检测的图神经网络。此外，你还将了解如何构建相关特征来检测攻击并对其进行处理，以将其馈送到图神经网络。最后，你将学习如何实现和评估异构图神经网络来检测罕见的攻击。

本章包含以下主题：

❑ 探索 CIDDS-001 数据集
❑ 预处理 CIDDS-001 数据集
❑ 实现异构图神经网络

## 16.1 技 术 要 求

本章所有示例代码都可以在本书配套 GitHub 存储库中找到，其网址如下：

https://github.com/PacktPublishing/Hands-On-Graph-Neural-Networks-Using-Python/tree/main/Chapter16

在本地计算机上运行代码所需的安装步骤可以在本书的前言中找到。

本章内容需要大量 GPU 算力资源，你可以通过缩小代码中的训练集来降低算力消耗。

## 16.2　探索 CIDDS-001 数据集

本节将探索数据集并获得有关特征重要性和扩展的更多见解。

CIDDS-001 数据集（参见 16.6 节"延伸阅读"[1]）旨在训练和评估基于异常的网络入侵检测系统。它提供包含最新攻击的真实流量来评估这些系统。它是通过使用 OpenStack 在虚拟环境中收集和标记 8451520 个流量而创建的。准确地说，每一行对应一个 NetFlow 连接，描述 Internet 协议（Internet Protocol，IP）流量统计信息，例如交换的字节数。

图 16.1 为 CIDDS-001 中模拟网络环境的示意图。

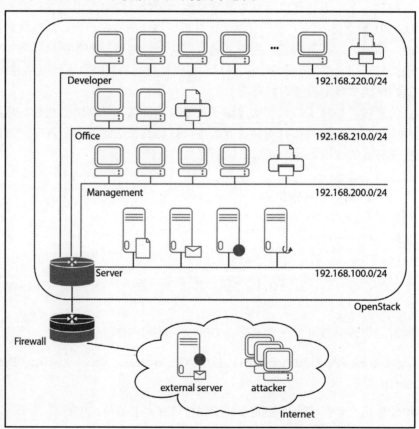

图 16.1　CIDDS-001 模拟的虚拟网络

| 原　　文 | 译　　文 | 原　　文 | 译　　文 |
|---|---|---|---|
| Developer | 开发人员 | Firewall | 防火墙 |
| Office | 办公室 | external server | 外部服务器 |
| Management | 管理 | attacker | 攻击者 |
| Server | 服务器 | Internet | 互联网 |

在图 16.1 中可以看到 4 个不同的子网（开发人员、办公室、管理和服务器）及其各自的 IP 地址范围。所有这些子网都链接到单个服务器，再通过防火墙连接到互联网。在防火墙之外存在外部服务器并提供两种服务：文件同步服务和 Web 服务器。攻击者也出现在本地网络之外。

CIDDS-001 中的连接是从本地和外部服务器收集的。该数据集的目标是将这些连接正确分类为 5 类：良性（无攻击）、暴力攻击、拒绝服务（denial of service，DoS）攻击、ping 扫描和端口扫描。

现在可以下载 CIDDS-001 数据集并探索其输入特征。

（1）下载 CIDDS-001：

```
from io import BytesIO
from urllib.request import urlopen
from zipfile import ZipFile

url = 'https://www.hs-coburg.de/fileadmin/hscoburg/
WISENT-CIDDS-001.zip'
with urlopen(url) as zurl:
    with ZipFile(BytesIO(zurl.read())) as zfile:
        zfile.extractall('.')
```

（2）导入所需的库：

```
import numpy as np
import pandas as pd
import matplotlib.pyplot as plt
import itertools
from sklearn.model_selection import train_test_split
from sklearn.preprocessing import PowerTransformer
from sklearn.metrics import f1_score, classification_report,
confusion_matrix
from torch_geometric.loader import DataLoader
from torch_geometric.data import HeteroData
from torch.nn import functional as F
from torch.optim import Adam
```

```
from torch import nn
import torch
```

（3）使用 pandas 加载数据集：

```
df = pd.read_csv("CIDDS-001/traffic/OpenStack/CIDDS-001-
internal-week1.csv")
```

（4）看一下前 5 个连接对应的数据：

```
df.head(5)

Date first seen Duration Proto Src IP Addr Src Pt Dst
IP Addr Dst Pt Packets Bytes Flows Flags Tos class
attackType attackID attackDescription
2017-03-15 00:01:16.632 0.000 TCP 192.168.100.5 445
192.168.220.16 58844.0 1 108 1 .AP... 0 normal --- --- ---
2017-03-15 00:01:16.552 0.000 TCP 192.168.100.5 445
192.168.220.15 48888.0 1 108 1 .AP... 0 normal --- --- ---
2017-03-15 00:01:16.551 0.004 TCP 192.168.220.15 48888
192.168.100.5 445.0 2 174 1 .AP... 0 normal --- --- ---
2017-03-15 00:01:16.631 0.004 TCP 192.168.220.16 58844
192.168.100.5 445.0 2 174 1 .AP... 0 normal --- --- ---
2017-03-15 00:01:16.552 0.000 TCP 192.168.100.5 445
192.168.220.15 48888.0 1 108 1 .AP... 0 normal --- --- ---
```

可以在该模型中看到一些有趣的特征：

❑　首先看到的日期是一个时间戳，可以对其进行处理以提取有关星期几和一天中的时间的信息。一般来说，网络流量具有季节性，夜间或异常日期发生的连接是可疑的。

❑　IP 地址（如 192.168.100.5）非常难以处理，因为它们不是数值并且遵循一组复杂的规则。可以将它们分为几类，因为我们知道本地网络是如何设置的。另一种流行且更通用的解决方案是将它们转换为二进制表示形式（例如，将 192 转换为 11000000）。

❑　访问持续时间、数据包数量和字节数这些特征通常显示重尾分布。如果出现这种情况，那么它们将需要特殊处理。

让我们检查最后一点并仔细观察该数据集中的攻击分布。

（1）删除本项目中不会考虑的特征，包括端口 port、流的数量、服务类型、类别、攻击 ID 和攻击描述：

```
df = df.drop(columns=['Src Pt', 'Dst Pt', 'Flows', 'Tos',
```

```
'class', 'attackID', 'attackDescription'])
```

（2）重命名良性（benign）分类，并将 Date first seen（首次看到的日期）特征转换为时间戳数据类型：

```
df['attackType'] = df['attackType'].replace('---', 'benign')
df['Date first seen'] = pd.to_datetime(df['Date first seen'])
```

（3）统计标签的数量并制作一个饼图，其中包含 3 个最具代表性的类别（其他两个类别的占比低于 0.1%）：

```
count_labels = df['attackType'].value_counts() / len(df)* 100
plt.pie(count_labels[:3], labels=df['attackType'].
unique()[:3], autopct='%.0f%%')
```

（4）其输出如图 16.2 所示。

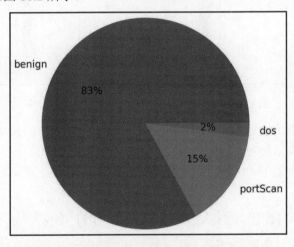

图 16.2　CIDDS-001 数据集中每个类别的比例

可以看到，良性（benign）流量占该数据集的绝大多数，端口扫描（portScan）次之，拒绝服务（dos）攻击再次之，而暴力攻击和 ping 扫描的占比则低于 0.1%。在处理稀有类别时，这种严重不平衡的学习设置可能会对模型的性能产生负面影响。

（5）显示持续时间分布、数据包数量和字节数等特征，这使我们能够了解它们是否真的需要特定的重新调整过程：

```
fig, ((ax1, ax2, ax3)) = plt.subplots(1, 3, figsize=(20,5))
df['Duration'].hist(ax=ax1)
ax1.set_xlabel("Duration")
df['Packets'].hist(ax=ax2)
```

```
ax2.set_xlabel("Number of packets")
pd.to_numeric(df['Bytes'], errors='coerce').hist(ax=ax3)
ax3.set_xlabel("Number of bytes")
plt.show()
```

其输出如图 16.3 所示。

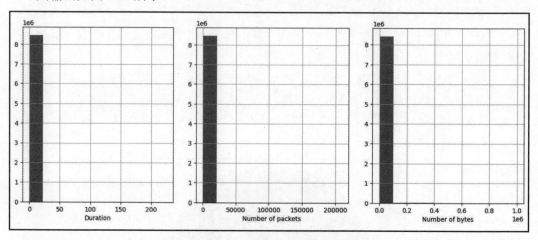

图 16.3　持续时间、数据包数量和字节数的分布

可以看到大多数值接近于零，但也有沿 $x$ 轴延伸的稀有值的长尾。我们将使用幂变换使这些特征更像高斯分布，这在训练期间应该对模型有帮助。

现在我们已经探索了 CIDDS-001 数据集的主要特征，接下来可以进入预处理阶段。

# 16.3　预处理 CIDDS-001 数据集

在上一节中，我们找到了数据集的一些问题，需要解决它们以提高模型的准确率。

## 16.3.1　处理多种类型的数据

CIDDS-001 数据集包括多种类型的数据，既有持续时间等数值，也有协议（TCP、UDP、ICMP 和 IGMP）等分类特征，还有时间戳或 IP 地址等其他数据。在下面的练习中，我们将根据上一节的信息和专业知识选择如何表示这些数据类型。

（1）通过从时间戳中检索信息来对星期几进行独热编码，可以重命名结果列以使其更具可读性：

```
df['weekday'] = df['Date first seen'].dt.weekday
df = pd.get_dummies(df, columns=['weekday']).
rename(columns = {'weekday_0': 'Monday','weekday_1':
'Tuesday','weekday_2': 'Wednesday', 'weekday_3':
'Thursday','weekday_4': 'Friday','weekday_5':
'Saturday','weekday_6': 'Sunday',})
```

（2）还可以通过时间戳获得另一类重要信息，即一天中的时间。可以对该值进行归一化，使其取值在 0 和 1 之间：

```
df['daytime'] = (df['Date first seen'].dt.second
+df['Date first seen'].dt.minute*60 + df['Date first
seen'].dt.hour*60*60)/(24*60*60)
```

（3）TCP 标志也需要处理。每个标志指示 TCP 连接期间的特定状态。例如，F 或 FIN 表示 TCP 对方端已完成数据发送。可以提取每个标志，并对它们进行单独编码，具体做法如下所示：

```
df = df.reset_index(drop=True)
ohe_flags = one_hot_flags(df['Flags'].to_numpy())
ohe_flags = df['Flags'].apply(one_hot_flags).to_list()
df[['ACK', 'PSH', 'RST', 'SYN', 'FIN']] =
pd.DataFrame(ohe_flags, columns=['ACK', 'PSH', 'RST', 'SYN', 'FIN'])
```

（4）现在来处理 IP 地址。在此示例中将使用二进制编码。我们不会使用 32 位来编码完整的 IPv4 地址，而是只保留最后 16 位，因为在本示例中只有它们才是最重要的。事实上，如果主机属于内部网络，则前 16 位对应于 192.168；如果主机属于外部网络，则前 16 位对应于另一个值。

```
temp = pd.DataFrame()
temp['SrcIP'] = df['Src IP Addr'].astype(str)
temp['SrcIP'][~temp['SrcIP'].str.contains('\d{1,3}\.',
regex=True)] = '0.0.0.0'
temp = temp['SrcIP'].str.split('.', expand=True).
rename(columns = {2: 'ipsrc3', 3: 'ipsrc4'}).astype(int)
[['ipsrc3', 'ipsrc4']]
temp['ipsrc'] = temp['ipsrc3'].apply(lambda x: format(x,
"b").zfill(8)) + temp['ipsrc4'].apply(lambda x: format(x,
"b").zfill(8))
df = df.join(temp['ipsrc'].str.split('', expand=True)
          .drop(columns=[0, 17])
          .rename(columns=dict(enumerate([f'ipsrc_{i}'
for i in range(17)]))))
```

```
        .astype('int32'))
```

（5）对目标 IP 地址重复此过程：

```
temp = pd.DataFrame()
temp['DstIP'] = df['Dst IP Addr'].astype(str)
temp['DstIP'][~temp['DstIP'].str.contains('\d{1,3}\.',
regex=True)] = '0.0.0.0'
temp = temp['DstIP'].str.split('.', expand=True).
rename(columns = {2: 'ipdst3', 3: 'ipdst4'}).astype(int)
[['ipdst3', 'ipdst4']]
temp['ipdst'] = temp['ipdst3'].apply(lambda x: format(x,
"b").zfill(8)) + temp['ipdst4'].apply(lambda x: format(x,
"b").zfill(8))
df = df.join(temp['ipdst'].str.split('', expand=True)
        .drop(columns=[0, 17])
        .rename(columns=dict(enumerate([f'ipdst_{i}'
for i in range(17)])))
        .astype('int32'))
```

（6）在 Bytes 特征中存在一个问题：百万字节表示为字母 m 而不是数值。因此，可以通过将这些非数值的数值部分乘以一百万来进行修复：

```
m_index = df[pd.to_numeric(df['Bytes'], errors='coerce').
isnull() == True].index
df['Bytes'].loc[m_index] = df['Bytes'].loc[m_index].
apply(lambda x: 10e6 * float(x.strip().split()[0]))
df['Bytes'] = pd.to_numeric(df['Bytes'], errors='coerce',
downcast='integer')
```

（7）需要编码的最后一个特征是分类特征，例如协议和攻击类型。其处理较为简单，使用 pandas 的 get_dummies()函数即可：

```
df = pd.get_dummies(df, prefix='', prefix_sep='',
columns=['Proto', 'attackType'])
```

（8）按 80∶10∶10 的比例创建训练集、验证集、测试集拆分：

```
labels = ['benign', 'bruteForce', 'dos', 'pingScan', 'portScan']
df_train, df_test = train_test_split(df, random_state=0,
test_size=0.2, stratify=df[labels])
df_val, df_test = train_test_split(df_test, random_state=0,
test_size=0.5, stratify=df_test[labels])
```

（9）最后还需要解决 3 个特征的缩放问题，即持续时间、数据包数量和字节数。可以使用 scikit-learn 中的 PowerTransformer() 来修改它们的分布：

```
scaler = PowerTransformer()
df_train[['Duration', 'Packets', 'Bytes']] = scaler.fit_
transform(df_train[['Duration', 'Packets', 'Bytes']])
df_val[['Duration', 'Packets', 'Bytes']] = scaler.
transform(df_val[['Duration', 'Packets', 'Bytes']])
df_test[['Duration', 'Packets', 'Bytes']] = scaler.
transform(df_test[['Duration', 'Packets', 'Bytes']])
```

（10）现在绘制新的分布，看看它们的比较结果：

```
fig, ((ax1, ax2, ax3)) = plt.subplots(1, 3, figsize=(15,5))
df_train['Duration'].hist(ax=ax1)
ax1.set_xlabel("Duration")
df_train['Packets'].hist(ax=ax2)
ax2.set_xlabel("Number of packets")
df_train['Bytes'].hist(ax=ax3)
ax3.set_xlabel("Number of bytes")
plt.show()
```

其输出如图 16.4 所示。

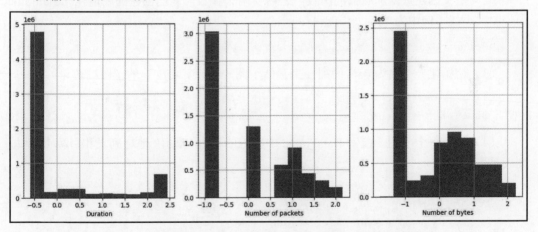

图 16.4  持续时间、数据包数量和字节数在重新缩放之后的分布

虽然新的分布并不是高斯分布，但值更加分散，这应该对模型有帮助。

## 16.3.2  将 DataFrame 转换为图

请注意，我们处理的数据集纯粹是表格形式的。在将其输入图神经网络之前，还需要将其转换为图数据集。在本示例中，没有明显的方法将流量转换为节点。理想情况下，同一台计算机之间的流应该是连接的。这可以使用具有两种类型节点的异构图来实现：

❑ 主机（host）：对应于计算机，使用 IP 地址作为特征。如果有更多信息，则可以添加其他与计算机相关的特征，例如日志或 CPU 利用率。

❑ 流（flow）：对应于两台主机之间的连接。它们考虑数据集中的所有其他特征，并且具有我们想要预测的标签（良性或恶意流）。

在此示例中，流是单向的，因此，还可以定义两种类型的边：从主机到流（源）和从流到主机（目的地）。

鉴于单个图需要太多内存，可以将其划分为多个子图并将它们放入数据加载器中。

（1）定义批量大小以及主机和流节点需要考虑的特征：

```
BATCH_SIZE = 16
features_host = [f'ipsrc_{i}' for i in range(1, 17)] +
[f'ipdst_{i}' for i in range(1, 17)]
features_flow = ['daytime', 'Monday', 'Tuesday', 'Wednesday', 'Thursday',
'Friday', 'Duration', 'Packets', 'Bytes','ACK', 'PSH', 'RST','SYN','FIN',
'ICMP ', 'IGMP ', 'TCP ', 'UDP ']
```

（2）定义创建数据加载器的函数。它需要两个参数，即已创建的表格化 DataFrame 和子图大小（本例中为 1024 个节点）：

```
def create_dataloader(df, subgraph_size=1024):
```

（3）初始化一个名为 data 的列表来存储子图，并计算将创建的子图的数量：

```
data = []
n_subgraphs = len(df) // subgraph_size
```

（4）对于每个子图，检索 DataFrame 中相应的样本、源 IP 地址列表和目标 IP 地址列表等：

```
for i in range(1, n_batches+1):
    subgraph = df[(i-1)*subgraph_size:i*subgraph_size]
    src_ip = subgraph['Src IP Addr'].to_numpy()
    dst_ip = subgraph['Dst IP Addr'].to_numpy()
```

（5）创建一个字典，将 IP 地址映射到节点索引：

```
ip_map = {ip:index for index, ip in enumerate(np.
unique(np.append(src_ip, dst_ip)))}
```

（6）该字典将有助于创建从主机到流的边的索引，或者反过来，也可以帮助创建从流到主机的边的索引。以下代码使用了一个名为 get_connections()的函数，在后面的步骤中将创建该函数。

```
host_to_flow, flow_to_host = get_connections(ip_map, src_ip, dst_ip)
```

（7）使用迄今为止收集的所有数据为每个子图创建异构图并将其附加到列表中：

```
batch = HeteroData()
batch['host'].x = torch.Tensor(subgraph[features_host].to_numpy()).float()
batch['flow'].x = torch.Tensor(subgraph[features_flow].to_numpy()).float()
batch['flow'].y = torch.Tensor(subgraph[labels].to_numpy()).float()
batch['host','flow'].edge_index = host_to_flow
batch['flow','host'].edge_index = flow_to_host
data.append(batch)
```

（8）返回具有适当批量大小的数据加载器：

```
return DataLoader(data, batch_size=BATCH_SIZE)
```

（9）现在可以实现步骤（6）中提到的 get_connections()函数，它将根据源 IP 地址和目标 IP 地址及其相应映射的列表计算两个边索引：

```
def get_connections(ip_map, src_ip, dst_ip):
```

（10）从 IP 地址（源地址和目标地址）获取索引并将它们堆叠起来：

```
src1 = [ip_map[ip] for ip in src_ip]
src2 = [ip_map[ip] for ip in dst_ip]
src = np.column_stack((src1, src2)).flatten()
```

（11）这些连接是唯一的，因此可以轻松地使用适当的数字范围对它们进行索引：

```
dst = list(range(len(src_ip)))
dst = np.column_stack((dst, dst)).flatten()
```

（12）返回以下两个边的索引：

```
return torch.Tensor([src, dst]).int(), torch.Tensor([dst, src]).int()
```

（13）现在我们已经拥有了所需的一切，可以调用第一个函数来创建训练、验证和测试数据加载器：

```
train_loader = create_dataloader(df_train)
val_loader = create_dataloader(df_val)
test_loader = create_dataloader(df_test)
```

至此，我们已经有了 3 个数据加载器，分别对应训练集、验证集和测试集，接下来要做的就是实现图神经网络模型。

## 16.4  实现异构图神经网络

本节将使用 GraphSAGE 算子实现异构图神经网络。这种架构将使我们能够考虑两种节点类型（主机和流）来构建更好的嵌入。这是通过跨不同层复制和共享消息来完成的，具体机制如图 16.5 所示。

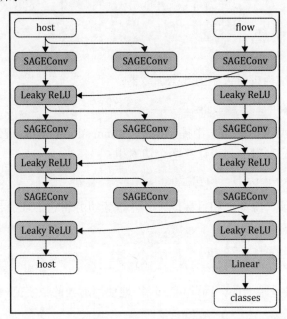

图 16.5  异构图神经网络的架构

| 原　　文 | 译　　文 | 原　　文 | 译　　文 |
| --- | --- | --- | --- |
| host | 主机 | classes | 分类 |
| flow | 流 | | |

在图 16.5 中可以看到，我们将通过 Leaky ReLU 为每一种节点类型实现 3 层 SAGEConv。最后，线性层将输出一个五维向量，其中每个维度对应一个类。此外，我们还将使用交叉熵损失和 Adam 优化器以监督方式训练该模型。

（1）从 PyTorch Geometric 导入相关的神经网络层：

```
import torch_geometric.transforms as T
```

```
from torch_geometric.nn import Linear, HeteroConv, SAGEConv
```

（2）使用 3 个参数（隐藏维度数、输出维度数和层数）定义异构 GNN：

```
class HeteroGNN(torch.nn.Module):
    def __init__(self, dim_h, dim_out, num_layers):
        super().__init__()
```

（3）为每个层和边类型定义 GraphSAGE 算子的异构版本。在这里，我们可以对每种边的类型应用不同的图神经网络层，例如 GCNConv 或 GATConv。
HeteroConv()包装器将管理层之间的消息（参见图 16.5）。

```
        self.convs = torch.nn.ModuleList()
        for _ in range(num_layers):
            conv = HeteroConv({
                ('host', 'to', 'flow'): SAGEConv((-1,-1),
dim_h, add_self_loops=False),
                ('flow', 'to', 'host'): SAGEConv((-1,-1),
dim_h, add_self_loops=False),
            }, aggr='sum')
            self.convs.append(conv)
```

（4）定义一个线性层来输出最终的分类：

```
self.lin = Linear(dim_h, dim_out)
```

（5）创建 forward()方法，它将计算主机和流节点的嵌入（存储在 x_dict 字典中），然后使用流嵌入来预测分类：

```
def forward(self, x_dict, edge_index_dict):
    for conv in self.convs:
        x_dict = conv(x_dict, edge_index_dict)
        x_dict = {key: F.leaky_relu(x) for key, x in x_dict.items()}
    return self.lin(x_dict['flow'])
```

（6）实例化具有 64 个隐藏维度、5 个输出（即 5 个分类）和 3 个层的异构图神经网络，将其放置在 GPU 上（如果有的话）并创建学习率为 0.001 的 Adam 优化器：

```
device = torch.device('cuda' if torch.cuda.is_available() else 'cpu')
model = HeteroGNN(dim_h=64, dim_out=5, num_layers=3).to(device)
optimizer = Adam(model.parameters(), lr=0.001)
```

（7）定义 test()函数并创建数组来存储预测结果和 true 标签。我们还想统计子图的数量和总损失，因此需创建相应的变量：

```
@torch.no_grad()
def test(loader):
    model.eval()
    y_pred = []
    y_true = []
    n_subgraphs = 0
    total_loss = 0
```

（8）获得模型对每个批次的预测并计算交叉熵损失：

```
for batch in loader:
    batch.to(device)
    out = model(batch.x_dict, batch.edge_index_dict)
    loss = F.cross_entropy(out,batch['flow'].y.float())
```

（9）将预测的类别附加到预测列表中，并对 true 标签执行相同的操作：

```
y_pred.append(out.argmax(dim=1))
y_true.append(batch['flow'].y.argmax(dim=1))
```

（10）计算子图的数量和总损失：

```
n_subgraphs += BATCH_SIZE
total_loss += float(loss) * BATCH_SIZE
```

（11）现在批处理循环结束，可以使用预测和 true 标签列表计算 F1 分数（宏观）。在这种不平衡的学习环境中，宏观平均 F1 分数是一个很好的指标，因为无论样本数量多少，它都会平等地对待所有类别：

```
y_pred = torch.cat(y_pred).cpu()
y_true = torch.cat(y_true).cpu()
f1score = f1_score(y_true, y_pred, average='macro')
```

（12）返回最终损失、宏观平均 F1 分数、预测列表和 true 标签列表：

```
return total_loss/n_subgraphs, f1score, y_pred, y_true
```

（13）创建训练循环来训练模型 101 个 epoch：

```
model.train()
for epoch in range(101):
    n_subgraphs = 0
    total_loss = 0
```

（14）使用交叉熵损失在每个批次上训练异构图神经网络：

```
for batch in train_loader:
```

```
optimizer.zero_grad()
batch.to(device)
out = model(batch.x_dict, batch.edge_index_dict)
loss = F.cross_entropy(out, batch['flow'].y.float())
loss.backward()
optimizer.step()
n_subgraphs += BATCH_SIZE
total_loss += float(loss) * BATCH_SIZE
```

（15）每 10 个 epoch 在验证集上评估模型并显示相关指标（训练损失、验证损失和验证宏观平均 F1 分数）：

```
if epoch % 10 == 0:
    val_loss, f1score, _, _ = test(val_loader)
    print(f'Epoch {epoch} | Loss: {total_loss/n_
subgraphs:.4f} | Val loss: {val_loss:.4f} | Val F1 score:
{f1score:.4f}')
```

在训练期间获得以下输出：

```
Epoch 0 | Loss: 0.1006 | Val loss: 0.0072 | Val F1 score: 0.6044
Epoch 10 | Loss: 0.0020 | Val loss: 0.0021 | Val F1-score: 0.8899
Epoch 20 | Loss: 0.0015 | Val loss: 0.0015 | Val F1-score: 0.9211
...
Epoch 90 | Loss: 0.0004 | Val loss: 0.0008 | Val F1-score: 0.9753
Epoch 100 | Loss: 0.0004 | Val loss: 0.0009 | Val F1-score: 0.9785
```

（16）在测试集上评估模型，还可以打印 scikit-learn 的分类报告，其中包括宏观平均 F1 分数：

```
_, _, y_pred, y_true = test(test_loader)
print(classification_report(y_true, y_pred, target_
names=labels, digits=4))
```

|  | precision | recall | f1-score | support |
|---|---|---|---|---|
| benign | 0.9999 | 0.9999 | 0.9999 | 700791 |
| bruteForce | 0.9811 | 0.9630 | 0.9720 | 162 |
| dos | 1.0000 | 1.0000 | 1.0000 | 125164 |
| pingScan | 0.9413 | 0.9554 | 0.9483 | 336 |
| portScan | 0.9947 | 0.9955 | 0.9951 | 18347 |
|  |  |  |  |  |
| accuracy |  |  | 0.9998 | 844800 |

| macro avg | 0.9834 | 0.9827 | 0.9831 | 844800 |
| weighted avg | 0.9998 | 0.9998 | 0.9998 | 844800 |

可以看到，宏观平均（macro avg）F1 分数为 0.9831。这个出色的结果表明，该模型已经学会了可靠地预测每个类别。

如果我们能够访问更多与主机相关的特征，则采用的方法将更加相关，这也显示了如何扩展模型以满足需求。图神经网络的另一个主要优点是它们有处理大量数据的能力。在处理数百万个流量时，这种方法更有意义。

为了完善这个项目，可以绘制模型的错误，看看如何改进它。

我们将创建一个 DataFrame 来存储预测（y_pred）和真实（y_true）标签。可以使用这个新的 DataFrame 来绘制错误分类样本的比例：

```
df_pred = pd.DataFrame([y_pred.numpy(), y_true.numpy()]).T
df_pred.columns = ['pred', 'true']
plt.pie(df_pred['true'][df_pred['pred'] != df_pred['true']].
value_counts(), labels=labels, autopct='%.0f%%')
```

其输出如图 16.6 所示。

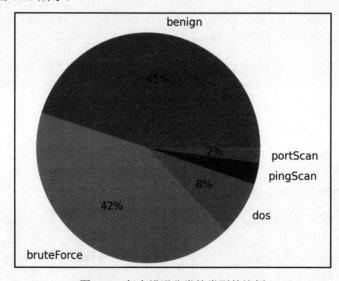

图 16.6　每个错误分类的类别的比例

| 原　文 | 译　文 | 原　文 | 译　文 |
|---|---|---|---|
| benign | 良性流量 | portScan | 端口扫描 |
| bruteForce | 暴力攻击 | pingScan | ping 扫描 |
| dos | 拒绝服务攻击 | | |

　　如果将图 16.6 中显示的饼图与数据集中的原始比例进行比较，会发现该模型在多数类别上的表现更好，这并不奇怪，因为少数类别更难学习（样本较少），并且检测不出它们的惩罚较小（700000 个良性流对比 336 个 ping 扫描）。可以通过在训练期间引入过采样（oversampling）和类别权重等技术来改进端口和 ping 扫描检测。

　　此外，也可以通过查看混淆矩阵来收集更多信息（相应代码可以在本书配套 GitHub 存储库中找到）。其输出如图 16.7 所示。

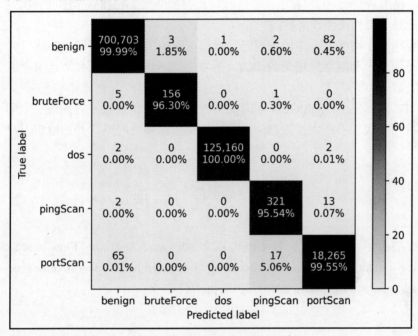

图 16.7　多个类的流分类的混淆矩阵

| 原　　文 | 译　　文 | 原　　文 | 译　　文 |
| --- | --- | --- | --- |
| benign | 良性流量 | pingScan | ping 扫描 |
| bruteForce | 暴力攻击 | Predicted label | 预测标签 |
| dos | 拒绝服务攻击 | True label | 真实标签 |
| portScan | 端口扫描 | | |

　　这个混淆矩阵显示了有趣的结果，例如对良性类别的偏见或 ping 扫描和端口扫描之间的错误。这些错误可归因于这些攻击之间的相似性。因此，设计一些附加特征也许可以帮助模型区分这些类别。

# 16.5 小　　结

本章探索了使用图神经网络来检测新数据集 CIDDS-001 中的异常流量。首先，我们对数据集进行了预处理并将其转换为图表示，使它能够捕获网络不同组件之间的复杂关系。然后，使用 GraphSAGE 算子实现了异构图神经网络。它捕获了图的异构性，并使我们能够将流量分类为良性或恶意。

图神经网络在网络安全中的应用已显示出可喜的成果，并开辟了新的研究途径。随着技术的不断进步和网络数据量的增加，图神经网络将成为检测和防止安全漏洞的日益重要的工具。

在第 17 章"使用 LightGCN 构建推荐系统"中，将通过推荐系统探索图神经网络最流行的应用。我们将在大型数据集上实现轻量级图神经网络，并为给定用户生成图书推荐。

# 16.6 延 伸 阅 读

[1] M. Ring, S. Wunderlich, D. Grüdl, D. Landes, and A. Hotho, Flow-based benchmark data sets for intrusion detection, in Proceedings of the 16th European Conference on Cyber Warfare and Security (ECCWS), ACPI, 2017, pp. 361-369.

# 第 17 章  使用 LightGCN 构建推荐系统

推荐系统已成为现代在线平台不可或缺的一部分，其目标是根据用户的兴趣和过去的互动向用户提供个性化推荐。这些系统可以在各种应用中找到，包括在电子商务网站上建议购买产品、在流媒体服务上推荐观看的内容以及在社交媒体平台上建议添加好友等。

推荐系统是图神经网络的主要应用之一。事实上，它们可以有效地将用户、项目及其交互之间的复杂关系整合到一个统一的模型中。此外，图结构允许将辅助信息（例如用户和项目元数据）合并到推荐过程中。

本章将介绍一种名为 LightGCN 的新的图神经网络架构，该架构专为推荐系统设计。我们还将引入一个新的数据集，即 Book-Crossing 数据集，其中包含用户、图书和超过一百万个评分。我们将使用该数据集构建一个具有协同过滤功能的图书推荐系统，并应用它为特定用户获取图书推荐。通过这个过程，演示如何使用 LightGCN 架构创建一个实用的推荐系统。

到本章结束时，你将能够使用 LightGCN 创建自己的推荐系统。你将学习如何使用协同过滤方法处理包含用户、项目和分数的任何数据集。最后，你将了解如何实现和评估此架构并获得针对个人用户的建议。

本章包含以下主题：

❑  探索 Book-Crossing 数据集
❑  预处理 Book-Crossing 数据集
❑  实现 LightGCN 架构

## 17.1  技 术 要 求

本章所有示例代码都可以在本书配套 GitHub 存储库中找到，其网址如下：

https://github.com/PacktPublishing/Hands-On-Graph-Neural-Networks-Using-Python/tree/main/Chapter17

在本地计算机上运行代码所需的安装步骤可以在本书的前言中找到。

本章内容需要大量 GPU 算力资源。你可以通过减小代码中的训练集来降低算力消耗。

# 17.2 探索 Book-Crossing 数据集

本节将对新数据集进行探索性数据分析并可视化其主要特征。

Book-Crossing 数据集（参见 17.6 节"延伸阅读"[1]）是 BookCrossing 社区中 278858 个用户提供的图书评分的集合。其评分包括显性评分（评分在 1 到 10 之间）和隐性评分（用户与图书互动），总计 1149780 条，涉及 271379 本书。BookCrossing 社区网址如下：

https://www.bookcrossing.com/

该数据集是由 Cai-Nicolas Ziegler 在 2004 年 8 月和 9 月使用网络爬虫进行的为期 4 个星期的抓取中收集的。本章将使用 Book-Crossing 数据集构建一个图书推荐系统。

使用以下命令下载数据集并解压缩：

```
from io import BytesIO
from urllib.request import urlopen
from zipfile import ZipFile

url = 'http://www2.informatik.uni-freiburg.de/~cziegler/BX/BX-CSV-
Dump.zip'
with urlopen(url) as zurl:
    with ZipFile(BytesIO(zurl.read())) as zfile:
        zfile.extractall('.')
```

这将获得以下 3 个文件：

❑ BX-Users.csv 文件：包含单个 BookCrossing 用户的数据，用户 ID 已被匿名化并表示为整数。还包括一些用户的人口统计信息，例如位置和年龄。如果此信息不可用，则相应字段包含 NULL 值。

❑ BX-Books.csv 文件：包含该数据集中收录的图书的数据，由其 ISBN 标识。无效的 ISBN 已被从数据集中删除。此外，还有一些基于内容的信息，例如书名、作者、出版年份和出版商。该文件还包括链接到 3 种不同尺寸的图书封面图像的 URL。

❑ BX-Book-Ratings.csv 文件：包含有关该数据集中的图书评分的信息。其评分可以是显性的（从 1 到 10 的等级，数值越大，表示欣赏程度越高），也可以是隐性的（通过评级为 0 表示）。

图 17.1 是使用该数据集的子样本制作的图的表示，制作软件为 Gephi。

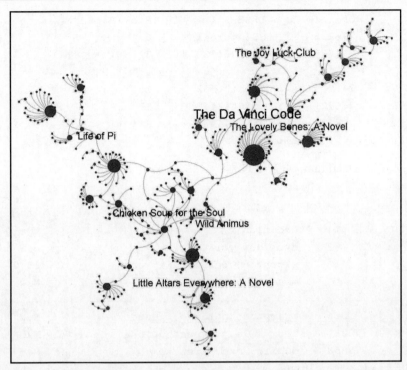

图 17.1　Book-Crossing 数据集的图表示，其中图书表示为蓝色节点，用户表示为红色节点

　　节点的大小与图中的连接数（度）成正比。可以看到诸如 *The Da Vinci Code*（《达芬奇密码》）之类的热门图书由于其大量的连接而起到了枢纽的作用。

　　现在让我们探索该数据集以尝试获得更多见解。

　　（1）导入 pandas 并使用分号（;）作为分隔符加载每个文件。为了解决兼容性问题，需设置编码为 latin-1。BX-Books.csv 还需要 error_bad_lines 参数：

```
import pandas as pd
ratings = pd.read_csv('BX-Book-Ratings.csv', sep=';',
encoding='latin-1')
users = pd.read_csv('BX-Users.csv', sep=';',
encoding='latin-1')
books = pd.read_csv('BX-Books.csv', sep=';',
encoding='latin-1', error_bad_lines=False)
```

　　（2）打印 ratings DataFrame 以查看列数和行数：

```
ratings
```

```
              User-ID       ISBN            Book-Rating
0             276725        034545104X      0
1             276726        0155061224      5
...           ...           ...             ...
1149777       276709        0515107662      10
1149778       276721        0590442449      10
1149779       276723        05162443314     8
1149780 rows × 3 columns
```

（3）对 users DataFrame 重复该过程：

```
users

User-ID                Location                              Age
0         1            nyc, new york, usa                    NaN
1         2            stockton, california, usa             18.0
2         3            moscow, yukon territory, russia       NaN
...       ...          ...                                   ...
278855    278856       brampton, ontario, canada             NaN
278856    278857       knoxville, tennessee, usa             NaN
278857    278858       dublin, n/a, ireland                  NaN
278858 rows × 3 columns
```

（4）由于在 books DataFrame 中有太多列，因此无法像其他两个 DataFrame 那样打印。以下代码将仅打印其列名：

```
list(books.columns)

['ISBN', 'Book-Title', 'Book-Author', 'Year-Of-Publication',
'Publisher', 'Image-URL-S', 'Image-URL-M', 'Image-URL-L']
```

ratings DataFrame 使用 User-ID 和 ISBN 信息链接 users 和 books 这两个 DataFrame，并包含评级（可以将其视为权重）。

users DataFrame 包含每个用户的人口统计信息（如果可用的话），例如位置和年龄。

books DataFrame 包含与图书内容相关的信息，例如标题、作者、出版年份、出版商以及链接到 3 种不同尺寸封面图像的 URL。

（5）让我们可视化评分的分布，看看是否可以使用此信息。这可以使用 matplotlib 和 seaborn 来绘制，如下所示：

```
import matplotlib.pyplot as plt
import seaborn as sns
```

```
sns.countplot(x=ratings['Book-Rating'])
```

（6）其结果如图 17.2 所示。

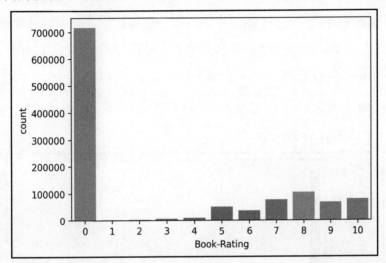

图 17.2　评分的分布（与图书的互动表示为 0 评分，而 1 到 10 之间的评分才是真实评分）

| 原　　文 | 译　　文 | 原　　文 | 译　　文 |
| --- | --- | --- | --- |
| Book-Rating | 图书评分 | count | 数量 |

（7）这些评级与 books 和 users DataFrame 中的数据相对应吗？我们可以将 ratings 中唯一 User-ID 和 ISBN 条目的数量与这些 DataFrame 中的行数进行比较，以进行快速检查：

```
print(len(ratings['User-ID'].unique()))
print(len(ratings['ISBN'].unique()))

105283
340556
```

有趣的是，与 users DataFrame 相比，ratings DataFrame 中的唯一用户较少（105283 对比 278858），但与 books DataFrame 相比，则是唯一 ISBN 较多（340556 对比 271379）。这意味着该数据库有很多的缺失值，因此在连接表时需要小心。

（8）按图书被评分的次数统计图书的数量。使用 groupby()和 size()函数计算每个 ISBN 在 ratings DataFrame 中出现的次数：

```
isbn_counts = ratings.groupby('ISBN').size()
```

这将创建一个新的 DataFrame isbn_counts，其中包含 ratings DataFrame 中每个唯一

ISBN 的计数。

（9）使用 value_counts()函数计算每个计数值出现的次数。这个新的 DataFrame 将包含 isbn_counts 中每个计数值的出现次数：

```
count_occurrences = isbn_counts.value_counts()
```

（10）使用 pandas 的.plot()方法绘制分布图。本示例将仅绘制前 15 个值：

```
count_occurrences[:15].plot(kind='bar')
plt.xlabel("Number of occurrences of an ISBN number")
plt.ylabel("Count")
```

（11）其输出如图 17.3 所示。

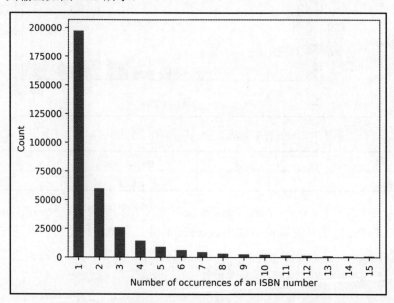

图 17.3　每本书（ISBN）在 ratings 中出现的次数分布（前 15 个值）

| 原　　文 | 译　　文 |
| --- | --- |
| Number of occurrences of an ISBN number | 每个 ISBN 出现的次数 |
| Count | 数量 |

可以看到，很多书只被评分过一两次。被评分很多次的图书相对来说是较少的，这让任务变得更加困难，因为我们依赖这些连接。

（12）重复相同的过程来获取每个用户（User-ID）出现在 ratings 中的次数分布：

```
userid_counts = ratings.groupby('User-ID').size()
```

```
count_occurrences = userid_counts.value_counts()
count_occurrences[:15].plot(kind='bar')
plt.xlabel("Number of occurrences of a User-ID")
plt.ylabel("Count")
```

（13）其输出如图 17.4 所示。

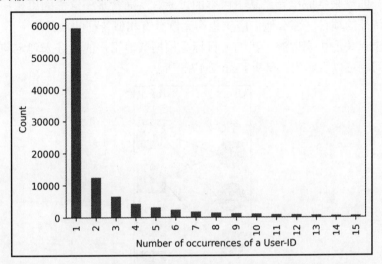

图 17.4　每个用户（User-ID）出现在 ratings 中的次数分布（前 15 个值）

| 原　　文 | 译　　文 |
| --- | --- |
| Number of occurrences of a User-ID | 每个 User-ID 出现的次数 |
| Count | 数量 |

可以看到该分布与图 17.3 中的分布类似，这意味着大多数用户只对一两本书进行评分，但也有少数用户对很多图书进行了评分。

该数据集还存在其他一些问题，例如出版年份或出版商名称错误，另外还包括一些缺失值或不正确的值。当然，本章不会直接使用 books 和 users DataFrame 中的元数据，依赖的是 User-ID 和 ISBN 值之间的连接，因此不需要清洗数据集。

接下来，让我们看看如何处理数据集以在将其输入 LightGCN 之前做好准备。

## 17.3　预处理 Book-Crossing 数据集

我们处理数据集是为了一项特定任务：推荐图书。更具体地说，就是使用协同过滤方法。协同过滤（collaborative filtering）是一种用于向用户提供个性化推荐的技术。它基于这样的思想：具有相似偏好或行为的用户更有可能拥有相似的兴趣。协同过滤算法使用此信息来识别模式并根据相似用户的偏好向用户提出建议。

这与基于内容的过滤不同，基于内容的过滤（content-based filtering）是一种依赖于所推荐项目的特征的推荐方法。它通过识别项目的特征并将其与用户过去喜欢的其他项目的特征进行匹配来生成推荐。基于内容的过滤方法通常基于这样的思想：如果用户喜欢具有某些特征的项目，那么他们应该也会喜欢具有相似特征的项目。

本章将重点关注协同过滤。我们的目标是根据其他用户的偏好来确定向用户推荐哪本书。这个问题可以表示为二部图，如图 17.5 所示。

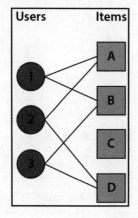

图 17.5　用户–项目二部图示例

| 原　　文 | 译　　文 | 原　　文 | 译　　文 |
| --- | --- | --- | --- |
| Users | 用户 | Items | 项目 |

已知用户 1 喜欢项目 A 和 B，用户 3 喜欢项目 B 和 D，我们可以向也喜欢项目 A 和 D 的用户 2 推荐项目 B。

这是我们想要从 Book-Crossing 数据集构建的图类型。更准确地说，我们还想包含负样本。在本示例中，负样本（negative sample）是指尚未被给定用户评分的项目。已被特定用户评价的项目称为正项目（positive item）。我们将解释为什么在实现 loss 函数时使用这种负采样技术。

在本章的余下部分中，LightGCN 代码主要基于其官方实现以及 Li 等人（参见 17.6 节 "延伸阅读" [2]）与 He 等人（参见 17.6 节 "延伸阅读" [3]）的出色工作成果，只不过他们使用的是不同的数据集。

请按以下步骤操作。

（1）导入以下库：

```
import numpy as np
from sklearn.model_selection import train_test_split

import torch
import torch.nn.functional as F
from torch import nn, optim, Tensor

from torch_geometric.utils import structured_negative_sampling
from torch_geometric.nn.conv.gcn_conv import gcn_norm
from torch_geometric.nn import LGConv
```

（2）重新加载数据集：

```
df = pd.read_csv('BX-Book-Ratings.csv', sep=';', encoding='latin-1')
users = pd.read_csv('BX-Users.csv', sep=';', encoding='latin-1')
books = pd.read_csv('BX-Books.csv', sep=';',
encoding='latin-1', error_bad_lines=False)
```

（3）只保留在 books DataFrame 中可以找到的 ISBN 信息所在的行，以及在 users DataFrame 中可以找到的 User-ID 信息所在的行：

```
df = df.loc[df['ISBN'].isin(books['ISBN'].unique()) &
df['User-ID'].isin(users['User-ID'].unique())]
```

（4）只保留高评分（>= 8），因此创建的连接对应于用户喜欢的图书。然后，过滤更多样本并保留有限数量的行（100000）以加快训练速度：

```
df = df[df['Book-Rating'] >= 8].iloc[:100000]
```

（5）创建从 user 和 item 标识符到整数索引的映射：

```
user_mapping = {userid: i for i, userid in
enumerate(df['User-ID'].unique())}
item_mapping = {isbn: i for i, isbn in
enumerate(df['ISBN'].unique())}
```

（6）计算数据集中的用户数、项目数和实体总数：

```
num_users = len(user_mapping)
num_items = len(item_mapping)
num_total = num_users + num_items
```

（7）根据数据集中的用户评分创建 user 和 item 索引的张量，edge_index 张量是通过堆叠这两个张量创建的：

```
user_ids = torch.LongTensor([user_mapping[i] for i in df['User-ID']])
```

```
item_ids = torch.LongTensor([item_mapping[i] for i in df['ISBN']])
edge_index = torch.stack((user_ids, item_ids))
```

（8）使用 scikit-learn 中的 train_test_split()函数将 edge_index 拆分为训练集、验证集和测试集：

```
train_index, test_index = train_test_
split(range(len(df)), test_size=0.2, random_state=0)
val_index, test_index = train_test_split(test_index,
test_size=0.5, random_state=0)
```

（9）使用 np.random.choice()函数生成一批随机索引。这会生成 BATCH_SIZE 范围为 0 到 edge_index.shape[1]-1 的随机索引。这些索引将用于从 edge_index 张量中选择行：

```
def sample_mini_batch(edge_index):
    index = np.random.choice(range(edge_index.shape[1]),
size=BATCH_SIZE)
```

（10）使用 PyTorch Geometric 中的 structured_negative_sampling()函数生成负样本。负样本是相对用户未与之交互的项目。我们使用 torch.stack()函数在开头添加一个维度：

```
edge_index = structured_negative_sampling(edge_index)
edge_index = torch.stack(edge_index, dim=0)
```

（11）使用 index 数组和 edge_index 张量为批次选择用户、正项目和负项目索引：

```
user_index = edge_index[0, index]
pos_item_index = edge_index[1, index]
neg_item_index = edge_index[2, index]

return user_index, pos_item_index, neg_item_index
```

user_index 张量包含批次的用户索引，pos_item_index 张量包含批次的正项目索引，neg_item_index 张量包含批次的负项目索引。

现在我们已经有了 3 个集合和一个返回小批量的函数。接下来要做的就是理解并实现 LightGCN 架构。

# 17.4　实现 LightGCN 架构

LightGCN 架构旨在通过平滑图上的特征来学习节点的表示（参见 17.6 节 "延伸阅读" [4]）。它迭代地执行图卷积，其中相邻节点的特征被聚合为目标节点的新表示。

## 17.4.1　LightGCN 架构的基本原理

图 17.6 显示了 LightGCN 架构的基本原理。

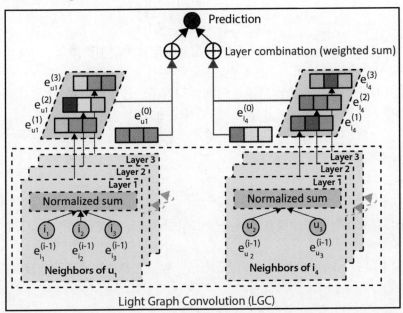

图 17.6　具有卷积和层组合的 LightGCN 模型架构

| 原　　文 | 译　　文 |
| --- | --- |
| Prediction | 预测 |
| Layer combination(weighted sum) | 层组合（加权和） |
| Layer 1 | 层 1 |
| Layer 2 | 层 2 |
| Layer 3 | 层 3 |
| Normalized sum | 归一化之后的求和 |
| Neighbors of $u_1$ | $u_1$ 的邻居 |
| Neighbors of $i_4$ | $i_4$ 的邻居 |
| Light Graph Convolution(LGC) | 轻量图卷积（LGC） |

　　LightGCN 采用的是简单的加权和聚合器，而不是像 GCN 或 GAT 之类的其他模型那样使用特征变换或非线性激活。

轻量图卷积操作将计算第 $k+1$ 个用户和项目嵌入 $e_u^{(k+1)}$ 和 $e_i^{(k+1)}$，如下所示：

$$e_u^{(k+1)} = \sum_{i \in N_u} \frac{1}{\sqrt{|N_u|}\sqrt{|N_i|}} e_i^{(k)}$$

$$e_i^{(k+1)} = \sum_{u \in N_i} \frac{1}{\sqrt{|N_i|}\sqrt{|N_u|}} e_u^{(k)}$$

对称归一化项确保嵌入的尺度不会随着图卷积运算的增加而增加。与其他模型相比，LightGCN 仅聚合连接的邻居，不包括自连接。

事实上，使用图层组合操作也能达到同样的效果。该机制由在每一层使用用户和项目嵌入的加权和组成。它将通过以下公式产生最终的嵌入 $e_u$ 和 $e_i$：

$$e_u = \sum_{k=0}^{K} \alpha_k e_u^{(k)}$$

$$e_i = \sum_{k=0}^{K} \alpha_k e_i^{(k)}$$

在这里，第 $k$ 层的贡献由变量 $\alpha_k$（$\alpha_k \geqslant 0$）加权。LightGCN 的作者建议将 $\alpha_k$ 设置为 $1/(k+1)$。

图 17.6 中所显示的预测对应于评级或排名分数。它是使用用户和项目最终表示的内积获得的：

$$\hat{y}_{ui} = e_u^T e_i$$

## 17.4.2　使用 PyTorch Geometric 创建模型

现在让我们在 PyTorch Geometric 中实现 LightGCN 架构。

（1）创建一个带有 4 个参数的 LightGCN 类，4 个参数分别为 num_users、num_items、num_layers 和 dim_h。num_users 和 num_items 参数分别指定数据集中的用户数和项目数，num_layers 参数表示将使用的 LightGCN 层的数量，dim_h 参数指定（用户和项目）嵌入向量的大小：

```
class LightGCN(nn.Module):
    def __init__(self, num_users, num_items, num_layers=4, dim_h=64):
        super().__init__()
```

（2）存储用户和项目的数量，并创建用户和项目嵌入层。emb_users 或 $e_u^{(0)}$ 的形状是 (num_users, dim_h)，emb_items 或 $e_i^{(0)}$ 的形状是 (num_items, dim_h)：

```
    self.num_users = num_users
    self.num_items = num_items
    self.emb_users = nn.Embedding(num_
embeddings=self.num_users, embedding_dim=dim_h)
    self.emb_items = nn.Embedding(num_
embeddings=self.num_items, embedding_dim=dim_h)
```

（3）使用 PyTorch Geometric 的 LGConv()创建 num_layers（之前称为 $K$）LightGCN 层的列表，这将用于执行轻量图卷积运算：

```
self.convs = nn.ModuleList(LGConv() for _ in range(num_layers))
```

（4）使用标准差为 0.01 的正态分布来初始化用户和项目嵌入层，这有助于防止模型在训练时陷入不良的局部最优：

```
nn.init.normal_(self.emb_users.weight, std=0.01)
nn.init.normal_(self.emb_items.weight, std=0.01)
```

（5）forward()方法接收边索引张量并返回最终的用户和项目嵌入向量 $e_u^{(k)}$ 和 $e_i^{(k)}$，它首先连接用户和项目嵌入层，并将结果存储在 emb 张量中，然后创建一个列表 embs，而 emb 则作为其第一个元素：

```
def forward(self, edge_index):
    emb = torch.cat([self.emb_users.weight, self.emb_items.weight])
    embs = [emb]
```

（6）在循环中应用 LightGCN 层，并将每层的输出存储在 embs 列表中：

```
for conv in self.convs:
    emb = conv(x=emb, edge_index=edge_index)
    embs.append(emb)
```

（7）通过沿第二个维度取 embs 列表中张量的平均值来计算最终的嵌入向量，并以此来执行层组合：

```
emb_final = torch.mean(torch.stack(embs, dim=1), dim=1)
```

（8）将 emb_final 拆分为用户和项目嵌入向量（$e_u$ 和 $e_i$），并与 $e_u^{(0)}$ 和 $e_i^{(0)}$ 一起返回它们：

```
    emb_users_final, emb_items_final = torch.
split(emb_final, [self.num_users, self.num_items])

    return emb_users_final, self.emb_users.weight,
emb_items_final, self.emb_items.weight
```

（9）通过使用适当的参数调用 LightGCN()类来创建模型：

```
model = LightGCN(num_users, num_items)
```

## 17.4.3　编写损失函数

在训练模型之前，我们还需要一个损失函数。LightGCN 架构采用贝叶斯个性化排序（Bayesian personalized ranking，BPR）损失，它将优化模型对给定用户将正项排名高于负项的能力。其实现方式如下：

$$L_{\text{BPR}} = -\sum_{u=1}^{M}\sum_{i\in N_u}\sum_{j\notin N_u}\ln\sigma(\hat{y}_{ui}-\hat{y}_{uj})+\lambda\left\|\boldsymbol{E}^{(0)}\right\|^2$$

其中，$\boldsymbol{E}^{(0)}$ 是第 0 层嵌入矩阵（初始用户和项目嵌入的连接），$\lambda$ 衡量的是正则化强度，$\hat{y}_{ui}$ 对应于正项的预测评分，而 $\hat{y}_{uj}$ 则表示负项的预测评分。

要在 PyTorch 中实现它，请按以下步骤操作。

（1）根据存储在 LightGCN 模型中的嵌入计算正则化损失：

```
def bpr_loss(emb_users_final, emb_users, emb_pos_items_final,
emb_pos_items, emb_neg_items_final, emb_neg_items):
    reg_loss = LAMBDA * (emb_users.norm().pow(2) +
                         emb_pos_items.norm().pow(2) +
                         emb_neg_items.norm().pow(2))
```

（2）将正项和负项的评分计算为用户和项目嵌入之间的点积：

```
    pos_ratings = torch.mul(emb_users_final, emb_pos_
items_final).sum(dim=-1)
    neg_ratings = torch.mul(emb_users_final, emb_neg_
items_final).sum(dim=-1)
```

（3）与前面公式中的对数 sigmoid 不同，我们将 BPR 损失计算为应用于正分数和负分数之间差值的 softplus 函数的平均值。选择这个变体是因为它给出了更好的实验结果：

```
bpr_loss = torch.mean(torch.nn.functional.softplus(pos_ratings - neg_ratings))
```

（4）返回 BPR 损失和正则化损失如下：

```
return -bpr_loss + reg_loss
```

除了 BPR 损失，还需要使用两个指标来评估模型的性能：

❑　Recall@k 是前 k 项中的相关推荐项目（relevant recommended items）在所有可能的相关项目（all the possible relevant items）中所占的比例。但是，该指标不考

虑前 $k$ 项中相关项目的顺序：

$$Precision@K = \frac{\#of\ relevant\ recommended\ items}{\#of\ all\ the\ possible\ relevant\ items}$$

❑　归一化折损累积增益（normalized discounted cumulative gain，NDGC）可以衡量
系统的推荐排名的有效性，它将考虑项目的相关性，其中的相关性通常由分数
或二元相关性（相关或不相关）表示。

为节约篇幅，本章未包含该实现。你可以在本书配套 GitHub 存储库中找到该实现及
其余代码。

## 17.4.4　训练 LightGCN 模型

现在可以创建一个训练循环并开始训练 LightGCN 模型。
请按以下步骤操作。

（1）定义以下常量，它们可以作为超参数进行调整，以提高模型的性能：

```
K = 20
LAMBDA = 1e-6
BATCH_SIZE = 1024
```

（2）如果有可用的 GPU，则尝试选择它；否则就使用 CPU 来代替。模型和数据将
移至此设备（常见的 GPU 设备其实就是指计算机显卡）：

```
device = torch.device('cuda' if torch.cuda.is_available() else 'cpu')
model = model.to(device)
edge_index = edge_index.to(device)
train_edge_index = train_edge_index.to(device)
val_edge_index = val_edge_index.to(device)
```

（3）创建一个学习率为 0.001 的 Adam 优化器：

```
optimizer = optim.Adam(model.parameters(), lr=0.001)
```

（4）现在可以开始训练循环。首先要计算的是 num_batch，即一个 epoch 中 BATCH_
SIZE 批次的数量；然后可以创建两个循环，其中第一个循环为 31 个 epoch，第二个循环
的长度为 num_batch：

```
num_batch = int(len(train_index)/BATCH_SIZE)
for epoch in range(31):
    model.train()
    for _ in range(num_batch):
```

（5）该模型在训练数据上运行并返回初始和最终的用户和项目嵌入：

```
optimizer.zero_grad()
emb_users_final, emb_users, emb_items_final, emb_
items = model.forward(train_edge_index)
```

（6）使用 sample_mini_batch()函数对训练数据进行小批量采样，该函数将返回采样用户、正项和负项嵌入的索引：

```
user_indices, pos_item_indices, neg_item_indices
= sample_mini_batch(train_edge_index)
```

（7）检索采样用户、正项和负项的嵌入：

```
emb_users_final, emb_users = emb_users_final[user_
indices], emb_users[user_indices]
emb_pos_items_final, emb_pos_items = emb_items_
final[pos_item_indices], emb_items[pos_item_indices]
emb_neg_items_final, emb_neg_items = emb_items_
final[neg_item_indices], emb_items[neg_item_indices]
```

（8）使用 bpr_loss()函数计算损失：

```
train_loss = bpr_loss(emb_users_final, emb_users,
emb_pos_items_final, emb_pos_items, emb_neg_items_final, emb_neg_items)
```

（9）使用优化器执行向后传递并更新模型参数：

```
train_loss.backward()
optimizer.step()
```

（10）使用 test()函数在验证集上每 250 个 epoch 评估模型的性能，并打印评估指标：

```
if epoch % 5 == 0:
    model.eval()
    val_loss, recall, ndcg = test(model, val_edge_index,
[train_edge_index])
    print(f"Epoch {epoch} | Train loss: {train_loss.
item():.5f} | Val loss: {val_loss:.5f} | Val recall@{K}:
{recall:.5f} | Val ndcg@{K}: {ndcg:.5f}")
```

（11）其输出如下所示：

```
Epoch 0 | Train loss: -0.69320 | Val loss: -0.69302 | Val
recall@20: 0.00700 | Val ndcg@20: 0.00388
Epoch 5 | Train loss: -0.70283 | Val loss: -0.68329 | Val
recall@20: 0.01159 | Val ndcg@20: 0.00631
```

```
Epoch 10 | Train loss: -0.73299 | Val loss: -0.64598 |
Val recall@20: 0.01341 | Val ndcg@20: 0.00999
...
Epoch 25 | Train loss: -1.53056 | Val loss: -0.19498 |
Val recall@20: 0.01507 | Val ndcg@20: 0.01016
Epoch 30 | Train loss: -1.95703 | Val loss: 0.06340 | Val
recall@20: 0.01410 | Val ndcg@20: 0.00950
```

（12）评估模型在测试集上的性能：

```
test_loss, test_recall, test_ndcg = test(model, test_
edge_index.to(device), [train_edge_index, val_edge_index])
print(f"Test loss: {test_loss:.5f} | Test recall@{K}:
{test_recall:.5f} | Test ndcg@{K}: {test_ndcg:.5f}")
Test loss: 0.06827 | Test recall@20: 0.01936 | Test
ndcg@20: 0.01119
```

可以看到，我们获得的 recall@20 值为 0.01936，ndcg@20 值为 0.01119，这与 LightGCN
的作者在其他数据集上获得的结果接近。

## 17.4.5　编写推荐函数

现在模型已经训练完毕，我们希望获得针对给定用户的推荐。我们想要创建的推荐
函数有以下两个功能：

❑　要检索用户喜欢的图书列表。这有助于获得可以理解的背景。

❑　要生成一个推荐列表。这些推荐不能是用户已经评分的图书（不能是正项）。

请按以下步骤操作以编写该函数。

（1）创建一个名为 recommend 的函数，它接受两个参数，即 user_id（用户的标识
符）和 num_recs（要生成的推荐数量）：

```
def recommend(user_id, num_recs):
```

（2）通过在 user_mapping 字典中查找用户的标识符来创建 user 变量，user_mapping
字典可以将用户 ID 映射到整数索引：

```
user = user_mapping[user_id]
```

（3）检索 LightGCN 模型为该特定用户学习的 dim_h 维度向量：

```
emb_user = model.emb_users.weight[user]
```

（4）使用维度向量来计算相应的评分。如前文所述，可以对存储在 LightGCN 的
emb_items 属性和 emb_user 变量中的所有项目使用嵌入的点积：

```
ratings = model.emb_items.weight @ emb_user
```

（5）将 topk()函数应用于 ratings 张量，它将返回前 100 个值（模型计算的分数）及
其相应的指数：

```
values, indices = torch.topk(ratings, k=100)
```

（6）获取该用户最喜欢的图书的列表。具体做法是，过滤 indices 列表以仅包含给定
用户的 user_items 字典中存在的索引，以此来创建一个新的索引列表。换句话说，我们只
保留该用户评分过的图书，然后对该列表进行切片以保留前 num_recs 项：

```
    ids = [index.cpu().item() for index in indices if
index in user_items[user]][:num_recs]
```

（7）将这些图书 ID 转换为 ISBN：

```
    item_isbns = [list(item_mapping.keys())[list(item_
mapping.values()).index(book)] for book in ids]
```

（8）现在可以使用这些 ISBN 来检索有关图书的更多信息。在这里，我们想要获取
标题和作者，以便可以打印它们：

```
titles = [bookid_title[id] for id in item_isbns]
authors = [bookid_author[id] for id in item_isbns]
```

（9）打印此信息如下：

```
print(f'Favorite books from user n°{user_id}:')
for i in range(len(item_isbns)):
    print(f'- {titles[i]}, by {authors[i]}')
```

（10）重复此过程，但使用用户未评分的图书 ID（即不在 user_pos_items[user]中）：

```
    ids = [index.cpu().item() for index in indices if
index not in user_pos_items[user]][:num_recs]
    item_isbns = [list(item_mapping.keys())[list(item_
mapping.values()).index(book)] for book in ids]
    titles = [bookid_title[id] for id in item_isbns]
    authors = [bookid_author[id] for id in item_isbns]

    print(f'\nRecommended books for user n°{user_id}')
    for i in range(num_recs):
```

```
print(f'- {titles[i]}, by {authors[i]}')
```

（11）为数据库中的用户获取 5 条推荐。假设要为 ID 为 277427 的用户推荐：

```
recommend(277427, 5)
```

（12）其输出如下所示：

```
Favorite books from user n°277427:
- The Da Vinci Code, by Dan Brown
- Lord of the Flies, by William Gerald Golding
- The Cardinal of the Kremlin (Jack Ryan Novels), by Tom Clancy
- Into the Wild, by Jon Krakauer

Recommended books for user n°277427
- The Lovely Bones: A Novel, by Alice Sebold
- The Secret Life of Bees, by Sue Monk Kidd
- The Red Tent (Bestselling Backlist), by Anita Diamant
- Harry Potter and the Sorcerer's Stone (Harry Potter
(Paperback)), by J. K. Rowling
- To Kill a Mockingbird, by Harper Lee
```

现在可以为原始 df DataFrame 中的任何用户生成推荐。你可以测试其他 ID 并探索这些推荐发生变化的方式。

# 17.5　小　　结

本章详细探索了使用 LightGCN 执行图书推荐任务的流程。我们使用了 Book-Crossing 数据集，对其进行预处理以形成二部图，并实现了采用 BPR 损失的 LightGCN 模型。我们训练了模型并使用 recall@20 和 ndcg@20 指标对其进行了评估。最后还通过为给定用户生成推荐来证明该模型的有效性。

总的来说，本章为 LightGCN 模型在推荐任务中的使用提供了有价值的见解。它是一种目前来说较为先进的架构，比更复杂的模型表现更好。你可以通过尝试我们在前面章节中讨论的其他技术（例如矩阵分解和 Node2Vec）来扩展此项目。

# 17.6　延　伸　阅　读

[1]  C.-N. Ziegler, S. M. McNee, J. A. Konstan, and G. Lausen, Improving

Recommendation Lists through Topic Diversification, in Proceedings of the 14th International Conference on World Wide Web, 2005, pp. 22-32. doi: 10.1145/1060745.1060754.

https://dl.acm.org/doi/10.1145/1060745.1060754

[2] D. Li, P. Maldonado, A. Sbaih, Recommender Systems with GNNs in PyG, Stanford CS224W GraphML Tutorials, 2022.

https://medium.com/stanfordcs224w/recommender-systems-with-gnns-in-pyg-d8301178e377

[3] X. He, K. Deng, X. Wang, Y. Li, Y. Zhang, and M. Wang, LightGCN: Simplifying and Powering Graph Convolution Network for Recommendation. arXiv, 2020. doi: 10.48550/ARXIV.2002.02126.

https://arxiv.org/abs/2002.02126

[4] H. Hotta and A. Zhou, LightGCN with PyTorch Geometric. Stanford CS224W GraphML Tutorials, 2022.

https://medium.com/stanford-cs224w/lightgcn-with-pytorch-geometric-91bab836471e

# 第 18 章 释放图神经网络在实际应用中的潜力

感谢你花时间阅读本书。我们希望它能为你提供有关图神经网络及其应用领域的宝贵见解和有益启示。

在本书结尾,我们想就如何有效使用图神经网络向你提供一些建议。GNN 在适当的条件下具有令人难以置信的性能,但它们有着与其他深度学习技术相同的优缺点。知道何时何地应用这些模型是一项需要掌握的关键技能,因为过度设计的解决方案可能反而会导致模型性能不佳。

首先,当有大量数据可用于训练时,GNN 特别有效。这是因为深度学习算法需要大量数据才能有效地学习复杂的模式和关系。在有了足够大的数据集之后,GNN 就可以实现高水平的准确率和泛化能力。

类似的,GNN 在处理复杂的高维数据(节点和边特征)时拥有极高的价值。它们可以自动学习人类难以识别或不可能识别的复杂模式和特征之间的关系。传统的机器学习算法(例如线性回归或决策树)依赖于手工制作的特征,这些特征通常限制了捕获现实世界数据复杂性的能力。

最后,在使用图神经网络时,确保图表示能够为特征增加价值非常重要。当图是人工构建的表示而不是自然的表示(例如社交网络或蛋白质结构)时,这一点尤其适用。节点之间的连接不应该是任意的,而是代表节点之间有意义的关系。

你可能会注意到本书中的一些示例没有遵循上述规则。这主要是因为在 Google Colab 中运行代码有技术限制,以及普遍缺乏高质量数据集。当然,这也反映了现实生活中一些数据集的原貌,这些数据集可能很混乱并且难以大量获取。大多数数据也倾向于表格形式,这使得一些优秀的基于树的模型(例如 XGBoost)表现更加出色。

从更广泛的意义上来说,健全的基线解决方案至关重要,因为即使在适当的条件下,它们也很难被击败。使用图神经网络时的一个强大策略是实现多种类型的图神经网络并比较它们的性能。例如,基于卷积的图神经网络 GCN(详见第 6 章"图卷积网络")可能适用于某些类型的图,而基于注意力的图神经网络 GAT(详见第 7 章"图注意力网络")则可能更适合其他类型的图。此外,诸如 MPNN(详见第 12 章"从异构图学习")之类的消息传递图神经网络可能在某些情况下表现更出色。有些方法可能更具表现力,但是它们都有各自不同的优点和缺点。

如果你正在解决更具体的问题,本书介绍的多种图神经网络方法可能都有更合适的应用场景。例如，如果你正在处理缺乏节点和边特征的小型图数据，则可以考虑使用 Node2Vec（详见第 4 章"在 Node2Vec 中使用有偏随机游走改进嵌入"）。相反，如果你正在处理大型图，则 GraphSAGE 和 LightGCN 模型都可以帮助管理计算时间和内存需求（详见第 8 章"使用 GraphSAGE 扩展图神经网络"和第 17 章"使用 LightGCN 构建推荐系统"）。

此外，图同构网络和全局池化层可能适用于图分类任务（详见第 9 章"定义图分类的表达能力"），而变分图自动编码器和 SEAL 则可用于链接预测（详见第 10 章"使用图神经网络预测链接"）。为了生成新图，你可以探索 GraphRNN 和 MolGAN（详见第 11 章"使用图神经网络生成图"）。如果你正在使用异构图，则可能需要考虑异构图神经网络的多种风格之一（详见第 12 章"从异构图学习"和第 16 章"使用异构图神经网络检测异常"）。对于时空图，Graph WaveNet、STGraph 和其他时间图神经网络可能很有用（详见第 13 章"时序图神经网络"和第 15 章"使用 A3T-GCN 预测交通"）。如果你需要解释图神经网络所做的预测，则可以转向第 14 章"解释图神经网络"中介绍的图可解释性技术。

通过阅读本书，你将深入了解当前图神经网络的发展以及如何应用它们来解决现实世界的问题。当你继续在这一领域工作时，我们鼓励你将这些知识付诸实践，尝试新方法，并继续拓展你的专业知识。

机器学习领域仍在不断发展，随着时间的推移，你的技能只会变得更有价值。我们希望你能够运用所学到的知识来应对挑战，并对世界产生积极影响。再次感谢你阅读本书，并祝你在未来的工作中一切顺利。